Der Satz des Pythagoras in 365 Beweisen

Mario Gerwig

Der Satz des Pythagoras in 365 Beweisen

Mathematische, kulturgeschichtliche und didaktische Überlegungen zum vielleicht berühmtesten Theorem der Mathematik

Mit einem Geleitwort von Günter M. Ziegler

 Springer Spektrum

Mario Gerwig
Basel, Schweiz

ISBN 978-3-662-62885-0   ISBN 978-3-662-62886-7   (eBook)
https://doi.org/10.1007/978-3-662-62886-7

Die Deutsche Nationalbibliothek verzeichnet diese Publikation in der Deutschen Nationalbibliografie;
detaillierte bibliografische Daten sind im Internet über http://dnb.d-nb.de abrufbar.

Planung/Lektorat: Iris Ruhmann
Springer Spektrum ist ein Imprint der eingetragenen Gesellschaft Springer-Verlag GmbH, DE und ist ein Teil
von Springer Nature.
Die Anschrift der Gesellschaft ist: Heidelberger Platz 3, 14197 Berlin, Germany

Geleitwort

Den Satz des Pythagoras kennen wir alle aus der Schule, üblicherweise in der Form $a^2 + b^2 = c^2$, die an sich ja gar nichts bedeutet, solange man die Buchstaben a, b und c nicht als geometrische Größen interpretiert. Meiner Meinung nach ist er von fundamentaler Bedeutung, weil er uns sagt, wie man in einem kartesischen Koordinaten-system Abstände misst – was an sich überraschend ist, weil Koordinatensysteme in der Antike ja wohl noch nicht bekannt waren; die Bedeutung, die ich gerade formuliert habe, ist also viel neuer als der Satz. Warum war „der Pythagoras" schon vor so langer Zeit interessant und faszinierend? Vielleicht, weil er an einer ganz einfachen, elementaren Figur, einem rechtwinkligen Dreieck, eine Beziehung zwischen Geometrie und Algebra herstellt. Ist denn überhaupt klar, dass es für eine geometrische Figur (ein rechtwinkliges Dreieck) eine algebraische Beziehung (zwischen den Seitenlängen) geben sollte, die sich mit den „üblichen" arithmetischen Operationen einfach ausdrücken lässt? Dass es also eine ganz enge, einfache, explizite *Verbindung zwischen Geometrie und Algebra* gibt? (So offensichtlich ist das nicht! Man studiere etwa an einer Ellipse den Zusammenhang zwischen den Längen der Achsen und dem Umfang!)

Und warum stimmt der Satz dann, und zwar exakt, und nicht nur ungefähr, und zwar für alle rechtwinkligen Dreiecke, und nicht nur für viele oder die meisten? Weil man ihn *beweisen* kann! (Anders ist das offenbar in der Physik, wo es nicht um „richtig oder falsch" geht, sondern darum, dass die postulierten Gesetzmäßigkeiten zu den Experi-menten passen – wo aber die Schönheit einer Formel das erste Kriterium sein sollte, wenn man dem Physiker Paul Dirac glauben will, der geschrieben hat: *„This result is too beautiful to be false; it is more important to have beauty in one's equations than to have them fit experiment."*)

Man kann und man muss den Satz des Pythagoras also beweisen, das sollte man dann also auch mit Freuden tun, und ein Beweis sollte genauso zum Allgemeinwissen gehören wie der Satz des Pythagoras selbst. Nun gilt aber auch: *„Beweisen ist zwar das Charakteristikum der Mathematik, gehört bei den meisten Schülerinnen und Schülern aber nicht zu den liebsten Tätigkeiten"* wie mir Mario Gerwig schrieb, um mir sein Buchprojekt vorzustellen – wie schade, finden wir beide!

Der Satz des Pythagoras ist nur deshalb ein Satz, weil es für ihn einen Beweis gibt. Und, das liefert die Grundlage für dieses Buch: Es gibt viele, sehr unterschiedliche Beweise. Es gibt eben nicht den einen, perfekten Beweis, den *Proof from THE BOOK* (um auf die Erzählung von Paul Erdős zu verweisen, wonach Gott ein Buch habe, THE BOOK, in dem die perfekten Beweise verzeichnet seien. Und als Mathematiker müsse man nicht an Gott glauben, aber an THE BOOK). Es gibt viele Beweise, und das ist eine Chance und Gelegenheit, in vielerlei Hinsicht. Zunächst erhöht das die Sicherheit, dass der Satz stimmt. (Einer meiner akademischen Lehrer, James R. Munkres, hat in der Vorlesung augenzwinkernd behauptet: *„If you have several proofs for a theorem, it is more true.“*) Aber in vielen Bereichen der Mathematik ist es gut und wertvoll und wichtig, viele Beweise zu haben. So hat Carl Friedrich Gauß für seinen „quadratischen Reziprozitätssatz" insgesamt acht verschiedene Beweise angegeben – und dann ging's erst richtig los in der Zahlentheorie. Unterschiedliche Beweise für einen Satz zu haben ist auch deshalb wertvoll, weil man aus unterschiedlichen Beweisen unterschiedliches Neues lernen kann, weil die unterschiedlichen Beweise vielleicht unterschiedliche Verallgemeinerungen nahelegen, für den Satz des Pythagoras etwa den Kosinussatz, der den Satz des Pythagoras stark verallgemeinert, den Pythagoras mangels Kosinus aber noch gar nicht formulieren konnte.

Aus den vielen verschiedenen Beweisen für den Satz des Pythagoras können wir unter anderem lernen, wie unterschiedlich Beweise sein können: Die können kurz oder lang sein, kurzweilig oder langweilig, richtig oder fast richtig (= falsch), kompliziert oder einfach, ideenreich oder Routine, elementar oder technisch, „trivial" oder trickreich, abstrakt und undurchsichtig oder sehr anschaulich, neu oder uralt, geometrisch oder algebraisch.

Können Beweise auch gut oder schlecht sein? Auf den ersten Blick nicht: Jeder korrekte Beweis ist gut, ein falscher oder lückenhafter Beweis ist kein Beweis. Aber so einfach ist das dann doch nicht, ein lückenhafter oder falscher Beweis kann korrigierbar oder zumindest inspirierend sein (wie etwa der erste Beweis, den Andrew Wiles für den *Satz von Fermat* angegeben hatte: falsch aber inspirierend). Und gute Beweise sind die Beweise, aus denen wir etwas lernen können. *„Good proofs are proofs that make you wiser"*, hat der weise Mathematiker Yuri Manin in einem Interview gesagt.

In diesem Buch liegt die Vielfalt der Beweise vor für eine ganz konkrete, interessante und faszinierende Aussage, den Satz des Pythagoras – aus einer historischen Quelle, kundig und kritisch kommentiert. Mathematik-Lehrende erleben anhand einer mehrfach erprobten Unterrichtseinheit, warum die Beweisvielfalt des Satzes auch im Unterricht eine zentrale Rolle spielen sollte und wie es gelingen kann, dieses Vorhaben erfolgreich umzusetzen. Man kann viel an diesem Buch lernen, die Vielfalt von Beweisen kennenlernen, sich davon inspirieren lassen, und sich daran freuen.

Freie Universität Berlin   Prof. Günter M. Ziegler
im Oktober 2020

Vorwort

Der schöpferische Mathematiker sucht jede Idee bis zur Erschöpfung der Möglichkeiten, die sie in sich trägt, auszuwerten, jeden mathematischen Sachverhalt mit reger, schöpferischer Phantasie von verschiedenen Seiten her anzugehen, um ihn auf möglichst vielfältige Weise zu beweisen und einzuordnen und dabei immer besser zu verstehen. In seinem mathematischen Königreich will er jeden Gipfel auf möglichst vielen Wegen erklimmen, von jedem Weg erhofft er sich aber auch neue und überraschende Aussichten auf jene Berge, die er schon bestiegen hat, und auf das Land, das sich zu ihren Füßen erstreckt.

Alexander I. Wittenberg (1926–1965)

Man sucht oft nach neuen Beweisen für mathematische Sätze, die bereits als richtig erkannt wurden, einfach weil den vorhandenen Beweisen die Schönheit fehlt. Es gibt mathematische Beweise, die lediglich zeigen, dass etwas richtig ist. Es gibt andere Beweise, die unseren Verstand begeistern und verzaubern. Sie wecken ein Entzücken und den übermächtigen Wunsch, einfach nur ‚Amen, Amen!' zu sagen.

Morris Kline (1908–1992)

Die Sammlung von über 350 verschiedenen Beweisen für den *Satz des Pythagoras*, die Elisha Scott Loomis (1852–1940) zu Beginn des 20. Jahrhunderts erstellt hat, die 1927 – in einer zweiten Auflage 1940 (Nachdruck: 1968) – erschienen ist und die Ausgangspunkt und Inspirationsquelle des vorliegenden Buches darstellt, mag zunächst überreichlich, vielleicht unbescheiden erscheinen. Wozu, wo doch ein einziger gültiger Beweis ausreicht, um den Satz für alle Zeiten zu beweisen?

Der vielleicht berühmteste Satz der Mathematik hat über Jahrhunderte hinweg einen erstaunlichen Reiz auf Personen sämtlicher Kulturkreise ausgeübt: Es gibt Beweise aus dem antiken Griechenland und dem alten China, von Künstlern und Philosophen, Mathematikprofis und -amateuren. Der entscheidende Wert dieser Sammlung ist daher nicht, die Richtigkeit des Satzes auf vielfältige Art zu belegen. Sie hat größeres Potential: Bei welchem Thema kann es gelingen, Euklid von Alexandria und einen amerikanischen Präsidenten, Leonardo da Vinci und Gottfried Wilhelm Leibniz, indische und persische Mathematiker, Seilspanner aus dem alten Ägypten, Architekten aus dem antiken Griechenland sowie Zimmermänner und Maurer von heute an einen Tisch zu bringen? Die *Loomis-Sammlung* ist Kristallisationskern einer Geistes- und Kulturgeschichte der Mathematik, hochexemplarisch verdichtet am pythagoreischen Lehrsatz, einem der zentralen Sätze der elementaren Geometrie und einem der wichtigsten Sätze der Schulmathematik. Mehr noch: Die Möglichkeit, Aussagen ein für alle Mal zu beweisen, ist ein Privileg, das der Mathematik vorbehalten ist. Erst durch die Entdeckung des Beweisens im antiken Griechenland haben sich die rein numerologischen Betrachtungen der Ägypter und Babylonier zu einer Kunst der Deduktion, zur Wissenschaft weiterentwickelt. Beweisen ist *das* Charakteristikum der Mathematik. Gleichzeitig stellt dieses Charakteristikum Unterricht und Lehre vor eine gewaltige Herausforderung. Die anspruchsvolle Tätigkeit des Beweisens gehört in Schule und Universität zu den zentralen Inhalten, doch zu verstehen, was es mit dem Beweisen eigentlich auf sich hat, ist eine ihrer großen Herausforderungen. Das Studium *vieler* Beweisprodukte *eines* Satzes kann einen Zugang zu dieser Meta-Ebene eröffnen.

Die nun vorliegende, übersetzte, grundlegend überarbeitete und deutlich ergänzte Auflage der seit über 50 Jahren vergriffenen und nun erstmals auf Deutsch erscheinenden *Loomis-Sammlung* hat dies zu bieten. Der Satz des Pythagoras wird eingebettet in die Mathematik der Pythagoreer, die Vielfalt der Beweise ermöglicht einen Einblick in die Kulturgeschichte des Beweisens und die bildungstheoretischen und fachdidaktischen Überlegungen im Rahmen einer ausführlich dargestellten, mehrfach durchgeführten Unterrichtseinheit verdeutlichen die überaus große Bedeutung des Satzes für die Kulturgeschichte der Mathematik und den Bildungswert des Mathematikunterrichts.

Ein Beweis für jeden Tag des Jahres – der Autor wünscht eine anregende Lektüre.

Basel   Mario Gerwig
im Mai 2021

Einleitung

„The object of this work is to present to the future investigator, under one cover, simply and concisely, what is known relative to the Pythagorean Proposition, and to set forth certain established facts concerning the proofs and geometric figures pertaining thereto."

Mit diesem Satz beginnt Elisha Scott Loomis (1852–1940) das Vorwort der 1927 erschienenen ersten Auflage seiner umfassenden Sammlung von Pythagoras-Beweisen.[1] Es soll auch für diese, völlig überarbeitete und ergänzte Version der *Loomis-Sammlung*, wie sie im Folgenden bezeichnet wird, als Leitgedanke dienen.

Elisha Scott Loomis wurde 1852 in Wadsworth, Ohio, geboren. Sein Vater starb, als Loomis zwölf Jahre alt war, so dass er schon früh viel Verantwortung für seine sieben jüngeren Geschwister hat übernehmen müssen. Im Alter von 13 bis 20 Jahren arbeitete er in den Sommermonaten als Landarbeiter, im Winter besuchte er die örtliche Schule. Sein Lehrer konnte jedoch den Wunsch, Mathematik zu lernen, kaum erfüllen, so dass er sich eine Ausgabe des Buchs *Ray's Algebra* (1850)[2] – ein Buch geschrieben für Mathematiklehrpersonen – besorgte und dies im Selbststudium durcharbeitete. 1873 begann Loomis, Mathematik zu unterrichten, gleichzeitig begann er als Assistent am *Chair of Mathematics* an der Baldwin University in Berea, Ohio. Sein Studium, das er parallel absolvierte, schloss er sehr erfolgreich ab.[3] Nachdem er von 1880–1885 als Schulleiter arbeitete, übernahm er 1885 den Lehrstuhl für Mathematik an der Baldwin University

---

[1]Loomis, E. S. (1927): *The Pythagorean Proposition. Its Proofs Analyzed and Classified and Bibliography of Sources For Data of the Four Kinds of Proofs.* Cleveland: Masters and Wardens Association of the 22nd Masonic District of the Most Worshipful Grand Lodge of Free and Accepted Masons of Ohio.

[2]Ray, J. (1850): *Ray's Algebra. Part First: On the Analytic and Inductive Methods of Instruction: With Numerous Practical Exercises. Designed for Common Schools and Academies.* Cincinnati: Winthrop B. Smith & Co.

[3]1880: Bachelor of Science (B.S.); 1886: Master of Arts (*artium magister,* A.M.); 1888: Doctor of Philosophy (Ph.D.), Wooster University, Ohio; 1900: Bachelor of Laws (LL.B), Cleveland Law School, Ohio

und wechselte 1895 an die West High School, Cleveland, Ohio, wo er die Leitung des *Mathematics Department* übernahm – eine Position, die er für die nächsten 29 Jahre behalten sollte. Gegen Ende seines Lebens schrieb er, dass er in seinen 50 Jahren als Lehrer rund 4000 junge Menschen unterrichtet habe und die Bezeichnung *teacher* höher schätzen würde als jede andere Auszeichnung. Loomis starb am 11. Dezember 1940, kurz nach dem Erscheinen der zweiten Auflage seiner Pythagoras-Beweis-Sammlung.

Das erste Manuskript dieser Sammlung erstellte Loomis 1907. Es wurde 1927 publiziert und enthielt 230 verschiedene Beweise, die Loomis aus verschiedenen mathematischen Monographien und Zeitschriften (insb. *American Mathematical Monthly* (1894–1901) und Versluys, J. (1914): *96 bewijzen voor het theorema van Pythagoras;* vgl. Literaturverzeichnis für vollständige Angaben) zusammengesucht hatte. In der Folge wurden Loomis zahlreiche weitere Pythagoras-Beweise zugesandt, die er alle zusammen mit weiteren von ihm recherchierten und entwickelten Beweisen in die 1940 erschienene zweite Auflage einarbeitete. Sie enthielt nun 370 Beweise und erschien als Nachdruck 1968 als erstes Buch der vom *National Council of Teachers of Mathematics* (NCTM) herausgegebenen Serie *Classics in Mathematics Education*.[4] Seither ist das Buch vergriffen.

Warum erscheint dieses Buch nun über 50 Jahre später in einer völlig überarbeiteten und erweiterten Version noch einmal? Das NCTM begründete die Publikation des Nachdrucks 1968 folgendermaßen: „Some mathematical works of considerable vintage have a timeless quality about them. Like classics in any field, they still bring joy and guidance to the reader. (…) This book is the first such classic deemed worthy of once again being made available to the mathematics education community." Es ist kaum zu bestreiten, dass der Satz des Pythagoras auch heute noch zu den zentralen Inhalten der Schulmathematik gehört und vermutlich derjenige Satz ist, der Schülerinnen und Schülern auch noch lange nach der Schulzeit am ehesten im Gedächtnis bleibt: *aquadratplusbequadrat* kann wohl fast jeder noch murmeln – und manche wissen auch, wie es weitergeht (nämlich: *istgleichcequadrat*). Gleichzeitig zeigen empirische Studien, dass die zentrale Bedeutung des Satzes für die euklidische Geometrie im Unterricht kaum noch vermittelt wird und er stattdessen meist in fraglich eingekleideten Anwendungsaufgaben mit zweifelhaftem Kontext auftritt.[5] Das Potential des Satzes ist

---

[4]Loomis, E. S. (²1940, Nachdruck 1968). *The Pythagorean Proposition. Its Demonstrations Analyzed and Classified and Bibliography of Sources for Data of the Four Kinds of „Proofs".* Washington D.C.: The National Council of Teachers of Mathematics.

[5]„Es kann deshalb davon ausgegangen werden, dass beim Thema ‚Beweisen' eine größere Diskrepanz herrscht zwischen dem Anspruch, wie er sich beispielsweise in Bildungsstandards manifestiert, und der Wirklichkeit, realisiert als alltägliche Praxis des Mathematikunterrichts einzelner Lehrpersonen mit unterschiedlichen Lernenden und unterschiedlichen Lehrmitteln. Um den in den Bildungsstandards formulierten Anspruch bezüglich Begründens und Beweisens eher gerecht werden zu können, braucht es entsprechende Unterstützung für die Lehrpersonen, beispielsweise in Form einer knappen Darstellung wesentlicher theoretischer Grundlagen und deren Konkretisierung an Beispielen" (Brunner 2014, S. 2).

damit nicht annähernd ausgeschöpft. Die historische Dimension des pythagoreischen Lehrsatzes als ein Beispiel für die mathematischen Erkenntnisse der Pythagoreer, seine vielfältigen Anwendungen im alten Ägypten und antiken Griechenland, seine Bedeutung für die euklidische Geometrie und das von Euklid errichtete System des mathematischen Beweisens sowie die Möglichkeit, an diesem Satz die Kraft deduktiven Denkens zu erfahren, das alles kann und sollte in einem Unterricht zum *Satz des Pythagoras* ebenfalls eine Rolle spielen. „Die unmittelbare Erfahrung, gewissermaßen in den Fußstapfen des Pythagoras zu wandeln und eigene Gedanken durch altgriechische Denker ausgesprochen zu finden, kann im Schüler [und in der Schülerin; MG] nicht nur den Sinn für geistesgeschichtliche Kontinuität wecken, sondern auch einen Damm gegen jene verderbliche, dumme und dünkelhafte Besserwisserei errichten, die meint, jedes alte Denken und Bemühen unbesehen als überholt und sinnlos und ‚unmodern' abtun zu können" (Wittenberg 1963, S. 94). So verstanden hat der vermeintlich triviale Lehrsatz das Potential, ein didaktisches Zentralproblem zu lösen: *Wie kann es gelingen, den Satz des Pythagoras so zu unterrichten, dass die Schülerinnen und Schüler ihn als ein Muster für die Entdeckungen der antiken Mathematik verstehen, an ihm exemplarisch erkennen, wie die mathematischen Wahrheiten der euklidischen Geometrie aufeinander ruhen und damit auch begreifen, was es mit dem Beweisen in der Mathematik auf sich hat?*

Eine Antwort auf diese Frage gibt Kap. 4. Notwendige Voraussetzung für die dort dargestellte Unterrichtseinheit ist eine verlässliche Sammlung vielfältiger Beweise. Und damit schließt sich der Kreis: Loomis hat Anfang des 20. Jahrhunderts den Schlüssel für dieses didaktische Zentralproblem geliefert, das auch heute noch besteht und dem in der Unterrichtsforschung große Beachtung geschenkt wird. Seine Sammlung ist nach wie vor „a rare ‚find' for Geometry teachers who are alive to the possibilities for their subject" und „a treasure chest for any mathematics teacher (…) (which) should be highly prized by every mathematics teacher", wie begeisterte Mathematik-Lehrer in ihren Briefen als Reaktion auf die erste Publikation der Loomis-Sammlung an den Autor schrieben. Neben der Tatsache, dass das Buch vergriffen ist und nur noch zu horrenden Preisen antiquarisch erworben werden kann, muss es für die heutigen Ansprüche allerdings aufgearbeitet werden. Die Entscheidung des NCTM, für den 1968 publizierten Nachdruck keinerlei Änderungen an dem Manuskript vorzunehmen – „(…) no attempt has been made to modernize the book in any way. To do so would surely detract from, rather than add to, its value" – kann so heute nicht mehr getroffen werden. Dafür gibt es mehrere Gründe:

- Sämtliche Beweisskizzen sind von Loomis per Hand erstellt worden. Dies hat zwar einen gewissen Charme, aber in vielen Fällen, insb. in komplexen Skizzen, kann dies schnell zu Schwierigkeiten und Missverständnissen führen.
- Loomis' Beweisführung ist vor allem auf eine möglichst kompakte Darstellung ausgerichtet. Oft lässt er wichtige Schritte aus, da sich diese seiner Ansicht nach bspw. aus der Beweisskizze offensichtlich ergeben. In vielen Fällen macht dies den Nachvollzug eines Beweises allerdings äußerst mühsam.

- Das Buch enthält insgesamt überraschend viele Fehler. Oftmals handelt es sich dabei um Schreib- oder Benennungsfehler, manchmal sind es hingegen teils massive mathematische Fehler.
- Um das Buch für die Schulen und die Lehrpersonen-Ausbildung wirklich nutzbar werden zu lassen, braucht es eine historische Einbettung und einen mehrfach erprobten Vorschlag zum konkreten Einsatz im Unterricht.

Die Ansprüche, denen ein (auch) für Unterricht und Lehre bestimmtes Mathematikbuch genügen sollte, haben sich genau wie die vorhandenen Gestaltungsmöglichkeiten in den vergangenen 50 Jahren stark geändert. Es soll im Folgenden daher genauer beschrieben werden, inwiefern die eindrückliche Loomis-Sammlung überarbeitet werden musste, um sie für heutige Zwecke nutzbar werden zu lassen. Dazu werden zunächst *Aufbau und Ziel des Buchs* erläutert, um mithilfe von *Lob und Kritik der Loomis-Sammlung* einige *Konsequenzen für die Bearbeitung der Neuauflage* abzuleiten und deren konkrete Umsetzung an einem *Beispiel* zu beschreiben. Eine *Leseempfehlung besonderer Beweise* soll helfen, sich in der Vielzahl der Beweise nicht zu verlieren. Schließlich endet diese Einleitung mit einem *Hinweis an die Leser.*

Elisha Scott Loomis (Frontispiz aus der ersten bzw. zweiten Auflage)

Aufbau und Ziel des Buchs

Das Buch besteht aus fünf Kapiteln, wobei die Kapitel 2 und 3 den Kern darstellen. In ihnen werden insgesamt über 360 Beweise für den Satz des Pythagoras ausführlich dargestellt. Die Aufteilung wurde dabei von Loomis übernommen: Kap. 2 enthält algebraische Beweise, die auf dem Lösen linearer Gleichungen basieren, Kap. 3 enthält geometrische Beweise, die auf dem Vergleichen von Flächen beruhen. Die Grenze ist fließend, was mindestens bei den algebraisch-geometrischen Beweisen (Abschn. 2.6) offensichtlich ist. Beide Kapitel sind nochmals in sechs bzw. zehn Unterkapitel unterteilt, was der Orientierung dienen und bspw. das Finden eines bestimmten Beweises erleichtern soll. Die Autoren der Beweise werden, sofern bekannt, genannt, und auch auf gewisse Besonderheiten wird an mancher Stelle hingewiesen. Die meisten Beweise aber bleiben unkommentiert.

Es ist ausgesprochenes Ziel des Buchs, Mathematiklehrpersonen sowie Dozierende im Bereich der pädagogischen und mathematikdidaktischen Ausbildung von Lehrpersonen an Universitäten, pädagogischen Hochschulen und Studienseminaren in ihrer Arbeit zu unterstützen. Dieses Ziel wird durch eine Rahmung der Beweiskapitel versucht zu erreichen. Zunächst wird der *Satz des Pythagoras* historisch eingeordnet (Kap. 1), indem die Bedeutung der von Pythagoras und seiner Anhängerschaft gemachten mathematischen Entdeckungen für die heutige Mathematik herausgestellt werden. Ein Schwerpunkt liegt dabei naturgemäß auf dem *Satz des Pythagoras* und der Rolle, die dieser in den *Elementen* Euklids spielt, dem „dauerhaftesten wissenschaftlichen Lehrbuch aller Zeiten", das „nach der Bibel den zweiten Platz in der Welt-Bestsellerliste einnimmt" (von Randow 1984, S. 13, 15). Darüber hinaus wird eine an zahlreichen Schulen in Deutschland und der Schweiz erprobte Unterrichtseinheit zum Satz des Pythagoras vorgestellt (Kap. 4), in welcher der Beweisvielfalt und damit der vorliegenden Beweissammlung eine besondere Bedeutung zukommt. Zusätzlich wird die Thematik auch bildungsdidaktisch analysiert und eingeordnet.

Beweise von Hilfssätzen (Kap. 5), auf die sich manche Beweise im Buch stützen, ein Verzeichnis verwendeter Abkürzungen und Symbole sowie das Literaturverzeichnis sind am Ende des Buchs zu finden.

Lob und Kritik der Loomis-Sammlung

- Für seine umfassende Sammlung vorhandener Pythagoras-Beweise hat sich Loomis von bereits bestehenden, älteren Sammlungen inspirieren lassen, häufig zitiert er bspw. Hoffman (1819), Wipper (1880) und Versluys (1914). Loomis ist damit ein großer Wurf gelungen: Er hat es nicht nur gewagt, möglichst *alle* vorhandenen Beweise zu sammeln, sondern er hat diese auch systematisiert und kategorisiert, hat sie in Argumentation und Darstellung vereinheitlicht[6] und die Sammlung insgesamt vervollständigt, indem er fehlende Beweise zu bestimmten Beweistypen selbst beisteuerte.[7] Auslöser für den Entschluss, eine eigene Sammlung vorzulegen, die ihm übrigens später viel Anerkennung bei mathematischen Kollegen und Lehrpersonen einbrachte, wie die Rezensionen und Briefe am Ende seines Buches zeigen (Loomis 1968, S. 277–279), war möglicherweise, dass die gerade neugegründete Zeitschrift *The American Mathematical Monthly* (erscheint seit 1894 bis heute monatlich) von Beginn an in jeder Ausgabe einige Pythagoras-Beweise abdruckte (insg. 100). Loomis publizierte von Anfang an eigene Beiträge in dieser Zeitschrift: Für die allererste Ausgabe (1/1894) steuerte er eine anspruchsvolle Aufgabe[8] bei und schon in der siebten Ausgabe (7/1894) erschien seine von Benjamin Franklin Finkel (1865–1947) verfasste Biographie (Finkel 1894). Hier wird die Beweis-Sammlung zwar noch nicht erwähnt, die Idee dazu muss aber in genau dieser Zeit gereift sein. Die Beweise, die in den ersten acht Jahren der Zeitschrift (1894–1901) publiziert worden sind, nahm Loomis später fast vollständig in seine Sammlung auf.

- Die von Loomis vorgenommene Grobaufteilung der Beweise in algebraisch und geometrisch sowie die Feinaufteilung in sechs bzw. zehn Unterkapitel ist überzeugend und ermöglicht eine schnelle Orientierung. Eine inhaltliche Sortierung innerhalb der Unterkapitel gibt es nicht, Loomis ist hier pragmatisch vorgegangen und hat die Beweise in der Reihenfolge aufgenommen, in der er sie gefunden hat bzw. sie ihn erreicht haben. So war es ihm wohl möglich, fortlaufend an dem (mit Schreibmaschine getippten!) Manuskript zu arbeiten.

- Die von Loomis angestrebte Vereinheitlichung in der Argumentation führt zwar dazu, dass einzelne Beweise leicht miteinander verglichen werden können, bringt aber den Nachteil mit sich, dass die meisten Beweise aus nur einer einzigen Gleichungskette bestehen, die wiederum Verschachtelungen und Klammern, aber keinerlei weitere Hinweise enthält. Loomis (1968, S. 168) beschreibt sein Vorgehen am Beispiel des geometrischen Beweises 115 wie folgt: „In this proof, as in all proofs received I omitted the column 'reasons' for steps of the demonstration, and reduced the argumentation from many (...) steps to a compact sequence of essentials, thus leaving, in all cases, the reader to recast the essentials in the form given in our accepted modern texts. By so doing a saving of as much 60 % of page space results –

---

[6]„The idea of throwing the suggested proof into the form of a single equation is my own" (Loomis 1968, S. 97).

[7]Loomis legt bspw. dar, dass es genau 19 mögliche Anordnungen der drei Dreiecksquadrate gibt, bei denen jeweils mindestens eines der Quadrate verschoben ist (vgl. Abschn. 3.9). In seiner Recherche fand Loomis aber nicht zu allen möglichen Anordnungen Beweise, so dass er die fehlenden kurzerhand selbst entwickelte: „From the scources of proofs consulted, I discovered that only 8 out of the possible 19 cases had received consideration. To complete the gap of the 11 missing ones I have devised a proof for each missing case" (Loomis 1968, S. 190).

[8]„Show that the indeterminate form $\frac{x - \frac{2}{3}\sin(x) - \frac{1}{3}\tan(x)}{x^5} = \frac{-1}{20}$, when $x = 0$." (Loomis 1894)

also hours of time for thinker and printer." Tatsächlich ist Loomis' Darstellung sehr kompakt und platzsparend, dies geht allerdings entgegen seiner Behauptung auf Kosten der Verständlichkeit. In manchen Beweisen (bspw. die geometrischen Beweise 184, 187 und 190) spart sich Loomis gar jegliche Argumentation und notiert schlicht: „It is obvoius that…".

- Zu jedem Beweis gibt Loomis ausführliche Quellenangaben und notiert bei Beweisen, die von ihm selbst stammen, jeweils das Datum (manchmal sogar inkl. der Uhrzeit), an dem ihm die Formulierung erstmals gelang. Dazu gibt er oft weitere Kommentare, meist allerdings ohne Belege. So behauptet er bspw., dass es sich bei einer Version des algebraischen Beweises 1 um „the shortest proof possible" und beim geometrischen Beweis 16 um „the most popular proof" handele. Begründungen liefert er nicht.

- In zahlreichen Beweisen stimmen die Bezeichnungen in der Skizze nicht mit den Bezeichnungen in der Argumentation überein. Schwerer noch wiegen fachliche Fehler in der Argumentation oder Behauptungen bspw. bzgl. der Gleichheit zweier Flächen, die nicht gleich sein können. Auch sind die Skizzen bisweilen unsauber oder unvollständig. Insgesamt ist die Anzahl der Fehler erstaunlich hoch – rund die Hälfte der Beweise weist mindestens einen, oftmals mehrere der genannten Fehler auf.

- In manchen Beweisen stützt Loomis seine Argumentation auf diverse Hilfssätze, die er allerdings selbst nicht beweist. Dies ist in gewisser Weise verständlich, immerhin verfolgt Loomis keine euklidisch-axiomatische Darstellung. Dennoch bleibt ein gewisses Unbehagen, wenn bspw. im algebraischen Beweis 107 auf den *Satz des Heron* zurückgegriffen wird, ohne diesen zu erwähnen, geschweige denn zu beweisen.

- Die größte Kritik, die man Loomis vorwerfen muss, ist, dass er in beide Auflagen seiner Beweissammlung offensichtlich falsche Beweise aufgenommen hat. Es ist schwer verständlich, warum er die jeweiligen Fehler nicht bemerkt hat. Dies soll am algebraischen Beweis 16, für den Loomis zwei Alternativen anbietet, ausführlicher dargestellt werden.

<u>Sixteen</u>

Fig. 16

The two following proofs,
differing so much, in method, from
those preceding, are certainly
worthy of a place among selected
proofs.

1st.--This proof rests on the
axiom, "The whole is equal to the
sum of its parts."

Let AB = h, BH = a and HA = b, in the rt. tri.
ABH, and let HC, C being the pt. where the perp. from
H intersects the line AB, be perp. to AB.   Suppose
$h^2 = a^2 + b^2$.   If $h^2 = a^2 + b^2$, then $a^2 = x^2 + y^2$
and $b^2 = x^2 + (h - y)^2$, or $h^2 = x^2 + y^2 + x^2 + (h-y)^2$
$= y^2 + 2x^2 + (h - y)^2 = y^2 + 2y(h - y) + (h - y)^2$
$= y + [(h - y)]^2$
$\therefore h = y + (h - y)$, i.e., AB = BC + CA, which
is true.
$\therefore$ the supposition is true, or $h^2 = a^2 + b^2$.

Loomis nimmt zu Beginn an, dass die Gleichung $h^2 = a^2 + b^2$ korrekt ist. Anschließend formt er diese Gleichung einige Male um und erhält eine korrekte Aussage ($h = h$ bzw. $AB = BC + CA$). Daraus folgert er nun, dass seine anfängliche Annahme korrekt sei. Aber natürlich ist dies unzulässig, es handelt sich um *keinen* Beweis und es ist durchaus fraglich, warum das NCTM diesen im Nachdruck der zweiten Auflage unkommentiert erneut aufgenommen hat.

In der hier vorliegenden Sammlung ist der Beweis nicht mehr enthalten. Die zweite Alternative, die Loomis zum algebraischen Beweis 16 anbietet, ein Widerspruchsbeweis, ist ebenfalls fehlerhaft, konnte aber korrigiert werden und findet sich nun in dieser Sammlung.

Konsequenzen für die Bearbeitung der Neuauflage

Welche Konsequenzen ergeben sich nun aus den oben aufgeführten Punkten?

- Jeder Beweis unterliegt einer Dreiteilung: Konstruktionsbeschreibung, Skizze, Argumentation. Die **Konstruktionsbeschreibung** geht von einer (i. d. R. am Anfang des jeweiligen Kapitels erwähnten) Grundfigur aus und beschreibt knapp die weitere Konstruktion aller Bestandteile. Bei Beweisen, für die Loomis selbst keine Beschreibung liefert, wurde eine solche ergänzt.[9] Die **Skizzen** wurden mit der dynamischen Geometrie-Software *Cinderella* erstellt und entsprechen im Wesentlichen den jeweiligen Loomis-Skizzen, wobei der Eckpunkt H des rechtwinkligen Dreiecks zu C und, wo immer nötig, entsprechend C zu H umbenannt worden ist. Somit ist gewährleistet, dass am Ende die bekannte Formel $a^2 + b^2 = c^2$ hergeleitet werden kann.[10] Das rechtwinklige Dreieck ist inkl. aller notwendigen Bezeichnungen schwarz, sämtliche Ergänzungen sind grau und der rechte Winkel ist jeweils markiert. Schließlich folgt die **Argumentation**, der eigentliche Beweis. Die äußerst knappen und oftmals schwer verständlichen, verschachtelten Gleichungsketten, die Loomis verwendet, wurden dabei in mehrere Sinnabschnitte unterteilt und, wo nötig, entsprechend kommentiert. Dies hat zwar einen etwas größeren Platzbedarf zur Folge, dient aber der Verständlichkeit. Für immer wiederkehrende geometrische Formen und Bezeichnungen werden Abkürzungen und Symbole verwendet. Eine Übersicht findet sich am Ende des Buchs.
- Wie Loomis verfolgt auch dieses Buch nicht das Ziel, jeden Beweis im euklidisch-axiomatischen Sinn zu beweisen. So wird bspw. die Kongruenz bestimmter Dreiecke nicht jedes Mal begründet – die entsprechende Kontrolle sei dem Leser, der Leserin überlassen.
- Sechs Hilfssätze (Kathetensatz, Höhensatz, Sekanten-Tangenten-Satz, Flächenformel von Pappus, Satz des Heron, Satz des Apollonius), auf die sich diverse Beweise beziehen, werden am Ende des Buchs bewiesen.
- Loomis führt am Ende seines Buchs noch vier *quaternionic proofs* und zwei *dynamic proofs*. Diese unterscheiden sich von den 109 algebraischen und 247 geometrischen Beweisen zuvor fundamental. Sie gehörten zur damaligen Zeit, verglichen mit den algebraischen und geometrischen Beweisen, zu zwei verhältnismäßig jungen Gebieten der Mathematik, in denen sich seit Erscheinen der Loomis-Sammlung viel getan hat. Sie unkritisch zu übernehmen wäre daher nicht angemessen, darüber hinaus

---

[9]Wie bei den geometrischen Beweis 46 und 62, bei denen Loomis nur schreibt: „The construction needs no explanation"; „Constructed and numbered as here depicted, it follows that…".

[10]Bei Loomis heißt der Eckpunkt wohl deshalb H, weil dies an die Hypotenuse des Dreiecks erinnert, was im deutschsprachigen Raum jedoch ungewöhnlich ist.

stünden sie in keinem angemessenen Verhältnis zur Anzahl der algebraischen und geometrischen Beweise. Sie wurde daher nicht aufgenommen. Ähnliches gilt für die fünf *magic squares* sowie die neun Beweise der *Addenda*. Letztere erreichten Loomis erst nach Fertigstellung des Manuskripts, weshalb sie von ihm nicht mehr eingefügt werden konnten. Zwar gibt Loomis zu jedem Beweis an, wo dessen korrekter Platz wäre, das Einfügen an der entsprechenden Stelle hätte aber die Nummerierung verkompliziert, darüber hinaus weisen die neun Beweise keine neuen Beweisideen auf. Sie wurden daher ebenfalls nicht aufgenommen.

- Fehlerhafte Beweise wurden im Sinne Loomis' korrigiert. Bei 23 Beweisen waren dazu größere Änderungen nötig – an dieser Stelle sei den Mathematikern Prof. Dr. Norbert Hungerbühler, Dr. Hans Brüngger und Dr. Bernhard Griesser ein sehr großer Dank für ihre unermüdliche und engagierte Korrektur- und Beratungsarbeit ausgesprochen! Nur ein Beweis – der geometrische Beweis 232 – hat sich bis zum Schluss hartnäckig einer Korrektur widersetzt. Das zentrale Problem liegt in der Zuhilfenahme eines Satzes, der selbst wiederum mit dem Satz des Pythagoras bewiesen wird – ein offensichtlicher Zirkelschluss. Der Beweis wurde dennoch aufgenommen und mit einer entsprechenden Bemerkung versehen. Korrekturhinweise nehme ich jederzeit entgegen.

Beispiel für die Bearbeitung

Die Umsetzung der oben genannten Punkte soll am Beispiel des geometrischen Beweises 104 verdeutlicht werden. Zunächst das Original (aus Loomis 1968, S. 163):

One Hundred Four

In fig. 205, extend FG to C, draw KN par. to BH, take NM = BH, draw ML par. to HB, and draw MK, KF and BE.

Sq. AK = quad. AGOB common to sq's AK and AF + (tri. ACG = tri. ABH) + (tri. CLM = tri. BOF) + [(tri. LKM = tri. OKF) + tri. KON = tri. BEH] + (tri. MKN = tri. EBD) = (tri. BEH + tri. EBD) + (quad. AGOB + tri. BOF + tri. ABC) = sq. HD + sq. HG.

∴ sq. upon AB = sq. upon BH + sq. upon AH. ∴ $h^2 = a^2 + b^2$.

a. See Math. Mo., V. IV, 1897, p. 269, proof LXVIII.

Fig. 205

Es folgt die bearbeitete Version:

Beweis 104

Fälle das Lot von K auf FG mit dem Lotfußpunkt N. Ergänze KF, BE und GH. Zeichne ML parallel zu BC mit NM = BC und ergänze KM.

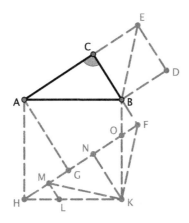

$$\Box AK = 4-\text{Eck } AGOB + \triangle AHG + \triangle HLM + \triangle LKM + \triangle KON + \triangle MKN$$
$$= 4-\text{Eck } AGOB + \triangle ABC + \triangle BOF + \triangle KFO + \triangle KON + \triangle EBD$$
$$= \Box CG + \triangle BEC + \triangle EBD = \Box CG + \Box CD$$
$$\Rightarrow c^2 = a^2 + b^2$$

qed.

Leseempfehlung besonderer Beweise

Algebraische Beweise:

8	Eine sehr lange und ausführliche, exemplarisch durchgeführte Berechnung der Anzahl aller auf der gegebenen Konstruktion basierenden Beweise.
15	Begründung, dass unendlich viele Beweise für den Satz des Pythagoras existieren.
16	Beweis durch Widerspruch. Weitere indirekte Beweise: 17, 32, 53 u. a.
36	Beweis, der dem indischen Mathematiker *Bhaskara* (1114–1185) zugeschrieben wird.
37	Beweis, der dem persischen Mathematiker *an-Nairizi* (um 865–922) zugeschrieben wird.
38	Beweis, der dem italienischen Mathematiker *Leonardo da Pisa (Fibonacci)* (um 1170–1240) zugeschrieben wird.
53	Beweis, der dem deutschen Universalgelehrten *Gottfried Wilhelm Leibniz* (1646–1716) zugeschrieben wird.
66	Sonderfall des *Satzes von Ptolemäus,* der ebenfalls bewiesen wird.

98	Beweis am gleichschenkligen, rechtwinkligen Dreieck. Die zugehörige Figur beschreibt die Lösung der Quadratverdopplung, dem zentralen Problem des *Menon-Dialogs* *(Platon)*.
105	Rückgriff auf die Flächenformel von *Pappus*.
107	Rückgriff auf die Höhenberechnung im *Satz des Heron*.
105 106 108 109	Unterschiedliche Verallgemeinerungen auf ähnliche Polygone, die über den Dreiecksseiten errichtet werden.

Geometrische Beweise:

9	Zerlegungsbeweis, bei dem das kleinere Kathetenquadrat *nicht* zerlegt wird.
31	Beweis, der dem niederländischen Mathematiker, Astronomen und Physiker *Christiaan Huygens* (1629–1695) zugeschrieben wird.
33	Beweis (I, 47) aus den Elementen *Euklids* (um 300 v.Chr.).[11]
34	Beweis, der dem niederländischen Mathematiker *Jacob de Gelder* (1765–1848) zugeschrieben wird.
43	Rückgriff auf die Flächenformel von *Pappus*.
46	Beweis, der dem italienischen Universalgelehrten *Leonardo da Vinci* (1452–1519) zugeschrieben wird.
68	*Ann-Condit*-Beweis, formuliert von einer 16-jährigen Schülerin.[12]
69	*Joseph-Zelson*-Beweis, formuliert von einem 18-jährigen Schüler.[13]
71	Beweis am gleichschenkligen, rechtwinkligen Dreieck (Spezialfall).
210 211	In 210 wird zunächst ein Parallelogramm-Theorem bewiesen, welches in 211 einen sehr einfachen und klaren Beweis ermöglicht.
225 228	Beweise, die dem indischen Mathematiker *Bhaskara* (1114–1185) zugeschrieben werden.
230	Verallgemeinerung, die dem euklidischen Beweis (VI, 31) aus den Elementen entspricht.

---

[11]„Logically no better proof can be devised than Euclid's. [...] The leaving out of Euclid's proof is like the play of Hamlet with Hamlet left out" (Loomis 1968, S. 119 f.).

[12]„(This proof) is unique in that it is the first ever devised in which all auxiliary lines and all triangles used originate at the middle point of the hypotenuse of the given triangle. (...) It was devised and proved by Miss Ann Condit, a girl, aged 16 years (...). This 16-year-old girl has done what no great mathematician, Indian, Greek, or modern, is ever reported to have done. It should be known as the Ann Condit Proof" (Loomis 1968, S. 140).

[13]„This fig., and proof, is original; it was devised by Joseph Zelson, a junior in West Phila., Pa., High School (...). The proof Sixty-Eight, by a girl of 16, and the proof 69, by a boy of 18, are evidences, that deductive reasoning is not beyond our youth" (Loomis 1968, S. 141).

231	Beweis, der dem späteren 20. Präsidenten der Vereinigten Staaten von Amerika *James Garfield* (1831–1881) zugeschrieben wird.
241	Die Beweisfigur enthält gleichschenklige Dreiecke *beliebiger* Höhen.[14]
244 245	Zwei Beweise mithilfe der Fläche des Ausgangsdreiecks.[15]

Der größte Teil der Beweise stammt übrigens von Loomis selbst. Er gibt sich selbst bei 13 algebraischen und 52 geometrischen Beweisen als Autor an.[16]

Hinweis an die Leser

Dieses Buch kann unmöglich ohne Fehler sein. In diesem Fall wiegt das möglicherweise schwer, denn schon kleine Fehler in der Bezeichnung können den Denkprozess deutlich beeinträchtigen ˙und das Nachvollziehen der Argumentation praktisch verunmöglichen. Ich bin um jeden Hinweis diesbzgl. äußerst froh und freue mich über Rückmeldungen jeglicher Art: **mario.gerwig@gmail.com**

Mario Gerwig
Basel

---

[14]„The author has never seen, nor read about, nor heard of, a proof for $h^2 = a^2 + b^2$ based on isosceles triangles having *any* altitude or whose equal sides are unrelated to a, b, and h" (Loomis 1968, S. 238).

[15]„This [245; MG] and the preceding proof [244; MG] are the converse of each other. The two proofs teach that if two triangles are similar and so related that the area of either triangle may be expressed principally in terms of the sides of the other, then either triangle may be taken as the principal triangle, giving, of course, as many solutions as it is possible to express the area of either in terms of the sides of the other" (Loomis 1968, S. 241).

[16]algebraische Beweise: 5, 12, 15, 47, 52, 66, 95, 99, 104, 105, 106, 108, 109; geometrische Beweise: 10, 11, 12, 13, 14, 17, 26, 41, 43, 52, 65, 72, 94, 108, 112, 113, 114, 116, 123, 124, 126, 136, 146, 155, 158, 159, 160, 162, 163, 178, 179, 190, 191, 192, 193, 195, 198, 199, 200, 201, 202, 203, 207, 208, 213, 216, 217, 227, 237, 239, 241, 242

Inhaltsverzeichnis

Pythagoras und «sein» Satz

1.1 Pythagoras von Samos und die Pythagoreer

Es sind wohl vor allem drei Tragödien dafür verantwortlich, dass die Ursprünge der Mathematik weitestgehend im Dunkeln liegen: Während des von Caesar geführten *Alexandrinischen Krieges* (48 v. Chr.) wurde die rund 400.000 Bände und Rollen umfassende Alexandrinische Bibliothek vernichtet. Später gelang es zwar, eine zweite kostbare Bibliothek in Alexandria zusammenzutragen, die unersetzliche Dokumente über das gesamte kulturelle Leben der Antike umfasste. Doch auch diese zweite Sammlung, der „Stolz Alexandrias", wurde 389 n. Chr. im Zuge des Kampfes gegen die Relikte des Heidentums verbrannt. Den Rest besorgten die Mohammedaner, als sie 642 n. Chr. die Stadt eroberten und in einer großen Vernichtungsaktion sämtliche noch nicht verloren gegangenen Bücher und Rollen der Bibliothek verbrannten. Drei Tragödien, mit welchen wichtige Dokumente über die Frühgeschichte der Mathematik verloren gingen und so die Anfänge der Mathematik tief ins Dunkle der Geschichte stürzten.

Die Verklärung der Person Pythagoras (ca. 570–500 v. Chr.) und des nach ihm benannten Bundes der Pythagoreer begann allerdings vermutlich schon lange vorher zu dessen Lebzeiten. Schon für Aristoteles (384–322 v. Chr.) war es rund 200 Jahre nach Pythagoras schwierig, dessen Wirken von dem seiner Anhänger zu unterscheiden, zumal Pythagoras' Schüler offenbar geneigt waren, spätere Entdeckungen dem Genie ihres Meister zuzuschreiben und ihn so zunehmend ins Legendäre erhoben. Vermutlich war Pythagoras' Wirken zu Beginn vor allem mathematischer Natur, später ließ er sich dagegen vermehrt auch von einer gewissen Scharlatanerie anziehen. Die wenigen überlieferten Erwähnungen einiger Zeitgenossen wie Xenophanos, Empedokles und Herodot zeichnen ein eher diffuses Bild. So loben sie bspw. seinen großen Gedankenreichtum und beschreiben ihn als „bedeutenden Sophisten", berichten aber auch von geheimen Riten und Wiedergeburtslehren. Ein etwas präziseres Bild ergibt sich aus den Berichten

© Springer-Verlag GmbH Deutschland, ein Teil von Springer Nature 2021
M. Gerwig, *Der Satz des Pythagoras in 365 Beweisen*,
https://doi.org/10.1007/978-3-662-62886-7_1

der der drei wichtigsten Biographen Pythagoras': Diogenes Laertios (ca. 180–240 n. Chr.), Porphyrios (ca. 233–305 n. Chr.), Iamblichos von Chalkis (ca. 240–320 n. Chr.). Diese lebten allerdings mehr als sieben Jahrhunderte später, zudem vermitteln gerade die ausführlichen Lebensbeschreibungen des Neupythagoreers Iamblichos, der am Ausgang der Antike zu einer Zeit lebte, als mit der allgemeinen Verstärkung mystischer und abergläubischer Anschauungen auch eine Neubelebung der Ansichten der Pythagoreer erfolgte, den Eindruck einer wenig objektiven, eher parteiisch anmutenden Darstellung. Herrmann (2015, S. 23) kommentiert die diffuse Faktenlage daher treffend, wenn er über Pythagoras schreibt: „Für einige war er ein bedeutender Philosoph, dessen Lehre auch noch nach Jahrhunderten eine Vielzahl von Anhängern fand. Für andere war er ein religiöser Sektenführer, der mit seiner Lehre über Vegetarismus und Seelenwanderung einen Geheimbund gründete, dessen Wirken durch Schweigepflicht der Mitglieder, durch Legendenbildung und Propaganda seiner Gegner undurchschaubar war.“

Abb. 1: Herme des Pythagoras von Samos (um 120 n. Chr., Kapitolinische Museen, Rom. Foto: Mario Gerwig)

Nichtsdestotrotz lassen sich zumindest die großen Linien aus Pythagoras' Leben und seiner Lehre mit nur wenigen Unsicherheiten zeichnen. Geboren wurde er um 570 v. Chr. auf der griechischen Insel Samos als Sohn einer Kaufmannsfamilie. Er verließ die Insel wie viele andere auch vermutlich aus Furcht vor der drohenden Eroberung durch die Perser. Zunächst soll er nach Milet gereist sein, wo Thales (ca. 624–544 v. Chr.) seine mathematische Begabung erkannt haben soll. Für ein Treffen zwischen Pythagoras und Thales gibt es allerdings keinen sicheren Beleg (vgl. Maor 2007, S. 17). Von Milet aus ist Pythagoras vermutlich nach Phönizien (heute etwa die Küstenregion

Syriens) und, um 547 v. Chr., nach Ägypten gereist, wo er während eines langen Aufenthalts – Iamblichos nennt eine Dauer von 20 Jahren – einerseits die überlieferte altägyptische und babylonische Mathematik und Astronomie kennenlernte und andererseits in die Mysterien verschiedener religiöser Kulte eingeführt wurde. Nach einem weiteren, zwölfjährigen Aufenthalt in Babylonien, damals ein Schmelztiegel verschiedener Kulturen, kehrte Pythagoras um 513 v. Chr. zurück nach Samos, verließ die Insel aber kurze Zeit später wieder, um in die von Griechen bewohnte Stadt Kroton, dem heutigen Crotone, umzusiedeln, eine wichtige Siedlung der schon seit etwa 700 v. Chr. bestehenden griechischen Kolonie in Süditalien. Ein Gebiet, das später von den Römern *Magna Graecia* genannt worden ist. Dort propagierte Pythagoras einen Lebenswandel, der auf Moral, Tugend, Treue und Götterverehrung beruhte und es gelang ihm, eine große Anhängerschaft zu gewinnen, die durch ihr Zusammenleben und Treueversprechen miteinander verbunden war. Die Autorität des Meisters stand dabei über allem, wissenschaftliche Entdeckungen wurden ihm zugeschrieben und „autos epha" („er hat es selbst gesagt") wurde zur stärksten denkbaren Bekräftigung irgendeines Satzes. Manche Historiker sprechen daher von einer „religiösen Sekte" (Wußing und Arnold 1985, S. 20), andere von einem „Orden" (Meschkowski 1990, S. 2), einer „Schule" (Hoehn und Huber 2005, S. 14), einem „Staat im Staate" (Störig 2006, S. 144) oder „a brotherhood bound by a pledge of allegiance that was strictly enforced upon its members" (Maor 2007, S. 17). Die Mitglieder der Anhängerschaft durchliefen ein fünfjähriges Noviziat, mussten enthaltsam leben und wurden in Zahlenkunde, Musik und Himmelsbeobachtung geschult. Zentrale Aspekte der pythagoreischen Lehre waren Vegetarismus, Katharsis (geistige Reinigung durch Musik), Anamnese (Wiedererinnerung an die Präexistenz) und Metempsychose (Seelenwanderung). Die Einheit religiös-sittlicher Postulate mit Aussagen der exakten Forschung war Grundlage ihrer Weltsicht. Mathematik war ein Teil der Religion, jede der Grundzahlen 1 bis 10 hatte ihre besondere Kraft und Bedeutung. Ihrer Auffassung nach konnte ein Zugang zum Transzendenten nur oder wenigstens am besten durch die Versenkung in die Welt der Zahlen erreicht werden. Dadurch rückten sie (unbeabsichtigt) die Erforschung der Zahlen in den Vordergrund, wodurch sich die angewandte Mathematik der Babylonier und Ägypter, die aus praktischen Lebenserfordernissen oder sakralen Zwecken heraus entstanden und angewendet worden ist, zu einer reinen Mathematik weiterentwickelte, die nun um ihrer selbst Willen betrieben wurde.

Später wurden die Pythagoreer durch politische Unruhen vertrieben und ließen sich weiter südlich in Metapontum nieder, wo Pythagoras um 500 v. Chr. starb. Die pythagoreische Lehre verbreitete sich anschließend im gesamten Mittelmeerraum, doch gegen Ende des 4. Jahrhunderts v. Chr. erlosch der Bund der Pythagoreer aus verschiedenen Gründen: Durch den Sieg der demokratischen Kräfte über die Aristokratie hatten sich auch in Süditalien die politischen und ökonomischen Bedingung für seine Existenz geändert, vor allem aber erschütterte die Entdeckung der *Inkommensurabilität* das Weltbild der Pythagoreer bis in ihre Grundfesten.

Am Anfang der Mathematik steht die Zahl als Anzahl einer Menge von Gegenständen. Doch schon früh in der Menschheitsgeschichte trat neben das Zählen das Messen – wann dieser Schritt zum ersten Mal vollzogen worden ist, verliert sich im Dunkel der Geschichte. Damit konnten „unzählbare" Größen miteinander verglichen werden: Längen, Flächeninhalte, Zeitspannen, Abstände, Volumina, Gewichte.[1] Die Methode, mit der das geschah, war die der „Wechselwegnahme", dem vielleicht ältesten Algorithmus der Mathematikgeschichte (arithmetisch entspricht er dem euklidischen Algorithmus). Die Methode funktioniert wir folgt: Um das Längenverhältnis zweier Strecken a und b zu bestimmen, nimmt man die kürzere Strecke b so oft wie möglich von der längeren Strecke a weg. Geht das ohne Rest, liegt ein ganzzahliges Verhältnis vor. Die längere Strecke a ist also ein Vielfaches der kürzeren Strecke b, d. h. $a = x \cdot b$ für eine natürliche Zahl x, als Verhältnis ausgedrückt: $\frac{a}{b} = x$. Im folgenden Beispiel gilt: $a = 4 \cdot b \Rightarrow \frac{a}{b} = 4$.

Bleibt jedoch ein Rest c, muss dieser kürzer sein als die kürzere Ausgangsstrecke b (da diese ja sonst noch einmal in jenen Rest hineinpassen würde). Nun nimmt man diesen Rest c so oft wie möglich von der kürzeren Strecke b weg. Geht das, ohne dass ein weiterer Rest übrig bleibt, dann ist dieser im ersten Schritt entstandene Rest c ein gemeinsames Maß der beiden Strecken a und b. Diese stehen dann in einem rationalen Verhältnis zueinander, d. h. $a = x \cdot c$ und $b = y \cdot c$ für natürliche Zahlen x und y, als Verhältnis ausgedrückt: $\frac{a}{b} = \frac{x \cdot c}{y \cdot c} = \frac{x}{y}$. Bleibt erneut ein Rest, wird das Verfahren mit dem jeweils entstandenen Rest wiederholt. Bleibt irgendwann kein Rest mehr übrig, ist der zuletzt entstandene Rest ein gemeinsames Maß für alle in dieser Prozedur entstandenen Strecken, also auch für die beiden Ausgangsstrecken a und b. Im folgenden Beispiel gilt: $a = 25e$ und $b = 7e \Rightarrow \frac{a}{b} = \frac{25}{7}$ mit e als dem gemeinsamen Maß beider Strecken.[2]

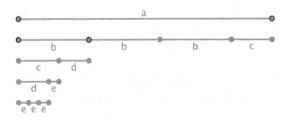

[1]Es ist zu beachten, dass in der griechischen Mathematik mit Zahlen immer ganzzahlige Zahlen gemeint sind.

[2]Ausführliche Rechnung: $\left.\begin{array}{r} a = 3b + c \\ b = c + d \\ c = d + e \\ d = 3e \end{array}\right\} \Leftrightarrow \left\{\begin{array}{l} d = 3e \\ c = 3e + e = 4e \\ b = 4e + 3e = 7e \\ a = 3 \cdot 7e + 4e = 25e \end{array}\right.$

a und *b* sind in diesem Fall kommensurabel (lat. *commensurabilis:* gleich zu bemessen, gleichmäßig), d. h. sie sind mit einem gemeinsamen Maß (hier: die Strecke *e*) exakt messbar, stehen also in einem rationalen Verhältnis zueinander. Pythagoras hat dieses Verfahren möglicherweise auf seinen ausgedehnten Reisen nach Ägypten und Mesopotamien kennen gelernt. In jedem Fall hat er die Bedeutung dieses Verfahrens und die weitreichenden, praktischen Konsequenzen der Tatsache, dass Zahlenverhältnisse die Verhältnisse beliebiger Größen beschreiben, egal aus welchem Bereich sie stammen – Geometrie, Astronomie, Wirtschaft, Mechanik, sogar Musik[3] – umfänglich erkannt, was ihn zu dem Ausruf „Alles ist Zahl!" verleitet haben soll.

Diese Erkenntnis wurde die Basis der pythagoreischen Lehre. Später sollte sie die erste Grundlagenkrise der Mathematik auslösen. „Es ist eine schöne Eigenart der mathematischen Wissenschaften, daß sie wilde Spekulationen nicht ungestraft durchgehen lassen. Früher oder später wird an handfesten Gegenbeispielen deutlich, daß der ungehemmt verallgemeinernde Forscher sich geirrt hat. Im Bereich der ‚Geisteswissenschaften' haben dagegen ungesicherte Spekulationen zuweilen ein recht langes Leben: Sie sind nicht so eindeutig zu widerlegen." (Meschkowski 1990, S. 6 f.).

Die Entdeckung, dass das Verfahren der Wechselwegnahme nicht immer abbrach, dass es also Strecken gibt, deren Verhältnis mit der Wechselwegnahme niemals genau ermittelt werden kann und die darum in keinem rationalen, sondern in einem irrationalen Verhältnis zueinander stehen, war eine niederschmetternde Entdeckung für die Pythagoreer und gleichzeitig eine der folgenreichsten Entdeckungen der Antike. Möglicherweise stieß Hippasos von Metapontum um 450 v. Chr. bei dem Problem, die Diagonallänge im Einheitsquadrat zu bestimmen, auf die Existenz inkommensurabler Strecken (vgl. Wußing und Arnold 1985, S. 23). Vielleicht aber „geschah diese Entdeckung am Verhältnis des *Goldenen Schnitts*" (Eschenburg 2017, S. 5).[4] Dabei wird

---

[3]Ausgehend von den natürlichen Zahlen entwickelten die Pythagoreer die Grundlagen einer Zahlentheorie ebenso wie eine auf einfachen Zahlenverhältnissen basierende, lange gültige Musiktheorie. Die *pythagoreische Stimmung* etwa, die sich dadurch auszeichnet, dass die Abstände der Töne zueinander durch eine Abfolge von reinen Quinten definiert werden, war bis ins Mittelalter hinein die allgemein gültige und verwendete Stimmung.

[4]Dass die Entdeckung der Inkommensurabilität tatsächlich bei der Untersuchung des *Goldenen Schnitts* in Erscheinung trat, ist nicht ganz abwegig. Immerhin galt das Pentagramm, d. h. der regelmäßige Fünfstern, der entsteht, wenn man die Ecken eines regelmäßigen Fünfecks miteinander verbindet, als Erkennungssymbol der Pythagoreer, weshalb davon auszugehen ist, dass sie gerade dieses Objekt genauestens untersucht haben. Und im Pentagramm teilen sich zwei Seiten gerade im Verhältnis des *Goldenen Schnitts*, was die Pythagoreer wohl wussten (vgl. van den Waerden 1979, S. 349). Doch selbst wenn der *Goldene Schnitt* zur Zeit des Hippasos, d. h. um 500 v. Chr., noch nicht bekannt gewesen sein sollte, wie manche Historiker meinen (vgl. Meschkowski 1990, S. 8), so ist es für andere (vgl. Scriba und Schreiber 2005, S. 36 f.) zumindest sehr plausibel, dass Untersuchungen am Pentagramm bzw. an den Diagonalen des Fünfecks zu dieser folgenschweren Entdeckung geführt haben, die mit einem Mal die gesamte Lehre der Pythagoreer infrage stellte.

eine Strecke a so in zwei ungleiche Teile x und $a - x$ geteilt, dass sich sie Gesamtstrecke a zum größeren Teil x verhält, wie der größere Teil x zum kleineren Teil $a - x$. Kurz: $\frac{a}{x} = \frac{x}{a-x}$.

Aus dieser Gleichung lässt sich das Verhältnis $\frac{x}{a-x}$ nicht als Verhältnis natürlicher Zahlen, sondern nur als (positive) Lösung der quadratischen Gleichung $x^2 + ax - a^2 = 0$, d. h. mithilfe einer Quadratwurzel ausdrücken: $\frac{x}{a-x} = \frac{1}{2} \cdot \left(1 + \sqrt{5}\right) \approx 1.618$. Diese (irrationale) Zahl und ihr Kehrwert ($\frac{a-x}{x} \approx 0.618$) werden als *Goldener Schnitt* bezeichnet.

Die Teilstrecke x passt also einmal in a hinein, der verbleibende Rest $a - x$ steht zu x im gleichen Verhältnis, wie zuvor x zu a. Das Verfahren beginnt gewissermaßen von vorne, daher kann es niemals abbrechen. Die Strecken a und x haben also kein gemeinsames Maß.

„Die Entdeckung der Irrationalität und in der Folge das Rechnen mit Verhältnissen, die nicht mehr als Verhältnisse ganzer Zahlen darstellbar waren, führte zur ersten bewusst durchgeführten *Zahlbereichserweiterung* der Mathematikgeschichte. Möglich wurde dies, weil neben die Zahl („arithmos") ein zweiter Begriff getreten war, das *Verhältnis* („logos") von Größen. […] Die positiven reellen Zahlen waren geboren als Größenverhältnisse, die durch Verhältnisse ganzer Zahlen zwar nicht immer ausgedrückt, aber doch beliebig genau angenähert werden konnten" (Eschenburg 2017, S. 7 f.).

Was diese Entdeckung für die spätere Entwicklung der Mathematik bedeuten würde, konnten die Pythagoreer unmöglich erahnen, zumal sie für ihre eigene Situation verheerende Konsequenzen hatte. Ihre gesamte Weltanschauung wurde plötzlich infrage gestellt, mehr noch: Die Entdeckung bedeutete den inneren Zusammenbruch ihres errichteten Dogmengebäudes, wonach alles Geschehen der Welt in rationalen Zahlenverhältnissen erfassbar und ausdrückbar sei. Kein Wunder, dass sie die Entdeckung zunächst geheim halten wollten. Der Legende nach verriet Hippasos diese jedoch an „Unwürdige" (Meschkowski 1990, S. 8), d. h. an Personen, die nicht den Pythagoreern angehörten, wofür er aus dem pythagoreischen Bund ausgeschlossen wurde.[5] Sein

---

[5] Andere Historiker gehen davon aus, er habe den Bund der Pythagoreer verlassen müssen, weil er seine Entdeckung des Dodekaeders an Außenstehende verriet (vgl. van der Waerden 1979, S. 363; Herrmann 2014, S. 26). Meschkowski (1990, S. 7) berichtet unter Bezug auf den Pythagoras-Text von Jamblichos, dass Hippasos „als erster die aus 12 Fünfecken zusammengesetzte Kugel beschrieben und deshalb als ein Gottloser im Meer umgekommen" sei, ferner habe er „als erster das Wesen der Meßbarkeit und Unmeßbarkeit an Unwürdige verraten."

späterer Unfalltod im Meer wurde von den Pythagoreern als göttliche Strafe auf-gefasst, manche Historiker vermuten gar, die Pythagoreer könnten den Schiffbruch, dem Hippasos zum Opfer fiel, inszeniert haben (vgl. Wußing und Arnold 1985, S. 24; Maor 2007, S. 28).

Nach dem Tode Pythagoras' einige Jahrzehnte zuvor und der veränderten politischen Lage in Süditalien war diese Entdeckung nun ein weiterer Grund dafür, dass der Bund der Pythagoreer endgültig auseinander fiel. Heute versucht man, die mathematischen Entdeckungen der Pythagoreer von ihrer Weltanschauung zu trennen, auch wenn diese für die Pythagoreer noch einheitlich verbunden waren. „Es handelt sich um eine idealistische Weltanschauung und bezüglich der fundamentalen Rolle der Zahl um eine Verkennung des Wesens beim erkenntnistheoretischen Prozeß des Abstrahierens. Entkleidet man die in der pythagoreischen Schule gemachten mathematischen Entdeckungen aber ihrer mystischen Hülle, so stellt sich heraus, daß viele wertvolle Ergebnisse gefunden worden sind, die, logisch geordnet, in die nachfolgende mathematische Tradition der athenischen Periode eingegliedert und schließlich in die berühmten 13 Bücher der ‚Elemente' von Euklid aufgenommen worden sind" (Wußing und Arnold 1985, S. 22).

1.2 Neun mathematische Erkenntnisse der Pythagoreer

(1) *Satz des Pythagoras und dessen Umkehrung*
Die Pythagoreer kannten den nach Pythagoras benannten Lehrsatz („In einem recht-winkligen Dreieck haben die über den beiden kürzeren Seiten errichteten Quadrate zusammen denselben Flächeninhalt wie das über der längsten Seite errichtete Quadrat"), der auch babylonischen Mathematikern schon sehr früh bekannt war.[6] Sie kannten auch dessen Umkehrung („Ist in einem Dreieck der Flächeninhalt der beiden über den kürzeren Seiten errichteten Quadrate zusammen so groß wie der Flächeninhalt des über der längsten Seite errichteten Quadrats, so ist das Dreieck rechtwinklig") und verallgemeinerten den Lehrsatz für den Fall, dass die Hypotenuse (gr. *hypoteínousa:* (unter dem rechten Winkel) sich erstreckend) des rechtwinkligen Dreiecks eine der Katheten um Eins übertrifft. Das entsprechende pythagoreische Tripel hat dann die Form $\left(2n + 1; 2n^2 + 2n; 2n^2 + 2n + 1\right)$. Das einfachste Beispiel folgt aus $n = 1$, näm-lich $(3; 4; 5)$. Weitere Beispiele (für $n = 2, 3$ und 4) sind $(5; 12; 13)$, $(7; 24; 25)$ und $(9; 40; 41)$.

---

[6]Möglicherweise kommt der pythagoreischen Version des Satzes eine Formulierung ohne Erwähnung der Flächeninhalte näher: *Das Quadrat über der Hypotenuse ist zerlegungsgleich der Vereinigung aus beiden Quadraten über den Katheten* (vgl. auch Abschn. 1.3).

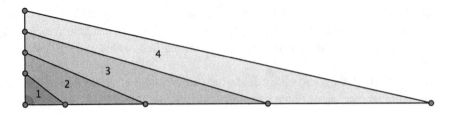

(2) *Winkelgesetze an Parallelen*

Die Pythagoreer kannten die Winkelgesetze an einfachen (Scheitel- und Nebenwinkel)
und doppelten Geradenkreuzungen (Stufen, Wechsel-, Nachbarwinkel), mit denen sie
nachwiesen, dass die Winkelsumme im Dreieck gleich zwei Rechten $2R$ ist. Man weiß
aufgrund des Euklid-Kommentars von Proklos (412–485 n. Chr.) recht genau, dass die
Pythagoreer dies zunächst am gleichseitigen, dann am gleichschenkligen und schließlich
am ungleichseitigen, d. h. am allgemeinen Dreieck *erkannten* und später auch *bewiesen*.
Bei dem Beweis handelt es sich allerdings nicht (wie später bei Euklid) um die Her-
leitung aus einem vorgegebenen Axiomensystem, er wird vielmehr unter Rückgriff auf
die Evidenz der Wechselwinkel geführt. Die Eigenschaft der Wechselwinkel wird damit
gewissermaßen axiomatisch betrachtet, womit mindestens deutlich wird, dass sich
der Erkenntnisprozess bei den Pythagoreern allmählich vom Sehen zum Deduzieren
wandelte. Sie wussten außerdem, dass in einem n-Eck die Summe alle Innenwinkel
$(2n - 4)R$ und die Summe aller Außenwinkel $4R$ beträgt.

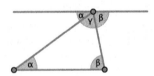

(3) *Prinzip der Flächenanlegung*

Die Pythagoreer erfanden das *Prinzip der Flächenanlegung,* mit dem sie quadratische
Gleichungen geometrisch lösten. Es ist später in drei unterschiedlichen Ausführungen
in die *Elemente* Euklids eingegangen: Die *parabolische Flächenanlegung* (gr.
paraballein: gleichkommen, nebeneinanderstellen) (I, §44), die *elliptische Flächenanlegung* (gr. *elleipein:* ermangeln) (VI, §28) und die *hyperbolische Flächenanlegung*
(gr. *hyperballein:* übersteigen, übertreffen) (VI, §29). Apollonios von Perge (ca. 265–
190 v. Chr.) nutzte das Prinzip später zur Konstruktion der Kegelschnitte, woran die
Bezeichnungen *Parabel, Ellipse* und *Hyperbel* erinnern.

Ein Spezialfall der *elliptischen Flächenanlegung* soll an einem Beispiel kurz
demonstriert werden: Euklid stellt in (VI, §28) das folgende Problem: „An eine
gegebene Strecke ein einer gegebenen geradlinigen Figur gleiches Parallelogramm
so anzulegen, daß ein einem gegebenen [Parallelogramm; MG] ähnliches Parallelogramm fehlt; hierbei darf die gegebene geradlinige Figur nicht größer sein als das
dem fehlenden ähnliche über die Hälfte der Strecke zu zeichnende Parallelogramm"
(Thaer 2005, S. 135). Gegeben ist also eine Strecke AB sowie ein Polygon C und ein

Parallelogramm *D*. An *AB* ist nun ein Parallelogramm so anzulegen, dass dieses denselben Flächeninhalt hat wie *C*. Dabei soll außerdem ein zu *D* ähnliches Parallelogramm fehlen. *C* soll darüber hinaus nicht größer sein als die Hälfte des zu *D* ähnlichen, fehlenden Parallelogramms.

Das Wort *Parallelogramm* wurde jedoch erst zurzeit des Eudoxos von Knidos (ca. 390–340 v. Chr.) eingeführt, „zur Zeit der Pythagoreer hat man, wie es scheint, nur mit Rechtecken und Quadraten gearbeitet" (van der Waerden 1979, S. 341). Aus diesem Grund soll der Spezialfall dieses Satzes, bei welchem es sich bei dem gegebenen Parallelogramm *D* um ein Quadrat und bei dem an *AB* anzulegenden Parallelogramm um ein Rechteck handelt, hier betrachtet werden. Mit *AB* = *a* und dem Flächeninhalt *b* des gesuchten Rechtecks lässt sich die Aufgabe nun folgendermaßen formulieren: *An eine gegebene Strecke AB ist ein Rechteck mit den Seiten x und y, dessen Flächeninhalt dem eines gegebenen Polygons gleich sein soll, so anzulegen, dass ein Quadrat fehlt.* Da also *x* + *y* = *a* und *x* · *y* = *b* gelten soll, folgt in heutiger Notation:

$$x \cdot (a - x) = b$$

Die resultierende quadratische Gleichung lösten schon die Babylonier mithilfe einer quadratischen Ergänzung. Da die Griechen im Allgemeinen und die Pythagoreer im Speziellen jedoch der Geometrie den Vorrang vor der Arithmetik gaben, ersetzten sie das babylonische Verfahren durch ein geometrisches, ihre Lösungen sind daher „Umschreibungen der babylonischen Lösungen in eine geometrische Terminologie" (van der Waerden 1979, S. 41).

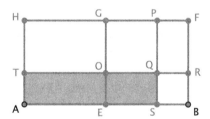

Um das gesamte Rechteck zu ermitteln, halbiert man die Strecke *AB* im Punkt *E*, zeichnet über *EB* das (zu *D* ähnliche) Quadrat *EF* und vervollständigt das Quadrat *AG*. Falls nun *AG* (wie die vorgegebene Figur *C*) den Flächeninhalt *b* hat, ist man fertig, da man das Quadrat *AG* so konstruiert hat, dass ein (zu *D* ähnliches) Quadrat, nämlich *EF*, fehlt. Falls *AG* ≠ *C*, so muss die Fläche von *AG* größer sein als *b*, da sie aufgrund der Zusatzbedingung, welche die Figur *C* erfüllen muss, nicht kleiner sein kann. Wegen *AG* = *EF* hat auch *EF* einen Flächeninhalt größer als *b*. Nun errichtet man das (zu *D* ähnliche) Quadrat *GQ*, welches flächeninhaltsgleich dem Quadrat über der halben Strecke *AB*, vermindert um *b*, sein soll.[7] Jetzt verlängert man *PQ* zu *S* sowie *QO* zu *T*

---

[7]Das entsprechende Verfahren beschreibt Euklid in (VI, §25).

und ergänzt RQ. Wegen $GQ + PR + OS + QB = TS + QB$ folgt $TS = GQ + PR + OS$. Damit hat man mit TS nun an die gegebene Strecke AB ein Rechteck mit dem Flächeninhalt b so angelegt, dass ein (zu D ähnliches) Quadrat, nämlich QB, fehlt. Dies war die Aufgabe.[8]

(4) *Kongruenzsätze*

Die Pythagoreer kannten wahrscheinlich bereits die vier Kongruenzsätze, die angeben, dass zwei Dreiecke genau dann kongruent sind, wenn sie in bestimmten Seiten oder Winkeln übereinstimmen (in der heutigen Schreibweise: SSS, WSW, SWS, SsW). In den Elementen Euklids werden diese Sätze bereits im ersten Buch behandelt. Originalautor ist zwar vermutlich Hippokrates von Chios (ca. 470–410 v. Chr.), aber es spricht einiges dafür, dass er diese wiederum von den Pythagoreern übernommen hat (vgl. van der Waerden 1979, S. 360).

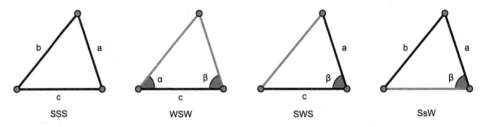

(5) *Reguläre Polyeder („Platonische Körper")*

Die Pythagoreer kannten mindestens drei der fünf regulären Polyeder: *Tetraeder* (4 kongruente, gleichseitige Dreiecke), *Würfel* bzw. *Hexaeder* (6 kongruente Quadrate), *Dodekaeder* (12 kongruente, regelmäßige Fünfecke). Vieles spricht dafür, dass das *Oktaeder* (8 kongruente, gleichseitige Dreiecke) ebenfalls bekannt war. Hingegen wurde der aus 20 kongruenten, gleichseitigen Dreiecken bestehende *Ikosaeder* wohl erst einige Jahrzehnte später von Theaitetos (ca. 415–369 v. Chr.) gefunden.

---

[8]In heutiger Schreibweise führt das beschriebene Verfahren zur Lösungsformel für quadratische Gleichungen.

Platon (ca. 427–347 v. Chr.) wurde zum Namensgeber für die fünf Polyeder, seit er sie in seinem Werk *Timaios* ausführlich beschrieb als „feste Körper", mit denen „die ganze (sie umschreibende) Kugel in gleiche und ähnliche Teile zerlegbar ist." Vier der Polyeder ordnete er den vier Elementen zu (*Tetraeder:* Feuer, *Hexaeder:* Erde, *Oktaeder:* Luft, *Ikosaeder:* Wasser), der *Dodekaeder* stand für das von Aristoteles (384–322 v. Chr.) postulierte fünfte Element, den Äther.

(6) *Grundlagen einer Zahlentheorie*
Die Pythagoreer legten mit der Definition von geraden und ungeraden Zahlen sowie der genauen Untersuchung ihrer Eigenschaften die Grundlage der Zahlentheorie. Sie ist als neuntes Buch in die Elemente Euklids eingegangen und die Tatsache, dass das 36 Sätze umfassende Kapitel ein in sich abgeschlossenes und logisch vollständiges Ganzes bildet, lässt vermuten, dass Euklid sie sehr wahrscheinlich unverändert von den Pythagoreern übernommen hat (vgl. van der Waerden 1979, S. 397 und Reidemeister 1974, S. 34).

Das neunte Buch Euklids enthält eine Reihe einfacher Lehrsätze über ungerade und gerade Zahlen, wie bspw. (in abgekürzter Formulierung):

§21: Die Summe beliebig vieler gerader Zahlen ist gerade.
§22: Die Summe einer geraden Anzahl ungerader Zahlen ist gerade.
§23: Die Summe einer ungeraden Anzahl ungerader Zahlen ist ungerade.
§25: Eine gerade Zahl minus eine ungerade Zahl ergibt eine ungerade Zahl.
§28: Eine ungerade Zahl multipliziert mit einer geraden Zahl ergibt eine gerade Zahl.

Interessanterweise enthält das neunte Buch auch den berühmten Beweis über das Nicht-abbrechen der Primzahlfolge (§20)[9] und es ist durchaus erhellend zu analysieren, wie Euklid diese Entdeckung in den allgemeinen Zusammenhang seiner *Elemente* eingebaut hat: Er stützt den Beweis ausschließlich auf Sätze und Definitionen aus dem siebten Buch, obwohl dieses vermutlich jünger ist als das neunte.

---

[9]Es soll die Gelegenheit genutzt werden, an dieser Stelle mit einem häufigen Missverständnis auf-zuräumen: Es handelt sich bei dem euklidischen Beweis *nicht* um einen indirekten, sondern um einen konstruktiven Beweis. Weder behauptet Euklid, seine vorgelegte Primzahlliste umfasse alle Primzahlen, noch sagt er, dass es sich dabei um die kleinsten Primzahlen handelt. Sehr wohl aber nutzt er im zweiten Fall der Fallunterscheidung eine indirekte Vorgehensweise: Nach der Behauptung „daß g mit keiner der Zahlen a, b, c zusammenfällt" schreibt er, „wenn möglich tue es dies nämlich" – dies entspricht einer Widerspruchsannahme. Die dann folgende Argumentation läuft darauf hinaus, dass g die Zahl Eins teilen müsste, was unmöglich ist und damit einen Wider-spruch zur vorigen Annahme darstellt („dies wäre Unsinn").

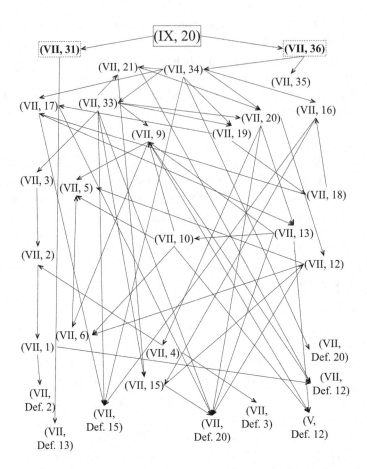

Die Unendlichkeit der Primzahlen kann also auch als eine pythagoreische Entdeckung bezeichnet werden. Begriffe wie *defiziente* oder *superabundante Zahlen* und insb. die Analogie mit menschlichen Eigenschaften – die Defekte oder Überschüsse der Zahlen werden mit Defekten oder Überschüssen beim Menschen verglichen – sowie die großen symbolischen Bedeutungen, welche die Pythagoreer vielen Zahlen wie der Vier oder der Zehn zuschrieben, haben sich im Laufe der Jahrhunderte jedoch als weniger tragfähig erwiesen, so dass die meisten dieser Eigenschaften heute kein Bestandteil der Zahlentheorie mehr sind.

(7) *Figurierte Zahlen*

Die Pythagoreer entdeckten mithilfe figurierter Zahlen, die sie mit Steinen visualisierten, wichtige arithmetische Formeln (*Rechensteinchen-Arithmetik*[10]). So gelang es ihnen u. a., Formeln zur Berechnung der *n*-ten Teilsumme der geraden, der ungeraden und der natürlichen Zahlen zu ermitteln.

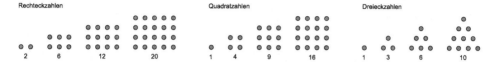

Rechteckzahlen: Die Teilsummen der geraden Zahlen können in Form von Rechtecken gelegt werden.

$$2 = 1 \cdot 2$$

$$2 + 4 = 6 = 2 \cdot 3$$

$$2 + 4 + 6 = 12 = 3 \cdot 4$$

$$2 + 4 + 6 + 8 = 20 = 4 \cdot 5$$

$$\ldots$$

$$2 + 4 + 6 + \ldots + 2n = n \cdot (n + 1)$$

Quadratzahlen: Die Teilsummen der ungeraden Zahlen können in Form von Quadraten gelegt werden.

$$1 = 1^2$$

$$1 + 3 = 4 = 2^2$$

$$1 + 3 + 5 = 9 = 3^2$$

$$1 + 3 + 5 + 7 = 16 = 4^2$$

$$\ldots$$

$$1 + 3 + 5 + \ldots + (2n - 1) = n^2$$

---

[10]Reidemeister (1974, S. 23) geht davon aus, dass es sich bei den figurierten Zahlen um eine Entdeckung der Neupythagoreer handelt. Sicher scheint jedoch zu sein, dass zumindest die Idee der figurierten Zahlen auf Pythagoras selbst zurückgeht, der die Summe $1 + 2 + 3 + 4$ bildete und das Ergebnis „ein vollkommenes Dreieck" nannte (van der Waerden 1979, S. 394).

Dreieckzahlen: Die Teilsummen der natürlichen Zahlen können in Form von Dreiecken gelegt werden.

$$1 = \frac{1}{2} \cdot 1 \cdot 2$$

$$1 + 2 = \frac{1}{2} \cdot 2 \cdot 3$$

$$1 + 2 + 3 = \frac{1}{2} \cdot 3 \cdot 4$$

$$1 + 2 + 3 + 4 = \frac{1}{2} \cdot 4 \cdot 5$$

$$\ldots$$

$$1 + 2 + 3 + \ldots + n = \frac{1}{2} \cdot n \cdot (n + 1)$$

Die Folgerung der Pythagoreer, dass die ungeraden Zahlen beschränkt, die geraden Zahlen aber unbeschränkt sind, ist aus heutiger Sicht nicht mehr haltbar. Die Pythagoreer kamen zu diesen Bezeichnungen, da die Addition ungerader Zahlen nur eine beschränkte Anzahl von Formen liefert, nämlich Quadrate, die Addition der geraden Zahlen hingegen zu einer unbeschränkten Anzahl an Formen führt, nämlich zu Rechtecken, die nicht ähnlich zueinander sind.

(8) *Drei Mittelwerte*

Die Pythagoreer kannten das arithmetische, das harmonische und das geometrische Mittel, die sie vermutlich von den Babyloniern übernahmen und vielfältig interpretierten, insbesondere musikalisch.[11]

Das *arithmetische Mittel* A zweier Zahlen a und b ist definiert durch den gleichen Abstand von A zu a und b:

$$a - A = A - b$$

$$\Rightarrow A = \frac{a + b}{2}$$

---

[11]Das arithmetische Mittel aus dem Oktavsprung interpretierten die Pythagoreer als Quinte ($\frac{1+2}{2} = \frac{3}{2}$), das harmonische Mittel als Quarte ($\frac{2 \cdot 2 \cdot 1}{2+1} = \frac{4}{3}$). Dies führte jedoch zu einem Unterschied zwischen sieben (reinen) Oktaven und zwölf (reinen) Quinten da $\left(\frac{2}{1}\right)^7 \neq \left(\frac{3}{2}\right)^{12}$(*pythagoreisches Komma*). Erst der deutsche Musiker und Musiktheoretiker Andreas Werckmeister (1645–1706) konnte mit der *gleichstufig temperierten Stimmung* diesen Fehler beheben, indem er das pythagoreische Komma gleichmäßig auf die zwölf Quinten verteilte.

Das *harmonische Mittel H* zweier Zahlen a und b ist definiert durch die folgende Gleichung:

$$\frac{H-a}{b-H} = \frac{a}{b}$$

$$\Rightarrow (H-a)b = a(b-H) \Rightarrow H(a+b) = 2ab \Rightarrow H = \frac{2ab}{a+b}$$

Das *geometrische Mittel G* zweier Zahlen a und b ist durch die folgende Gleichung definiert:

$$\frac{G-a}{b-G} = \frac{a}{G}$$

$$\Rightarrow (G-a)G = a(b-G) \Rightarrow G^2 = ab \Rightarrow G = \sqrt{ab}$$

Ein Zusammenhang zwischen den drei Mittelwerten lässt sich folgendermaßen herleiten und geometrisch veranschaulichen:

$$H = \frac{2ab}{a+b} = \frac{ab}{\frac{1}{2}(a+b)} = \frac{G^2}{A} \Rightarrow G^2 = H \cdot A$$

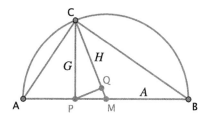

Es sei $AP = a$ und $PB = b$. M sei Mittelpunkt von AB. Dann gilt:

- Für den Radius r des Thaleskreises über der Strecke $AB = a+b$ gilt: $r = \frac{a+b}{2}$, also ist $r = A$ (markiert ist $r = MB = A$).
- Aus dem Höhensatz folgt: $G^2 = AP \cdot PB = ab \Rightarrow G = \sqrt{ab}$
- Aus dem Kathetensatz, angewendet auf das Dreieck CPM, folgt: $G^2 = CQ \cdot CM$. Da $CM = r = A$ und $G^2 = H \cdot A$ folgt: $CQ = H$.

(9) *Parkettierungen*

Die Pythagoreer wussten bereits, dass es nur drei reguläre Polygone gibt, die mit ihren Ecken den Raum um einen Punkt der Ebene ganz ausfüllen können: gleichseitige Dreiecke, Quadrate und reguläre Sechsecke. Johannes Keppler (1571–1630) war wohl der erste der beschrieb, dass diese regulären Parkettierungen der Ebene ein Analogon zu den Platonischen Körpern darstellen. Man nennt sie heute daher auch *platonische Parkettierungen.*

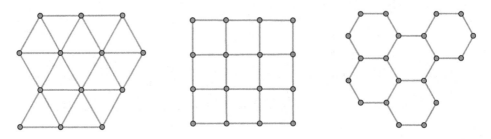

1.3   Der Satz des Pythagoras

Die Ansicht, dass Pythagoras oder die Pythagoreer die Entdecker des nach ihm benannten Lehrsatzes waren, hielt sich über mehr als zwei Jahrtausende. Erst die Entzifferung der babylonischen Keilschrift Mitte des 19. Jahrhunderts und das intensive Studium babylonischer Steintafeln, auf denen sowohl mehrstellige pythagoreische Tripel als auch Aufgaben formuliert wurden, die mithilfe des pythagoreischen Lehrsatzes gelöst worden sind (vgl. bspw. Neugebauer 1934, S. 33–35), zeigten, dass dieser den Babyloniern schon um 1800 v. Chr., d. h. schon lange vor Pythagoras' Lebzeiten, bekannt war. Vermutlich hat Pythagoras den Satz von dort mitgebracht (vgl. van der Waerden 1979, S. 42), was angesichts der babylonischen Tradition und der Berichte über sein Leben wohl als wahrscheinlich gelten darf. Neben den babylonischen Texten und Steintafeln finden sich darüber hinaus auch in den altägyptischen mathematischen Abhandlungen Papyrus Rhind (um 1550 v. Chr.), Papyrus Moskau (um 1850 v. Chr.) und im Berliner Papyrus (um 1900 v. Chr.) Aufgabenstellungen, welche mithilfe pythagoreischer Zahlentripel gelöst werden.[12]

Bei der Analyse dieser Dokumente wird deutlich, dass die mathematische Schwierigkeit im alten Ägypten vor allem darin bestand, rein numerische Herausforderungen zu bewältigen. In Babylonien spielt das Numerische (und auch die Geometrie) keine entscheidende Rolle mehr, das Interesse lag schon im Gebiet der mathematischen Relationen, d. h. auf der algebraischen Behandlung der aus der Geometrie resultierenden Fragen. „Im Vorgriechischen ist alles Geometrische ein Anwendungsgebiet des Mathematischen – im Ägyptischen eine Anwendung der Rechentechnik, im Babylonischen eine Einkleidung algebraischer Relationen" (Neugebauer 1934, S. 122).

---

[12]Hoehn und Huber (2005, S. 118) vermuten sogar, dass pythagoreische Dreiecke Konstruktionsgrundlage für die megalithischen Bauwerke aus dem zweiten und dritten vorchristlichen Jahrtausend gewesen sein könnten.

Dass aber das Geometrische *an sich* eine mathematische Disziplin und eine Ausdrucks-möglichkeit mathematischer Begriffe sein kann, ist etwas, was erst bei den Griechen auf-tritt.

Pythagoreische Dreiecke lassen sich sowohl in ägyptischen (bspw. Pyramiden von Gizeh), als auch in griechischen Bauten (bspw. Parthenon auf der Akropolis) finden, das Beweisen aber ist eine Erfindung der Griechen. Dies wird von der Beobachtung gestützt, dass die griechische Mathematik in einer relativ kurzen Zeitspanne eine bedeutende Entwicklung durchgemacht hat. Die Mathematik der Babylonier kann dagegen in einer viel längeren Zeitdauer nur sehr geringe Entwicklungen aufweisen, die ägyptische Mathematik weist fast gar keine Fortschritte auf, so dass man annehmen kann, dass Babylonier und Ägypter höchstwahrscheinlich nie explizit und intensiv nach Ursachen und Beweisen gesucht haben, denn eine solche Suche hätte automatisch neue Ent-deckungen zur Folge gehabt. Eher haben sie durch starres Anwenden von Algorithmen und unverändertes Weitergeben ihr Wissen über Jahrhunderte konserviert.

Im alten Ägypten nutzten die Harpedonapten (Seilspanner) möglicherweise ein Knotenseil, um mithilfe pythagoreischer Dreiecke rechte Winkel zu erzeugen. „Die Abweichungen [von einem rechten Winkel; MG] z. B. bei den grossen Pyramiden in Gizeh sind derart marginal, dass bessere Resultate nur mit modernen Instrumenten erreicht werden können. Solche Präzision, und das wiederholte Auftreten des Dreiecks mit 3:4:5, lässt den Schluss zu, dass auch die ägyptischen Harpedonapten (Seilspanner) dieses Dreieck zur Anlegung der Grundrisse ihrer Bauten und zur Neuvermessung der Felder nach der Nilüberschwemmung verwendet haben" (Hoehn und Huber 2005, S. 20). Ein Seil mit 13 Knoten in jeweils gleichem Abstand ermöglicht es, ein Dreieck mit dem Seitenverhältnis 3:4:5 zu erzeugen, sofern man den ersten und letzten Knoten des Seils zusammen hält. Doch obwohl man weiss, dass die Ägypter Maßseile zur Längen-messung benutzt haben (vgl. Dilke 1991, S. 44), basiert das beschriebene Vorgehen zur Konstruktion eines rechten Winkels nicht auf textlichen Unterlagen, sondern vor allem auf Anekdoten, weshalb Neugebauers Mahnung wohl noch immer gilt: „Von der Kennt-nis der rein numerischen Identität, daß $9 + 16 = 25$ ist, bis zur geometrischen Einsicht, daß gewisse Flächen, die man dem rechtwinkligen Dreieck zuordnen kann, einander gleich sind, liegt ein weiter Weg."[13] Eindeutig widerlegt ist die Behauptung, dass in Ägypten rechte Winkel mithilfe von Seilknoten konstruiert wurden, dadurch allerdings nicht: „Trotzdem liegt es durchaus im Bereich des Möglichen, daß die ägyptische Geo-metrie über die Kenntnis des pythagoreischen Lehrsatzes verfügt hat. Unsere Texte sprechen aber weder für noch gegen eine solche Möglichkeit" (Neugebauer 1934, S. 122).

---

[13]Loomis (1968, S. 102) deutet in eine ähnliche Richtung: „But granting that the early Egyptians formed right angles in the 'rule of thumb' manner described above, it does not follow, in fact it is not believed, that they knew the area of the square upon the hypotenuse to be equal to the sum of the areas of the squares upon the other two sides."

Im alten Griechenland diente der pythagoreische Zusammenhang als Proportionengrundlage: In zahlreichen Bauten finden sich die Verhältnisse 4:9 und 3:8, was drei bzw. zwei benachbarten pythagoreischen Dreiecken mit dem Seitenverhältnis 3:4:5 entspricht. So spielt etwa im Parthenon der Athener Akropolis das Verhältnis 4:9 eine entscheidende Rolle. Auch indische und chinesische Dokumente zeigen, dass der Satz des Pythagoras dortigen Mathematikern bekannt war. Inder und Chinesen haben den Satz auch bewiesen, bekannt sind bspw. die Beweise von an-Narizi (ca. 865–922) oder Bhaskara II. (1114–1185), dessen Grundidee sich auch schon in älteren, chinesischen Dokumenten findet.[14] Der erste axiomatisch fundierte Beweis stammt aber wahrscheinlich von Euklid.[15] Zwar hat möglicherweise Pythagoras selbst schon einen Beweis geliefert – das geht aus einem von Prokolos (412–485) verfassten Kommentar zu den Elementen hervor (vgl. Maor 2007, S. 61) – doch das Beweisbedürfnis für den Satz dürfte insgesamt eher gering gewesen sein. Dies ist durchaus nachvollziehbar, waren und sind doch die zahlreichen praktischen Anwendungen beeindruckende Zeugen für die Richtigkeit des Satzes. Warum sollte man beim Anblick der (vermutlich) mithilfe des pythagoreischen Satzes errichteten, absolut exakten Pyramiden Gizehs oder der Athener Akropolis dessen Aussage bezweifeln und nach einer Begründung für dessen Gültigkeit suchen? Erst den Griechen gelang der Schritt vom Sehen zum Deduzieren, bei ihnen wurde aus der früheren praktischen Rechen- und Messkunst der Babylonier und Ägypter jene axiomatisch fundierte und streng beweisende Wissenschaft, die heute als Mathematik bezeichnet wird.

In den Elementen Euklids bildet der Pythagoras-Beweis den krönenden Abschluss des ersten Buches (es ist der vorletzte Satz). Der Beweis ist aus verschiedenen Gründen interessant. Erstens ist er als der „klassische Pythagoras-Beweis" in die mathematische Literatur eingegangen, Loomis (1968, S. 119 f.) urteilt: „Logically no better proof can be devised than Euclid's. […] The leaving out of Euclid's proof is like the play of Hamlet with Hamlet left out." Ob es sich bei Euklids Beweis tatsächlich um den besten Beweis handelt, sei dahingestellt. Recht sicher ist aber, dass es sich um den ersten Beweis in einem axiomatisch fundierten Sinn handelt. Zweitens wird bei einer Analyse des Beweises das deduktive Gebäude der euklidischen Geometrie sichtbar. Dies liegt vor allem daran, dass Euklid sehr genau angibt, auf welche bereits bewiesenen Sätze, Definitionen, Postulate und Axiome er sich bezieht. In den Beweisen anderer Mathematiker werden diese Verbindungen nicht immer expliziert, Euklid aber macht in allen Beweisen der Elemente sämtliche Bezüge genauestens sichtbar. Drittens schließlich wird an dem Beweis auch deutlich, wie Euklid selbst gearbeitet und seine Argumentation so angepasst hat, dass sie in den logischen Aufbau seiner *Elemente* passt.

---

[14]Vgl. die algebraischen Beweise 36 und 37, Kap. 2.1.

[15]Vgl. den geometrischen Beweis 33, Kap. 3.1.

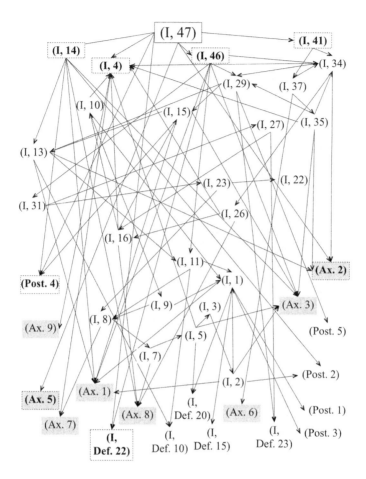

Analysiert man den Beweis etwas genauer, so zeigt sich, dass nach der Formulierung dessen, was zu zeigen sein wird – „Am rechtwinkligen Dreieck ist das Quadrat über der dem rechten Winkel gegenüberliegenden Seite den Quadraten über den den rechten Winkel umfassenden Seiten zusammen gleich" (Thaer 2005, S. 32) – Voraussetzung und Behauptung zusammen nur zwei Zeilen einnehmen. Abgesehen von den aus heutiger Sicht ungewöhnlichen Bezeichnungen sind sie leicht verständlich und klar formuliert. Der Beweis selbst hingegen ist lang, komplex, aufwendig, vielschrittig, stützt sich insgesamt auf drei bereits zuvor bewiesene Sätze (I, 4; I, 14; I, 41), zwei Axiome (Ax. 2, Ax. 5), ein Postulat (Post. 4) und eine Definition (I, Def. 22), wobei in den Beweisen der zitierten Sätze selbst wiederum auf andere Sätze, Definitionen etc. Bezug genommen wird.

32   Erstes Buch.

§ 47 (L. 33).

Am rechtwinkligen Dreieck ist das Quadrat über der dem rechten Winkel gegenüberliegenden Seite den Quadraten über den den rechten Winkel umfassenden Seiten zusammen gleich.

$A\,B\,C$ sei ein rechtwinkliges Dreieck mit dem rechten Winkel $B\,A\,C$. Ich behaupte, daß $B\,C^2 = B\,A^2 + A\,C^2$.

Man zeichne nämlich über $B\,C$ das Quadrat $B\,D\,E\,C$ (I, 46) und über $B\,A$, $A\,C$ die Quadrate $G\,B$, $H\,C$; ferner ziehe man durch A $A\,L \parallel B\,D$ oder $C\,E$ und ziehe $A\,D$, $F\,C$.

Da hier die Winkel $B\,A\,C$, $B\,A\,G$ beide Rechte sind, so bilden an der geraden Linie $B\,A$ im Punkte A auf ihr die zwei nicht auf derselben Seite liegenden geraden Linien $A\,C$, $A\,G$ Nebenwinkel, die zusammen $= 2$ R. sind; also setzt $C\,A$ $A\,G$ gerade fort (I, 14). Aus demselben Grunde setzt auch $B\,A$ $A\,H$ gerade fort. Ferner ist $\angle\,D\,B\,C$ $= F\,B\,A$; denn beide sind Rechte (Post. 4); daher füge man $A\,B\,C$ beiderseits hinzu; dann ist der ganze Winkel $D\,B\,A$ dem ganzen $F\,B\,C$ gleich (Ax. 2). Da ferner $D\,B$ $= B\,C$ und $F\,B = B\,A$ (I, Def. 22), so sind zwei Seiten $D\,B$, $B\,A$ zwei Seiten $F\,B$, $B\,C$ (überkreuz) entsprechend gleich; und $\angle\,D\,B\,A$ $= \angle F\,B\,C$; also ist Grdl. $A\,D$ $=$ Grdl. $F\,C$ und $\triangle\,A\,B\,D = \triangle\,F\,B\,C$ (I, 4). Ferner ist Pgm. $B\,L = 2\,\triangle\,A\,B\,D$; denn sie haben dieselbe Grundlinie $B\,D$ und liegen zwischen denselben Parallelen $B\,D$, $A\,L$ (I, 41); auch ist das Quadrat $G\,B = 2\,\triangle\,F\,B\,C$; denn sie haben

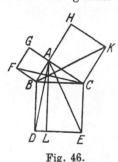

Fig. 46.

wieder dieselbe Grundlinie, nämlich $F\,B$, und liegen zwischen denselben Parallelen $F\,B$, $G\,C$. [Von Gleichem die Doppelten sind aber einander gleich (Ax. 5).] Also ist Pgm. $B\,L =$ Quadrat $G\,B$. Ähnlich läßt sich, wenn man $A\,E$, $B\,K$ zieht, zeigen, daß auch Pgm. $C\,L =$ Quadrat $H\,C$; also ist das ganze Quadrat $B\,D\,E\,C$ den zwei Quadraten $G\,B + H\,C$ gleich (Ax. 2). Dabei ist das Quadrat $B\,D\,E\,C$ über $B\,C$ gezeichnet und $G\,B$, $H\,C$ über $B\,A$, $A\,C$. Also ist das Quadrat über der Seite $B\,C$ den Quadraten über den Seiten $B\,A$, $A\,C$ zusamme ˜leich — S.

Mit einiger Mühe kann man dem Beweis aber durchaus folgen, doch die Gründe, warum an den entsprechenden Stellen gerade diese speziellen Schritte und Betrachtungen vorgenommen wurden, warum bspw. die Flächen entstehender Parallelogramme und Dreiecke miteinander verglichen werden, sieht man erst am Ende ein: Weil es dann eben passt. Zugegebenermaßen eine ziemlich unbefriedigende Begründung. Arthur Schopenhauer (1788–1860) bezeichnete den Beweis deshalb gar als „Mausefallenbeweis", da man in die Falle getrieben werde und am Ende zugeben müsse, dass „es" stimmt. Doch damit bringe der Beweis keine Einsicht (cognitio), sondern Überführung (convictio), so dass der Mangel an Erkenntnis, warum es so ist, durch den Beweis nicht behoben, sondern durch die gegebene Gewissheit, dass es so sei, erst fühlbar werde.

Die Grundidee des Beweises ist jedoch eigentlich simpel. Fällt man von C aus das Lot auf AB mit dem Lotfußpunkt D, so teilt das Lot die Hypotenuse in die zwei Teilstrecken p und q. Verlängert man das Lot zu E, so teilt es das Quadrat c^2 in die beiden Rechtecke pc und qc. Die Gleichheiten $a^2 = pc$ und $b^2 = qc$, aus denen dann wegen $c^2 = pc + qc$ unmittelbar $a^2 + b^2 = c^2$ folgt, sind mithilfe von Proportionen sehr einfach zu zeigen.[16]

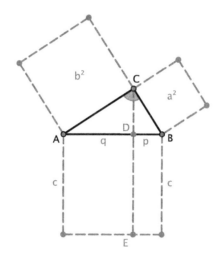

Euklid aber vermeidet diesen Weg und geht einen komplizierteren, wenngleich der Grundgedanke seines Beweises derselbe ist. Euklid war offenbar bemüht, den Beweis im ersten Buch seiner *Elemente* unterzubringen, da die Proportionenlehre aber erst im fünften Buch folgt, konnte er darauf nicht zurückgreifen und musste einen eigenen, proportionenfreien Beweis formulieren. Daher scheint im Falle Euklids auch eine Formulierung des Satzes ohne Erwähnung der Flächen*inhalte* angemessener, denn für eine solche Formulierung müsste zunächst gezeigt werden, dass das Produkt aus Grundseite und Höhe unabhängig ist von der Wahl der Grundseite (d. h. $a \cdot h_a = b \cdot h_b = c \cdot h_c$), was aus der Ähnlichkeit der beteiligten Dreiecke folgt. Eine solche proportionenfreie Formulierung könnte lauten: *Das Quadrat über der Hypotenuse ist zerlegungsgleich der Vereinigung aus beiden Quadraten über den Katheten.* Es besteht allerdings Grund zur Annahme, dass die Pythagoreer selbst einen Beweis mithilfe von Proportionen formuliert

---

[16](1) $\frac{a}{c} = \frac{p}{a} \Rightarrow a^2 = pc$, (2) $\frac{b}{c} = \frac{q}{b} \Rightarrow b^2 = qc$

haben (vgl. van der Waerden 1979, S. 359; Scriba und Schreiber 2005, S. 57), wenngleich fraglich ist, inwieweit man hier von einer axiomatisch fundierten Begründung sprechen kann. Im sechsten Buch verallgemeinert Euklid den Satz des Pythagoras auf ähnliche (geradlinige) Figuren, die über den Dreiecksseiten errichtet werden (VI, §31). Hier greift Euklid auf die Proportionenlehre zurück.

Im Laufe der Jahrhunderte haben zahlreiche Mathematikerinnen und Mathematiker sowie weitere mathematisch interessierte Personen hunderte Beweise für den Satz des Pythagoras entwickelt. Über 360 von ihnen stehen im Zentrum der nächsten beiden Kapitel.

Algebraische Beweise

2

Die algebraischen Beweise in diesem Kapitel beruhen auf dem Lösen linearer Gleichungen, die sich bspw. aus der Ähnlichkeit gewisser Dreiecke, Proportionalitäten von Strecken oder Flächenverhältnissen ableiten lassen. Die Reihenfolge der Unterkapitel entspricht der aus der *Loomis-Sammlung,* die wiederum vor allem auf dem Erscheinen zahlreicher Pythagoras-Beweise in den Ausgaben der Zeitschrift *The American Mathematical Monthly* (1896–1899) basiert. Die meisten dieser Beweise hat Loomis in seine Sammlung aufgenommen.[1]

Das Kapitel beginnt mit zwölf Beweisideen (Abschn. 2.1.1), in denen jeweils die Anzahl der aus der Skizze resultierenden, möglichen Beweise berechnet wird – insb. Beweisidee 8 zeigt, dass eine solche Berechnung äußerst aufwendig und komplex sein kann. Ab Beweis 13 (Abschn. 2.1.2) folgen rund 100 algebraische Demonstrationsbeweise für den Satz des Pythagoras.

2.1 Ähnlichkeit

2.1.1 Beweisideen

Beweisidee 1

Fälle das Lot von C auf AB mit dem Lotfusspunkt H. ◀

---

[1] „The order of arrangement herein is, only in part, my own, being formulated after a study of the order found in several groups of proofs examined, but more especially of the order of arrangement given in The American Mathematic Monthly, Vols. III and IV, 1896–1899" (Loomis 1968, S. 22).

© Springer-Verlag GmbH Deutschland, ein Teil von Springer Nature 2021
M. Gerwig, *Der Satz des Pythagoras in 365 Beweisen,*
https://doi.org/10.1007/978-3-662-62886-7_2

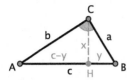

$\triangle$ ABC, $\triangle$ AHC und $\triangle$ CHB sind ähnlich. Daher lassen sich aus den Seitenverhältnissen verschiedene Gleichungen ermitteln:

(1) $\dfrac{\text{kurze Kathete } \triangle \text{ ABC}}{\text{kurze Kathete } \triangle \text{ AHC}} = \dfrac{\text{lange Kathete } \triangle \text{ ABC}}{\text{lange Kathete } \triangle \text{ AHC}} \Rightarrow \dfrac{a}{x} = \dfrac{b}{c-y} \Rightarrow ac - ay = bx$

Auf die gleiche Weise erhält man:

(2) $\dfrac{a}{y} = \dfrac{b}{x} \Rightarrow ax = by$

(3) $\dfrac{x}{y} = \dfrac{c-y}{x} \Rightarrow x^2 = cy - y^2$

(4) $\dfrac{a}{x} = \dfrac{c}{b} \Rightarrow ab = cx$

(5) $\dfrac{a}{y} = \dfrac{c}{a} \Rightarrow a^2 = cy$

(6) $\dfrac{x}{y} = \dfrac{b}{a} \Rightarrow ax = by$

(7) $\dfrac{b}{c-y} = \dfrac{c}{b} \Rightarrow b^2 = c^2 - cy$

(8) $\dfrac{b}{x} = \dfrac{c}{a} \Rightarrow ab = cx$

(9) $\dfrac{c-y}{x} = \dfrac{b}{a} \Rightarrow ac - ay = bx$

Die Gleichungen (1) und (9), (2) und (6) sowie (4) und (8) sind jeweils identisch. Es bleiben sechs Gleichungen, aus denen die gewünschte Gleichung $a^2 + b^2 = c^2$ gefolgert werden kann. Dazu gibt es verschiedene Möglichkeiten, von denen hier nur zwei näher ausgeführt werden:

i. Aus einer einzelnen Gleichung kann die gewünschte Aussage nicht gefolgert werden. Es sind mindestens zwei Gleichungen nötig. Dies gelingt mit (5) $a^2 = cy$ und (7) $b^2 = c^2 - cy$, aus denen durch Einsetzen von (5) in (7) $b^2 = c^2 - a^2$ und dann unmittelbar $a^2 + b^2 = c^2$ folgt. Nach Loomis (1968, S. 24) ist dies „the shortest proof possible of the Pythagorean Proposition."

ii. Es gibt $\binom{6}{3} = 20$ Möglichkeiten für eine Auswahl von drei aus den insgesamt sechs Gleichungen. Betrachtet man nur Kombinationen ohne die Gleichungen (5) und (7) sowie Gleichungen, die voneinander abhängig sind, bleiben 13 Kombinationen, aus denen die Gleichung $a^2 + b^2 = c^2$ auf 44 unterschiedlichen Wegen gefolgert werden kann.

Beweisidee 2

Verlängere AC zu H, so dass HB senkrecht auf AB steht. ◀

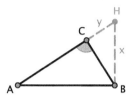

△ ABC, △ ABH und △ BHC sind ähnlich. Aus den Seitenverhältnissen lassen sich neun einfache Verhältnisgleichungen ableiten:

(1) $\dfrac{\text{lange Kathete } \triangle \text{ ABC}}{\text{lange Kathete } \triangle \text{ ABH}} = \dfrac{\text{kurze Kathete } \triangle \text{ ABC}}{\text{kurze Kathete } \triangle \text{ ABH}} \Rightarrow \dfrac{b}{c} = \dfrac{a}{x}$

Auf gleiche Weise erhält man:

(2) $\dfrac{b}{a} = \dfrac{a}{y}$

(3) $\dfrac{c}{a} = \dfrac{x}{y}$

(4) $\dfrac{b}{c} = \dfrac{c}{b+y}$

(5) $\dfrac{b}{a} = \dfrac{c}{x}$

(6) $\dfrac{c}{a} = \dfrac{b+y}{x}$

(7) $\dfrac{a}{x} = \dfrac{c}{b+y}$

(8) $\dfrac{a}{y} = \dfrac{c}{x}$

(9) $\dfrac{x}{b+y} = \dfrac{y}{x}$

Die Gleichungen (1) und (5), (2) und (8) sowie (6) und (7) sind jeweils identisch.

Es folgt: Aus einem Paar Gleichungen, aus (2) $\dfrac{b}{a} = \dfrac{a}{y}$ und (4) $\dfrac{b}{c} = \dfrac{c}{b+y}$, folgt direkt $a^2 + b^2 = c^2$. Weiterhin gibt es 13 Kombinationen aus jeweils drei Gleichungen, aus denen sich die gewünschte Gleichung auf insg. 44 unterschiedliche Arten beweisen lässt.

Beweisidee 3

Zeichne DH senkrecht zu AB mit BD=BC. ◀

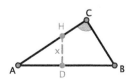

$\triangle$ ABC und $\triangle$ HAD sind ähnlich. Daher gilt die folgende fortlaufende Proportion:

$$\frac{\text{kurze Kathete } \triangle \text{ ABC}}{\text{kurze Kathete } \triangle \text{ HAD}} = \frac{\text{lange Kathete } \triangle \text{ ABC}}{\text{lange Kathete } \triangle \text{ HAD}} = \frac{\text{Hypotenuse } \triangle \text{ ABC}}{\text{Hypotenuse } \triangle \text{ HAD}}$$

$$\Rightarrow \frac{a}{x} = \frac{b}{c-a} = \frac{c}{b-x}$$

Daraus lassen sich die folgenden einfachen Proportionen ableiten:

(1) $\frac{a}{x} = \frac{b}{c-a} \Rightarrow ac - a^2 = bx$

(2) $\frac{a}{x} = \frac{c}{b-x} \Rightarrow ab - ax = cx$

(3) $\frac{b}{c-a} = \frac{c}{b-x} \Rightarrow b^2 - bx = c^2 - ac.$

Da alle Gleichungen die Hilfsgröße x in der ersten Potenz enthalten, gibt es drei mögliche Wege, x zu eliminieren und die Gleichung $a^2 + b^2 = c^2$ herzuleiten.

Beweisidee 4

Verlängere AB zu H mit BH = BC. Zeichne HD senkrecht zu AH und verlängere AC zu D. ◄

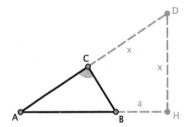

$\triangle$ ABC und $\triangle$ AHD sind ähnlich. Die Seitenverhältnisse führen zur Verhältnisgleichung $\frac{b}{c+a} = \frac{a}{x} = \frac{c}{b+x}$. Aus dieser ergeben sich drei Gleichungen, aus denen drei mögliche Beweise folgen.

Beweisidee 5

AH sei die Winkelhalbierende des Winkels CAB. Fälle das Lot von H auf AB mit dem Lotfußpunkt D. ◄

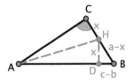

$\triangle$ ABC und $\triangle$ BHD sind ähnlich. Es gilt HB = a − x und DB = c − b.

Aus der Verhältnisgleichung $\frac{\text{Hypotenuse } \Delta\,ABC}{\text{Hypotenuse } \Delta\,BHD} = \frac{\text{kurze Kathete } \Delta\,ABC}{\text{kurze Kathete } \Delta\,BHD} = \frac{\text{lange Kathete } \Delta\,ABC}{\text{lange Kathete } \Delta\,BHD}$ $\Rightarrow \frac{c}{a-x} = \frac{a}{c-b} = \frac{b}{x}$ folgen drei Gleichungen, aus denen drei Beweise für die Gleichung $a^2 + b^2 = c^2$ folgen.

Beweisidee 6

Wähle einen beliebigen Punkt D auf einer der beiden Katheten des Dreiecks ABC (hier: AC). Fälle das Lot von D auf AB mit dem Lotfußpunkt H und verlängere die Strecke HD, bis sie im Punkt E die Verlängerung der anderen Kathete (hier: BC) schneidet. ◄

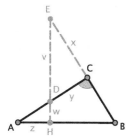

$\Delta\,ABC$, $\Delta\,BEH$, $\Delta\,AHD$ und $\Delta\,EDC$ sind ähnlich. Aus der fortlaufenden Proportion $c : (a+x) : v : b-y = a : (c-z) : y : w = b : (v+w) : x : z$ lassen sich 18 Proportionen und 18 unterschiedliche Gleichungen ableiten. Weder aus einer noch aus zwei Gleichungen kann in diesem Fall die gewünschte Gleichung $a^2 + b^2 = c^2$ gefolgert werden, aber mit drei, vier oder fünf Gleichungen lassen sich die je enthaltenen Hilfsgrößen v, w, x, y und z eliminieren. Es gibt eine Kombination aus Gleichungen mit drei Hilfsgrößen (x, y und z), 114 Kombinationen mit vier und 4749 Kombinationen mit allen fünf Hilfsgrößen, aus denen jeweils $a^2 + b^2 = c^2$ gefolgert werden kann. Insgesamt gibt es also 4864 unterschiedliche Beweise.

Beweisidee 7

Verlängere AB zu E und zeichne HD senkrecht zu AB durch E, so dass H und D die Schnittpunkte mit den Verlängerungen der Katheten AC und CB sind. ◄

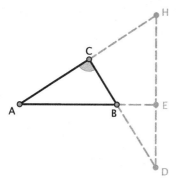

$\triangle$ ABC, $\triangle$ DEB, $\triangle$ HAE und $\triangle$ HCD sind ähnlich. Es können nun 18 unterschiedliche Gleichungen formuliert werden, aus denen sich $a^2+b^2=c^2$ auf insgesamt 4864 Arten beweisen lässt.

Beweisidee 8

Verlängere BC zu D mit BD$=$BA und ergänze AD. E sei Mittelpunkt von AD. Zeichne EH parallel zu AC und ergänze BE. ◄

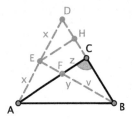

$\triangle$ ACD, $\triangle$ EHD, $\triangle$ BDE, $\triangle$ BEA, $\triangle$ BHE, $\triangle$ BCF und $\triangle$ AFE sind ähnlich. Da $\triangle$ BDE und $\triangle$ BEA kongruent sind, müssen nur sechs der sieben Dreiecke betrachtet werden.

Um aus diesen sechs Dreiecken zwei Dreiecke auszuwählen, gibt es 15 Möglichkeiten. Für die Wahl von drei Dreiecken gibt es 20, für vier Dreiecke 15, für fünf Dreiecke sechs Möglichkeiten und für die Wahl von sechs Dreiecken eine Möglichkeit. Insgesamt können die sechs Dreiecke also auf 57 Arten kombiniert werden.

Da sich alle Beweise, welche sich aus 2, 3, 4 oder 5 der Dreiecke ergeben, auch in der Beweisvielfalt unter Einbezug aller 6 Dreiecke vorkommen, reicht es im Folgenden, alle Kombinationen der 6 Dreiecke zu untersuchen.

In den sechs ähnlichen, rechtw. Dreiecken sei AB$=$c, BC$=$a, AC$=$b, DE$=$EA$=$x, BE$=$y, FC$=$z und BF$=$v. Es gilt: EH$=\frac{b}{2}$, DC$=$c-a, DH$=\frac{c-a}{2}$, EF$=$y-v, BH$=\frac{c+a}{2}$, AD$=2$x und AF$=$b-z. Damit gilt die folgende fortlaufende Proportion:

$$b : \frac{b}{2} : y : \frac{c+a}{2} : a : x = (c-a) : \frac{c-a}{2} : x : \frac{b}{2} : z : (y-v) = 2x : x : c : y : v : (b-z)$$

Daraus lassen sich 45 einfache Verhältnisse ableiten, die wiederum 28 verschiedene Gleichungen ergeben. Um die Anzahl der insgesamt möglichen Beweise berechnen zu können, werden alle Verhältnisse und Gleichungen im Folgenden aufgelistet.[2]

(1) $\frac{b}{b/2} = \frac{c-a}{(c-a)/2} \Rightarrow 1 = 1$ (Gl. 1)

(2) $\frac{b}{b/2} = \frac{2x}{x} \Rightarrow 1 = 1$ (Gl. 1)

---

[2]Gl.$=$Gleichung; die Schreibweise 1_3 bedeutet, dass die Gleichung 1 aus insgesamt drei Verhältnissen abgeleitet werden kann, gleiches gilt für 2_4, 3_3 etc.

(3) $\frac{c-a}{(c-a)/2} = \frac{2x}{x} \Rightarrow 1 = 1$ (Gl. 1_3)

(4) $\frac{b}{y} = \frac{c-a}{x} \Rightarrow bx = (c-a)y$ (Gl. 2)

(5) $\frac{b}{y} = \frac{2x}{c} \Rightarrow 2xy = bc$ (Gl. 3)

(6) $\frac{c-a}{x} = \frac{2x}{c} \Rightarrow 2x^2 = c^2 - ac$ (Gl. 4)

(7) $\frac{b}{c+a} = c - \frac{a}{b/2} \Rightarrow b^2 = c^2 - a^2$ (Gl. 5)

(8) $\frac{b}{(c+a)/2} = \frac{2x}{y} \Rightarrow (c+a)x = by$ (Gl. 6)

(9) $\frac{c-a}{b/2} = \frac{2x}{y} \Rightarrow bx = (c-a)y$ (Gl. 2)

(10) $\frac{b}{a} = \frac{c-a}{z} \Rightarrow bz = (c-a)a$ (Gl. 7)

(11) $\frac{b}{a} = \frac{2x}{v} \Rightarrow 2ax = bv$ (Gl. 8)

(12) $\frac{c-a}{z} = \frac{2x}{v} \Rightarrow 2xz = (c-a)v$ (Gl. 9)

(13) $\frac{b}{x} = \frac{c-a}{y-v} \Rightarrow (c-a)x = b(y-v)$ (Gl. 10)

(14) $\frac{b}{x} = \frac{2x}{b-z} \Rightarrow 2x^2 = b^2 - bz$ (Gl. 11)

(15) $\frac{c-a}{y-v} = \frac{2x}{b-z} \Rightarrow 2(y-v)x = (c-a)(b-z)$ (Gl. 12)

(16) $\frac{b/2}{y} = \frac{(c-a)/2}{x} \Rightarrow bx = (c-a)y$ (Gl. 2)

(17) $\frac{b/2}{y} = \frac{x}{c} \Rightarrow 2xy = bc$ (Gl. 3)

(18) $\frac{(c-a)/2}{x} = \frac{x}{c} \Rightarrow 2x^2 = c^2 - ac$ (Gl. 4_2)

(19) $\frac{b/2}{(c+a)/2} = \frac{(c-a)/2}{b/2} \Rightarrow b^2 = c^2 - a^2$ (Gl. 5_2)

(20) $\frac{b/2}{(c+a)/2} = \frac{x}{y} \Rightarrow (c+a)x = by$ (Gl. 6)

(21) $\frac{(c-a)/2}{b/2} = \frac{x}{y} \Rightarrow bx = (c-a)y$ (Gl. 2_4)

(22) $\frac{b/2}{a} = \frac{(c-a)/2}{z} \Rightarrow bz = (c-a)a$ (Gl. 7_2)

(23) $\frac{b/2}{a} = \frac{x}{v} \Rightarrow 2ax = bv$ (Gl. 8_2)

(24) $\frac{(c-a)/2}{z} = \frac{x}{v} \Rightarrow 2xz = (c-a)v$ (Gl. 9_2)

(25) $\frac{b/2}{x} = \frac{(c-a)/2}{y-v} \Rightarrow (c-a)x = b(y-v)$ (Gl. 10_2)

(26) $\frac{b/2}{x} = \frac{x}{b-z} \Rightarrow 2x^2 = b^2 - bz$ (Gl. 11_2)

(27) $\frac{(c-a)/2}{y-v} = \frac{x}{b-z} \Rightarrow 2(y-v)x = (c-a)(b-z)$ (Gl. 12_2)

(28) $\frac{y}{(c+a)/2} = \frac{x}{b/2} \Rightarrow (c+a)x = by$ (Gl. 6_3)

(29) $\frac{y}{(c+a)/2} = \frac{c}{y} \Rightarrow 2y^2 = c^2 + ac$ (Gl. 13)

(30) $\frac{x}{b/2} = \frac{c}{y} \Rightarrow 2xy = bc$ (Gl. 3_3)

(31) $\frac{y}{a} = \frac{x}{z} \Rightarrow ax = yz$ (Gl. 14)

(32) $\frac{y}{a} = \frac{c}{v} \Rightarrow vy = ac$ (Gl. 15)

(33) $\frac{x}{z} = \frac{c}{v} \Rightarrow vx = cz$ (Gl. 16)

(34) $\frac{y}{x} = \frac{x}{y-v} \Rightarrow x^2 = y(y - v)$ (Gl. 17)

(35) $\frac{y}{x} = \frac{c}{b-z} \Rightarrow cx = y(b - z)$ (Gl. 18)

(36) $\frac{x}{y-v} = \frac{c}{b-z} \Rightarrow (b - z)x = c(y - v)$ (Gl. 19)

(37) $\frac{(c+a)/2}{a} = \frac{b/2}{z} \Rightarrow (c + a)z = ab$ (Gl. 20)

(38) $\frac{(c+a)/2}{a} = \frac{y}{v} \Rightarrow 2ay = (c + a)v$ (Gl. 21)

(39) $\frac{b/2}{z} = \frac{y}{v} \Rightarrow 2yz = bv$ (Gl. 22)

(40) $\frac{(c+a)/2}{x} = \frac{b/2}{y-v} \Rightarrow bx = (c + a)(y - v)$ (Gl. 23)

(41) $\frac{(c+a)/2}{x} = \frac{y}{b-z} \Rightarrow 2xy = (c + a)(b - z)$ (Gl. 24)

(42) $\frac{b/2}{y-v} = \frac{y}{b-z} \Rightarrow 2y(y - v) = b^2 - bz$ (Gl. 25)

(43) $\frac{a}{x} = \frac{z}{y-v} \Rightarrow xz = a(y - v)$ (Gl. 26)

(44) $\frac{a}{x} = \frac{v}{b-z} \Rightarrow vx = a(b - z)$ (Gl. 27)

(45) $\frac{z}{y-v} = \frac{v}{b-z} \Rightarrow v(y - v) = (b - z)z$ (Gl. 28)

Da die Anzahl an Kombinationen aus drei voneinander abhängigen Gleichungen aus der fortlaufenden Proportion ableitbar ist, und diese Kombinationen bekannt sein müssen, um die Anzahl möglicher Beweise für die Gleichung $a^2 + b^2 = c^2$ bestimmen zu können, ist es notwendig, die Anzahl solcher Kombinationen zu berechnen. In einer fortlaufenden Proportion beträgt die Anzahl solcher Dreierkombinationen $\frac{n^2(n+1)}{2}$, wobei n für die Anzahl der möglichen, einfachen Proportionen für einen Wert steht (hier: n = 5). Aus der oben angeführten fortlaufenden Proportion ergeben sich daher 75 Kombinationen, die linear abhängige Gleichungen enthalten. Diese sind:

(1, 2, 3); (4, 5, 6); (7, 8, 9); (10, 11, 12); (13, 14, 15); (16, 17, 18); (19, 20, 21); (22, 23, 24); (25, 26, 27); (28, 29, 30); (31, 32, 33); (34, 35, 36); (37, 38, 39); (40, 41, 42); (43, 44, 45); (1, 4, 16); (1, 7, 19); (1, 10, 22); (1, 13, 25); (4, 7, 28); (4, 10, 31); (4, 13, 34); (7, 10, 37); (7, 13, 40); (10, 13, 43); (16, 19, 20); (16, 22, 31); (16, 25, 34) (19, 22, 37); (19, 25, 40); (22, 25, 43); (28, 31, 37); (28, 34, 40); (31, 34, 43); (37, 40, 43); (2, 5, 17); (2, 8, 20); (2, 11, 23); (2, 14, 26); (5, 8, 29); (5, 11, 32); (5,14, 35); (8, 11, 38); (8, 14, 41); (11, 14, 44); (17, 20, 29); (17, 23, 32); (17, 26, 35); (20, 23, 38); (20, 26, 41); (23, 26, 44); (29, 32, 38); (29, 35, 41); (32, 35, 44); (38, 41, 44); (3, 6, 18); (3, 9, 21); (3, 12, 24); (3, 15, 27); (6, 9, 30); (6, 12, 33); (6, 15, 36); (9, 12, 36); (9, 15, 42); (12, 15, 45); (18, 21, 30); (18, 24, 33); (18, 27, 36); (21, 24, 39); (21, 27, 42); (24, 27, 45); (30, 33, 39); (30, 36, 42); (33, 36, 45); (39, 42, 45).

Die Zahl der Kombinationen reduziert sich von 75 auf 49, wenn man berücksichtigt, dass aus einigen unterschiedlichen Proportionen dieselbe Gleichung abgeleitet werden kann und es insgesamt nur 28 unterschiedlichen Gleichungen gibt:

(1, 1, 1); (2, 3, 4); (2, 5, 6); (7, 8, 9); (10, 11, 12); (6, 13, 3); (14, 15, 16); (17, 18, 19); (20, 21, 22); (23, 24, 25); (26, 27, 28); (1, 2, 2); (1, 5, 5); (1, 7, 7); (1, 10, 10); (1, 6, 6); (2, 7, 14); (2, 10, 17); (5, 7, 20); (5, 10, 23); (7, 10, 26); (6, 14, 20); (6, 17, 23); (14, 17, 26); (20, 23, 26); (1, 3, 3); (1, 8, 8); (1, 11, 11); (3, 8, 15); (3, 11, 18); (6, 8, 21); (6, 11, 24); (8, 11, 27); (13, 15, 21); (13, 18, 24); (15, 18, 27); (21, 24, 27); (1, 4, 4); (1, 9, 9); (1, 12, 12); (4, 9, 16); (4, 12, 19); (2, 9, 22); (2, 12, 25); (9, 12, 28); (3, 16, 22); (3, 19, 25); (16, 19, 28); (22, 25, 28).

Da Gl. 1 die Identität ist und Gl. 5 unmittelbar zu $a^2 + b^2 = c^2$ führt, bleiben insgesamt 26 Gleichungen übrig, welche die vier zu eliminierenden Unbekannten x, y, z und v enthalten. Beweise sind nun möglich mithilfe von Gleichungssystemen, welche zwei Unbekannte (x, y; x, z; x, v; y, z; y, v; z, v), drei Unbekannte (x, y, z; x, y, v; x, z, v; y, z, v) oder alle vier Unbekannten (x, y, z, v) enthalten.

(a) Beweise aus Gleichungssystemen mit zwei Unbekannten
Die beiden Unbekannten x und y sind in den fünf Gleichungen 2, 3, 4, 6 und 13 enthalten. Ein System mit den beiden Gleichungen 2 und 6 liefert die Gleichung $a^2 + b^2 = c^2$. Da die Gleichung 2 aus insgesamt vier und Gleichung 6 aus drei Proportionen hergeleitet werden kann, gibt es insgesamt zwölf Beweise, die auf diesem Gleichungssystem beruhen.

Gleichungssysteme mit drei Gleichungen:

2_4, 3_3, 13: 12 Beweise
2, 3, 4: linear abhängige Gleichungen, ein Beweis ist nicht möglich
2_4, 4_2, 13: 8 Beweise
3, 6, 13: linear abhängige Gleichungen, ein Beweis ist nicht möglich
3_3, 4_2, 6_3: 18 Beweise
4_2, 6_3, 13: 6 Beweise
3_3, 4_2, 13: 6 Beweise.

Insgesamt sind daher 62 Beweise möglich, die auf Gleichungssystemen beruhen, welche die Unbekannten x und y enthalten.

Die beiden Unbekannten x und z sind in den Gleichungen 4, 7, 11 und 20 enthalten, es sind insgesamt acht Beweise möglich.

Gleichungssysteme, in welchen die Unbekannten x und v enthalten sind, liefern keine neuen Beweise.

Die beiden Unbekannten y und z sind in den Gleichungen 7, 13 und 20 enthalten. Die beiden Beweise, die möglich sind, wurden aber bereits berücksichtigt, da diese Gleichungen schon oben gezählt worden sind.

Gleichungssysteme, in welchen die Unbekannten y und v enthalten sind, liefern keine neuen Beweise. Gleiches gilt für Systeme mit den Unbekannten z und v.

Insgesamt ergibt sich also, dass mit einem Gleichungssystem, welches zwei der vier Unbekannten x, y, z und v enthält, 70 Beweise für die Gleichung $a^2 + b^2 = c^2$ möglich sind. Berücksichtigt man zudem, dass dieser Zusammenhang aus den Verhältnissen (7) und (19) direkt ableitbar ist, sind bis hierher 72 Beweise möglich.

(b) Beweise aus Gleichungssystemen mit drei Unbekannten
(i) Die Unbekannten x, y und z treten in den folgenden elf Gleichungen auf: 2, 3, 4, 6, 7, 11, 13, 14, 18, 20 und 24. Aus diesen elf Gleichungen können vier Gleichungen für ein lineares Gleichungssystem auf $\binom{11}{4} = 330$ Arten ausgewählt werden. Mit jeder dieser Kombinationen ist mindestens ein Beweis für die Gleichung $a^2 + b^2 = c^2$ möglich.

Es muss allerdings berücksichtigt werden, dass einige dieser Kombinationen vier abhängige Gleichungen, drei abhängige Gleichungen (die schon in den 75 oben aufgeführten Kombinationen berücksichtigt wurden) oder unter (a) bereits berücksichtigte Kombinationen bestehend aus drei unabhängigen Gleichungen enthalten. Nur die Kombinationen, auf die all dies *nicht* zutrifft, führen zu neuen Beweisen, welche die in (a) bereits gefundenen 72 Beweise ergänzen.

Nun: Jede der 11 oben genannten Gleichungen kommt in $\binom{10}{3} = 120$ aus vier Gleichungen bestehenden Kombinationen vor. Zwei bestimmte Gleichungen kommen entsprechend in $\binom{9}{2} = 36$ und drei bestimmte Gleichungen in $\binom{8}{1} = 8$ Kombinationen vor. Da aber nun einige der 8 Kombinationen in den 36 Kombinationen enthalten sein können, müssen nicht automatisch $8 + 36 = 44$ Kombinationen der 330 möglichen Kombinationen zwei oder drei Gleichungen enthalten.

Die 2er- und 3er-Kombinationen, welche zu den 70 Beweisen in (a) führten, sind:

2, 6, dafür müssen 36 Kombinationen aussortiert werden;
7, 20, dafür müssen 35 weitere Kombinationen aussortiert werden, da 7 und 20 in einer der 36 oben genannten Kombinationen vorkommt;
2, 3, 13, dafür müssen 7 weitere Kombinationen aussortiert werden, da 2, 3, 13 in einer der 36 oben genannten Kombinationen vorkommt;
2, 4, 13, es müssen 6 Kombinationen aussortiert werden;
3, 4, 6, es müssen 7 Kombinationen aussortiert werden;
4, 6, 13, es müssen 6 Kombinationen aussortiert werden;
3, 4, 13, es müssen 6 Kombinationen aussortiert werden;
4, 7, 11, es müssen 6 Kombinationen aussortiert werden;
4, 11, 20, es müssen 7 Kombinationen aussortiert werden.

Insgesamt müssen 117 Kombinationen aussortiert werden.

Darüber führen die Systeme, die drei linear abhängige Gleichungen enthalten – (2, 3, 4); (3, 6, 13); (2, 7, 14); (6, 14, 20); (3, 11, 18); (6, 11, 24); (13, 18, 24) – zu $6 + 6 + 6 + 6 + 8 + 7 + 8 = 47$ weiteren Kombinationen, die aussortiert werden müssen.

Außerdem gibt es 7 weitere Kombinationen, die aus Systemen mit vier abhängigen Gleichungen hergeleitet werden können und bislang noch nicht aussortiert worden sind: (2, 4, 11, 18); (3, 4, 7, 14); (3, 6, 18, 24); (3, 13, 14, 20); (3, 11, 13, 24); (6, 11, 13, 18); (11, 14, 20, 24). Diese Kombinationen können folgendermaßen identifiziert werden: Wähle zwei beliebige Kombinationen mit drei linear abhängigen Gleichungen, bspw. (2, 3, 4) und (3, 11, 18), entferne die gemeinsame Gleichung 3 und fasse die übrigen Gleichungen zu einer neuen Kombination zusammen: (2, 3, 11, 18). Mit nur wenig Aufwand können nun die insgesamt sieben oben genannten Kombinationen identifiziert werden, ebenso wie die anderen, die bereits entfernt worden sind, bspw. (2, 4, 6, 13).

Insgesamt müssen also $117 + 47 + 7 = 171$ Kombinationen von den 330 insgesamt möglichen Kombinationen abgezogen werden. Jede der verbleibenden 159 Kombinationen resultiert in einem oder mehreren möglichen Beweisen für die Gleichung $a^2 + b^2 = c^2$. Die Anzahl der insgesamt möglichen Beweise kann nun folgendermaßen bestimmt werden:

Notiere alle 330 möglichen Kombinationen, streiche die 171 Kombinationen, die entfernt werden müssen, und bestimme für alle übrig gebliebenen Kombinationen nacheinander, wie viele Beweise jeweils möglich sind. Z. B.: Wähle die Kombination (2, 3, 7, 11), notiere sie inkl. der Indizes, d. h. als $(2_4, 3_3, 7_2, 11_2)$. Das Produkt der Indizes entspricht der Anzahl der möglichen Beweise, hier: $4 \cdot 3 \cdot 2 \cdot 2 = 48$. Die Kombination $(6_3, 11_2, 18_1, 20_1)$ ermöglicht $3 \cdot 2 \cdot 1 \cdot 1 = 6$ unterschiedliche Beweise etc.

Als Resultat einer solchen Untersuchung erhält man, dass mit den 159 möglichen Kombinationen insgesamt 1231 Beweise möglich sind.

(ii) Die Unbekannten x, y und v treten in den folgenden zwölf Gleichungen auf: 2, 3, 4, 6, 8, 10, 11, 13, 15, 17, 21 und 23. Es gibt also $\binom{12}{4} = 495$ Möglichkeiten, vier Gleichungen für ein entsprechendes Gleichungssystem auszuwählen. Von diesen 495 möglichen Kombinationen müssen aus denselben Gründen wie in (i) viele entfernt werden. Da in (i) bereits eine Methode entwickelt worden ist, sei dieser Teil dem interessierten Leser und der interessierten Leserin überlassen.

(iii) Für die acht Gleichungen, welche die Unbekannten x, z und v enthalten sowie für die sieben Gleichungen mit den Unbekannten y, z und v kann das identische Verfahren angewendet werden.

(c) Beweise aus Gleichungssystemen mit allen vier Unbekannten x, y, z und v
Die vier Unbekannten x, y, z und v sind in 26 Gleichungen enthalten. Es gibt also $\binom{26}{5} = 65780$ Möglichkeiten, eine Kombination von 5 Gleichungen für ein entsprechendes Gleichungssystem auszuwählen. Sortiert man alle Kombinationen aus, welche bereits verwendete Kombinationen enthalten bzw. die aus linear abhängigen Gleichungen bestehen (womit das entsprechende Gleichungssystem unlösbar wäre), erhält man die Anzahl der verbleibenden Kombinationen, aus denen wiederum die Anzahl möglicher Beweise berechnet werden kann. Aufgrund der dennoch verbleibenden, riesigen Anzahl an Kombinationsmöglichkeiten würde eine Untersuchung

nach der oben präsentierten Methode uneinlösbar viel Arbeit und Zeit beanspruchen. „If there be a shorter method, I am unable, as yet, to discover it; neither am I able to find anything by any other investigator" (Loomis 1968, S. 36).

(d) Besondere Lösungen

Eine Betrachtung der oben aufgeführten 45 einfachen Proportionen macht deutlich, dass es einige wert sind, näher betrachtet zu werden, da sie zu Gleichungen führen, aus denen sehr einfache Beweise für $a^2 + b^2 = c^2$ folgen.

(i)   Aus den Verhältnissen (7) und (19) folgt $a^2 + b^2 = c^2$ sofort. Gleiches gilt für die Paare (4) und (20) sowie (10) und (37).

(ii) Aus der Wahl bestimmter Dreiecke folgt die Gleichung $a^2 + b^2 = c^2$ ebenfalls unmittelbar: $\triangle$ ACD und $\triangle$ BHE führen zur Gleichung $\frac{b}{\frac{c+a}{2}} = \frac{c-a}{\frac{b}{2}}$, aus welcher $a^2 + b^2 = c^2$ nach nur einer Umformung folgt. Ähnliches gilt für die Dreiecke $\triangle$ BHE und $\triangle$ EHD: $\frac{c}{\frac{c+a}{2}} = \frac{\frac{c-a}{2}}{\frac{b}{2}}$ führt nach einer Umformung ebenfalls zur gewünschten Aussage. Aus $\triangle$ ACD, $\triangle$ BEA und $\triangle$ BHE folgen die Proportionen (4) und (20), aus $\triangle$ ACD, $\triangle$ BCF und $\triangle$ BHE die Proportionen (10) und (37). Die Gleichung $a^2 + b^2 = c^2$ folgt jeweils unmittelbar.

Beweisidee 9

Verlängere AB bis zu einem beliebigen Punkt D und AC zu E, so dass DE senkrecht ist zu AC. Fälle das Lot von E auf BD mit dem Lotfußpunkt H, der nicht mit B zusammenfallen soll. ◄

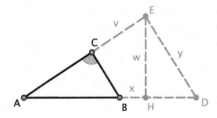

$\triangle$ ABC, $\triangle$ ADE, $\triangle$ EHD und $\triangle$ AHE sind ähnlich und es gilt die folgende fortlaufende Proportion:

$$b : (b + v) : w : (h + x) = a : y : z : w = h : (h + x + z) : y : (b + v)$$

Aus dieser fortlaufenden Proportion können 18 einfache Proportionen abgeleitet werden, mit denen einige Tausend Beweise möglich sind.

Beweisidee 10

Verlängere AB zu H und zeichne eine Senkrechte zu AB durch H, welche die Verlängerung von AC in E schneidet. Der Schnittpunkt von HE und der Winkelhalbierenden des Winkels CAB sei D. Zeichne DF parallel zu BC. ◄

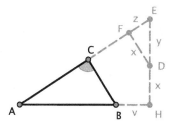

$\triangle$ ABC, $\triangle$ EAH und $\triangle$ DEF sind ähnlich. Es gilt die folgende fortlaufende Proportion:

$$b : (h + v) : x = a : y : z = h : (h + v + z) : y - x$$

Aus dieser lassen sich neun einfache Proportionen ableiten, aus denen wiederum zahlreiche weitere Beweise für die Aussage $a^2 + b^2 = c^2$ folgen.

Beweisidee 11

Vom Punkt D auf der Seite AC zeichne DH parallel zu BC so, dass DH = DC. Fälle das Lot von D auf AB mit dem Lotfußpunkt E. ◄

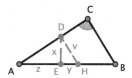

$\triangle$ ABC, $\triangle$ AHD, $\triangle$ HDE und $\triangle$ DAE sind ähnlich und es gilt die folgende fortlaufende Proportion:

$$a : v : y : x = b : (b - v) : x : z = c : (z + y) : v : b - v.$$

Aus dieser lassen sich 18 einfache Proportionen ableiten, woraus wiederum zahlreiche Beweise für $a^2 + b^2 = c^2$ resultieren.

Eine genauere Betrachtung der 18 Proportionen zeigt, dass es keine Gleichung gibt, aus welcher der gesuchte Zusammenhang direkt ableitbar wäre.

Beweisidee 12

Zeichne eine Senkrechte zu AB durch B, welche die Verlängerung der Kathete AC im Punkt H trifft. Fälle das Lot von C auf AB mit dem Lotfußpunkt D.[3] ◀

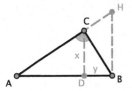

$\triangle$ ABC, $\triangle$ ADC, $\triangle$ CDB, $\triangle$ ABH und $\triangle$ BHC sind ähnlich und es gilt die folgende fortlaufende Proportion:

$$a : x : y : \frac{a^2}{x} : \frac{ay}{x} = b : (c - y) : x : c : a = c : b : a : \left(b + \frac{ay}{x}\right) + \frac{a^2}{x}.$$

Daraus folgen 30 einfache Proportionen, aus denen zwölf Gleichungen folgen. Mit diesen Gleichungen sind zahlreiche Beweise für die Gleichung $a^2 + b^2 = c^2$ möglich.

2.1.2 Demonstrationsbeweise

Beweis 13

Zeichne AE parallel zu CB mit AE=CB und ergänze BE. Fälle das Lot von C auf AB mit dem Lotfußpunkt H und verlängere CH zu F, so dass EF parallel ist zu AB. Der Schnittpunkt von CF und BE sei D. ◀

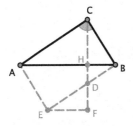

$\triangle$ ABC, $\triangle$ AHC, $\triangle$ BCH, $\triangle$ AEB, $\triangle$ DBH, $\triangle$ DBC und $\triangle$ DEF sind ähnlich.

Mit den daraus folgenden 63 einfachen Proportionen sind einige Tausend Beweise für $a^2 + b^2 = c^2$ möglich.

---

[3]Die Skizze ergibt sich auch aus der Figur der Beweisidee 9 für den Fall, dass dort die Punkte D und B zusammenfallen. Aus diesem Grund handelt es sich hier um einen Spezialfall der Beweisidee 9.

Einer dieser Beweise soll ausführlich betrachtet werden:

(1) Betrachte $\triangle$ DBC und $\triangle$ ABC:
$$\frac{DB}{a} = \frac{a}{b} \Rightarrow DB = \frac{a^2}{b}$$

(2) Betrachte erneut $\triangle$ DBC und $\triangle$ ABC
$$\frac{CD}{c} = \frac{a}{b} \Rightarrow CD = \frac{ac}{b}$$

(3) Betrachte $\triangle$ DEF und $\triangle$ ABC:
$$\frac{DF}{EB-DB} = \frac{a}{c} \Rightarrow \frac{DF}{b-\frac{a^2}{b}} = \frac{a}{c} \Rightarrow DF = \frac{a\cdot\left(b-\frac{a^2}{b}\right)}{c} = a\cdot\frac{b^2-a^2}{bc}$$

(4)
$$\triangle ABC = \frac{1}{2}\,\text{Pgm. CE} = \frac{1}{2}\,AB\cdot CH = \frac{1}{2}\,ab = \frac{1}{2}\cdot\left(AB\left(\frac{CH+HF}{2}\right)\right)$$
$$= \frac{1}{2}\left(AB\cdot\left(\frac{CD+DF}{2}\right)\right) = \frac{1}{4}\left(c\left(\frac{ac}{b}+a\cdot\frac{b^2-a^2}{bc}\right)\right)$$
$$= \frac{ac^2}{4b} + \frac{ab}{4} - \frac{a^3}{4b}$$

$$\Rightarrow \frac{1}{2}ab = \frac{ac^2+ab^2-a^3}{4b}$$
$$\Rightarrow c^2 = a^2 + b^2$$

qed.

Beweis 14

Verlängere BA zu H mit AH=AC. Ergänze CH und zeichne DC mit AD=AC. ◄

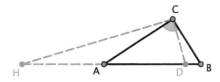

$\triangle$ HAC und $\triangle$ ADC sind gleichschenklig. ∠HCD ist ein rechter Winkel, da A von H, C und D denselben Abstand hat (Thaleskreis mit Mittelpunkt A).
Es gilt: $\angle BDC = \angle HCA + \angle DHC = \angle ACD + 2\cdot\angle HCA = \angle HCB$
$\Rightarrow \triangle$ CDB und $\triangle$ HBC sind ähnlich, da ∠CBD ein gemeinsamer Winkel ist und
$\angle CBD = \angle AHC$
$$\Rightarrow \frac{HB}{BC} = \frac{BC}{DB}$$
$$\Rightarrow \frac{c+b}{a} = \frac{a}{c-b}$$
$$\Rightarrow c^2 = a^2 + b^2$$

qed.

Beweis 15

Fälle das Lot von C auf AB mit dem Lotfußpunkt E. H sei Mittelpunkt der Strecke BC.
Zeichne DH parallel zu AB. ◄

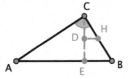

$\triangle$ ABC, $\triangle$ AEC, $\triangle$ CEB und $\triangle$ CDH sind ähnlich und es gilt die fortlaufende
Proportion:

$$a \,:\, x \,:\, y \,:\, \left(\frac{y}{2}\right) = b \,:\, (c-y) \,:\, x \,:\, \left(\frac{x}{2}\right) = c \,:\, b \,:\, a \,:\, \left(\frac{a}{2}\right),$$

aus der sich 18 einfache Gleichungen ableiten lassen. Aus zwei dieser Gleichungen folgt
die gewünschte Aussage direkt:

$$(1)\frac{a}{y} = \frac{c}{a} \Rightarrow y = \frac{a^2}{c}, \text{ einsetzen in } (2)\frac{b}{c-y} = \frac{c}{b}$$
$$\Rightarrow c^2 = a^2 + b^2$$

qed.[4]

Beweis 16

Fälle das Lot von C auf AB mit dem Lotfußpunkt H. ◄

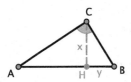

$\triangle$ ABC, $\triangle$ BCH und $\triangle$ CAH sind ähnlich und mit dem Höhensatz gilt:

$$c^2 = ((c-y)+y)^2 = (c-y)^2 + 2y(c-y) + y^2 = (c-y)^2 + 2x^2 + y^2$$
$$= \left(x^2 + y^2\right) + \left(x^2 + (c-y)^2\right)$$

Nun ist $c^2 <, = $ oder $> a^2 + b^2$

---

[4]Da es unendlich viele Möglichkeiten gibt, drei oder mehr ähnliche Dreiecke zu dem gegebenen
rechtw. Dreieck ABC zu konstruieren – für jeden Punkt H der Strecke BC sind die resultierenden
Dreiecke ähnlich zueinander – gibt es auch unendlich viele resultierende Proportionen und
Gleichungen, weshalb die Anzahl möglicher Beweise für $a^2 + b^2 = c^2$ unendlich ist.

Angenommen: $c^2 < a^2 + b^2$.

Dann gilt auch: $a^2 < x^2 + y^2$, da $\triangle$ ABC ähnlich ist zu $\triangle$ BCH, und $b^2 < x^2 + (c-y)^2$, da $\triangle$ ABC ähnlich ist zu $\triangle$ CAH.

Daraus folgt aber:

$$a^2 + b^2 < x^2 + y^2 + x^2 + (c-y)^2 = c^2$$
$$\text{\Large ↯}$$

Angenommen: $c^2 > a^2 + b^2$.

Dann gilt auch: $a^2 > x^2 + y^2$, da $\triangle$ ABC ähnlich ist zu $\triangle$ BCH, und $b^2 > x^2 + (c-y)^2$, da $\triangle$ ABC ähnlich ist zu $\triangle$ CAH.

Daraus folgt aber:

$$a^2 + b^2 > x^2 + y^2 + x^2 + (c-y)^2 = c^2$$
$$\text{\Large ↯}$$

Insgesamt folgt damit: $c^2 = a^2 + b^2$.

qed.

Beweis 17

Es sei AE = 1. Zeichne EF senkrecht zu AC und fälle das Lot von C auf AB mit dem Lotfußpunkt H. ◀

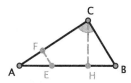

$\triangle$ ABC, $\triangle$ HBC, $\triangle$ AEF und $\triangle$ AHC sind ähnlich. Daher gilt:

$$\frac{HC}{FE} = \frac{AH}{AF} \Rightarrow HC = \frac{AH \cdot FE}{AF}$$

$$\text{und } \frac{BH}{FE} = \frac{HC}{AF} \Rightarrow BH = \frac{HC \cdot FE}{AF} = \frac{AH \cdot FE}{AF} \cdot \frac{FE}{AF} = AH \cdot \frac{FE^2}{AF^2}$$

$$\text{und } AB = AH + BH = AH + AH \cdot \frac{FE^2}{AF^2} = AH \cdot \left(1 + \frac{FE^2}{AF^2}\right)$$

$$= AH \cdot \left(\frac{AF^2 + FE^2}{AF^2}\right) \quad [1].$$

Außerdem gilt: $\frac{AB}{AC} = \frac{1}{AF} \Rightarrow AB = \frac{AC}{AF}$ und $\frac{AC}{1} = \frac{AH}{AF}$, daher ist $AB = \frac{AH}{AF^2}$ [2] und $AC = AB \cdot AF$ [3].

Aus [1] und [2] folgt: $AB = AH \cdot \left(\frac{AF^2 + FE^2}{AF^2}\right) = \frac{AH}{AF^2} \Rightarrow AF^2 + FE^2 = 1$.

Zudem gilt: $\frac{BC}{FE} = \frac{AB}{1} \Rightarrow BC = AB \cdot FE$ [4].

Nun werden die Gleichungen [3] und [4] quadriert, dann gilt:

$$AC^2 + BC^2 = AB^2 \cdot AF^2 + AB^2 \cdot FE^2 = AB^2 \cdot \left(AF^2 + FE^2\right) = AB^2,$$
$$\Rightarrow c^2 = a^2 + b^2$$

qed.

▶ **Anmerkung:** Auch ein indirekter Beweis ist möglich:

Angenommen $AB^2 \neq CB^2 + AC^2$. Es sei $x^2 = CB^2 + AC^2$, dann gilt:

$$x = \sqrt{CB^2 + AC^2} = \sqrt{AC^2 \cdot \left(\frac{CB^2}{AC^2} + 1\right)} = AC\sqrt{\frac{CB^2}{AC^2} + 1} = AC\sqrt{\frac{FE^2}{FA^2} + 1}$$

$$= AC\sqrt{\frac{FE^2 + FA^2}{FA^2}} = AC\sqrt{\frac{1}{FA^2}} =$$

$$\frac{AC}{FA} = AB, \text{da } \frac{AB}{AC} = \frac{1}{AF}$$

Also: $x = AB$, $x^2 = AB^2$ und $x^2 = CB^2 + AC^2$, d. h.

$$AB^2 = CB^2 + AC^2 \, \text{⨏}$$

qed.

Beweis 18

Zeichne eine Senkrechte zu AB durch B, welche die Verlängerung von AC in H trifft. Verlängere BC zu D mit BC=CD und ergänze AD und DH. ◀

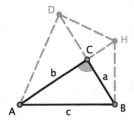

$\triangle$ ABH und $\triangle$ AHD sind kongruent.

$\triangle$ ABH und $\triangle$ BHC sind ähnlich, daher gilt $\frac{HC}{a} = \frac{a}{b} \Rightarrow HC = \frac{a^2}{b}$.

$\triangle$ ACD und $\triangle$ DCH sind ähnlich, daher gilt: $\frac{HD}{c} = \frac{a}{b} \Rightarrow HD = \frac{ac}{b}$.

$$\triangle \, ABH \;=\; \frac{1}{2} \cdot AH \cdot BC \;=\; \frac{1}{2} \cdot \left(b + \frac{a^2}{b}\right) \cdot a$$

$$\triangle \, AHD \;=\; \frac{1}{2} \cdot HD \cdot DA \;=\; \frac{1}{2} \cdot \frac{ac}{b} \cdot c$$

Also:

$2 \cdot \triangle\,ABH = 2 \cdot \triangle\,AHD \Rightarrow \left(b + \frac{a^2}{b}\right) \cdot a = \frac{ac}{b} \cdot c \Rightarrow \left(\frac{b^2 + a^2}{b}\right) \cdot a = \frac{ac^2}{b} \Rightarrow$

$\frac{ab^2 + a^3}{b} = \frac{ac^2}{b} \Rightarrow ac^2 = ab^2 + a^3 \Rightarrow c^2 = a^2 + b^2.$

qed.

Beweis 19

Konstruiere das Quadrat über AB und verlängere die Katheten CA und CB so, dass sie die Verlängerungen der Quadratseite DE in den Punkten H und F treffen. ◄

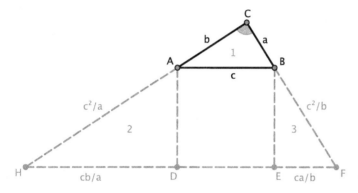

$\triangle\,1$ und $\triangle\,2$ sind ähnlich, daher gilt: $\frac{AC}{c} = \frac{c}{b} \Rightarrow AC = \frac{c^2}{b}$ und $\frac{HD}{c} = \frac{c}{a} \Rightarrow HD = \frac{cb}{a}$,

$\triangle\,1$ und $\triangle\,3$ sind ähnlich, daher gilt: $\frac{EF}{c} = \frac{a}{b} \Rightarrow EF = \frac{ac}{b}$ und $\frac{FB}{c} = \frac{c}{b} \Rightarrow FB = \frac{c^2}{b}$.

$$\triangle\,HFC = \triangle\,1 + \triangle\,2 + \triangle\,3 + \square\,AE$$

Es gilt: $\triangle\,HFC = \frac{1}{2} \cdot CF \cdot CH = \frac{1}{2}\left(a + \frac{c^2}{b}\right)\left(b + \frac{c^2}{a}\right).$

und $\triangle\,1 + \triangle\,2 + \triangle\,3 + \square AE = \frac{1}{2} \cdot BC \cdot AC + \frac{1}{2} \cdot AD \cdot DH + \frac{1}{2} \cdot BE \cdot EF + AB^2 = \frac{1}{2} \cdot ab +$ $\frac{1}{2} \cdot \frac{c^2 b}{a} + \frac{1}{2} \cdot \frac{c^2 a}{b} + c^2.$

Also: $\frac{1}{2}\left(a + \frac{c^2}{b}\right)\left(b + \frac{c^2}{a}\right) = \frac{1}{2} \cdot ab + \frac{1}{2} \cdot \frac{c^2 b}{a} + \frac{1}{2} \cdot \frac{c^2 a}{b} + c^2$

$$\Rightarrow \frac{1}{2}ab + c^2 + \frac{c^4}{ab} = \frac{1}{2}ab + \frac{c^2 b}{2a} + \frac{c^2 a}{2b} + c^2$$

$$\Rightarrow \frac{c^4}{ab} = \frac{c^2 b}{2a} + \frac{c^2 a}{2b}$$

$$\Rightarrow c^4 = c^2 b^2 + c^2 a^2$$

$$\Rightarrow c^2 = a^2 + b^2$$

qed.

Beweis 20

Zeichne CH senkrecht zu AB mit CH=AB. Ergänze AH und BH und zeichne HE und HD jeweils senkrecht zu CA bzw. zur Verlängerung von CB. ◀

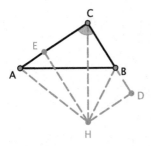

$$4-\text{Eck BCAH} = \triangle\,\text{ABC} + \triangle\,\text{AHB} = \frac{1}{2}c^2.$$

Ebenso: $4-\text{Eck BCAH} = \triangle\,\text{HBC} + \triangle\,\text{HCA} = \frac{1}{2}\cdot\text{CB}\cdot\text{HD} + \frac{1}{2}\cdot\text{CA}\cdot\text{EH} = \frac{1}{2}a^2 + \frac{1}{2}b^2.$

Also: $\frac{1}{2}c^2 = \frac{1}{2}a^2 + \frac{1}{2}b^2 \Rightarrow c^2 = a^2 + b^2.$

qed.

Beweis 21

Verlängere AC zu H und BC zu D mit CH=CB bzw. CD=CA. Konstruiere E so, dass CB=DE. Ergänze AD, BH, HD, AE und EH. Fälle die Lote von E auf AB mit dem Lotfußpunkt F, von E auf HD mit dem Lotfußpunkt K und von C auf AB mit dem Lotfußpunkt G. ◀

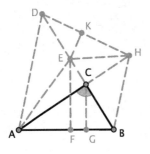

$$\text{Tr. ABHD} = \triangle\,\text{ABC} + \triangle\,\text{CHD} + \triangle\,\text{CBH} + \triangle\,\text{ACD} = ab + \frac{1}{2}a^2 + \frac{1}{2}b^2$$

$$\text{Tr. ABHD} = \triangle\,\text{EDA} + \triangle\,\text{EBH} + \triangle\,\text{ABE} + \triangle\,\text{EHD}$$

$$= \frac{1}{2}ab + \frac{1}{2}ab + \frac{1}{2}\cdot\text{AB}\cdot\text{EF} + \frac{1}{2}\cdot\text{HD}\cdot\text{EK}$$

$$= ab + \frac{1}{2}c\cdot\text{AG} + \frac{1}{2}c\cdot\text{GB} = ab + \frac{1}{2}c^2,$$

denn AB = HD = c und $\triangle$ BEF und $\triangle$ CAG sowie $\triangle$ DEK und $\triangle$ BCG sind kongruent.
Also: $ab + \frac{1}{2}a^2 + \frac{1}{2}b^2 = ab + \frac{1}{2}c^2 \Rightarrow c^2 = a^2 + b^2$.
qed.

Beweis 22

Konstruiere das Quadrat über der Hypotenuse AB und fälle das Lot von C auf HD mit dem Lotfußpunkt F. Der Schnittpunkt von CF mit AB sei E. Ergänze HE, HC, DE und DC. ◀

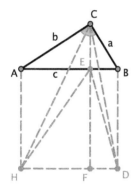

Es gilt: $\triangle$ EHD $= \frac{1}{2}c^2$, $\triangle$ DBE $= \frac{1}{2}a^2$, $\triangle$ EAH $= \frac{1}{2}b^2$.

$$\square\,\text{AD} = \triangle\,\text{EHD} + \triangle\,\text{DBE} + \triangle\,\text{EAH}$$

$$\Rightarrow c^2 = \frac{1}{2}c^2 + \frac{1}{2}a^2 + \frac{1}{2}b^2$$

$$\Rightarrow \frac{1}{2}c^2 = \frac{1}{2}a^2 + \frac{1}{2}b^2$$

$$\Rightarrow c^2 = a^2 + b^2$$

qed.

Beweis 23

Es gelten die Voraussetzungen aus Beweis 22. ◀

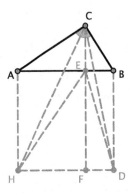

$$c^2 = \square\, AD = \text{Re. } BF + \text{Re. } AF = 2 \cdot \triangle\, DBC + 2 \cdot \triangle\, CAH = 2 \cdot \frac{1}{2}a^2 + 2 \cdot \frac{1}{2}b^2 = a^2 + b^2$$

$$\Rightarrow c^2 = a^2 + b^2$$

qed.

Beweis 24

Es gelten die Voraussetzungen aus Beweis 22. Es sei außerdem CE$=$x. ◀

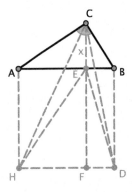

$$\triangle\, ABC + \square\, AD = \frac{1}{2}cx + c^2 = \triangle\, AHC + \triangle\, HDC + \triangle\, DBC$$

$$= \frac{1}{2}b^2 + \frac{1}{2}c \cdot (c + x) + \frac{1}{2}a^2 = \frac{1}{2}b^2 + \frac{1}{2}c^2 + \frac{1}{2}cx + \frac{1}{2}a^2$$

$$\Rightarrow \frac{1}{2}cx + c^2 = \frac{1}{2}b^2 + \frac{1}{2}c^2 + \frac{1}{2}cx + \frac{1}{2}a^2$$

$$\Rightarrow c^2 = a^2 + b^2$$

qed.

Beweis 25

Konstruiere AH senkrecht zu AB mit AH=AB. Fälle das Lot von H von AC mit dem Lotfußpunkt D. Ergänze HC, HB und DB. ◄

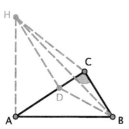

Es gilt: $HD = AC = b, AD = BC = a$ und $\triangle\,HDB = \triangle\,HDC = \dfrac{1}{2} \cdot HD \cdot CD$

$\triangle\,HAB = \triangle\,HAD + \triangle\,DAB + \triangle\,HDB\; = \triangle\,HAC + \triangle\,DAB$, da $\triangle\,HDB = \triangle\,HDC$.

Also : $\dfrac{1}{2}c^2 = \dfrac{1}{2}a^2 + \dfrac{1}{2}b^2$

$\Rightarrow c^2 = a^2 + b^2$

qed.

Beweis 26

Zeichne AH senkrecht zu AB mit AH=AB. Ergänze HB und zeichne BF parallel zu AC mit BF=AC. Zeichne HD parallel zu AC mit HD=BC und ergänze AD, HF und BD. Der Schnittpunkt von AD und HB sei E. ◄

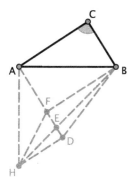

$$\triangle\, \text{BFH} = \frac{1}{2} \cdot \text{BF} \cdot \text{FD} = \triangle\, \text{BFD} \;\Rightarrow\; \triangle\, \text{EFH} = \triangle\, \text{EDB}.$$

Daher gilt: $\triangle\, \text{HBA} = \triangle\, \text{BAF} + \triangle\, \text{AHF} + \triangle\, \text{HBF}$

$$= \triangle\, \text{BAF} + \triangle\, \text{AHF} + \triangle\, \text{BFD} = \triangle\, \text{AHF} + \triangle\, \text{ADB}$$

$$= \frac{1}{2} \cdot \text{AF} \cdot \text{DH} + \frac{1}{2} \cdot \text{AD} \cdot \text{BF}$$

$$\Rightarrow \frac{1}{2}c^2 = \frac{1}{2}a^2 + \frac{1}{2}b^2$$

$$\Rightarrow c^2 = a^2 + b^2$$

qed.

Beweis 27

Zeichne AH senkrecht zu AB mit AH=AB. Zeichne HF parallel zu AC mit HF=BC. Ergänze HB, AF und CF. Der Schnittpunkt von CF und HB sei D. Zeichne BE parallel zu AC. ◄

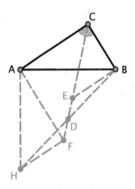

Es gilt: HF=EB=BC=a.

$\triangle$ AHF und $\triangle$ ABC sowie $\triangle$ HFD und $\triangle$ BED sind kongruent.

4–Eck BCAH$= \triangle$ BAH$+ \triangle$ ABC$= \triangle$ EBC$+ \triangle$ CAF$+ \triangle$ AHF$- \triangle$ FDH$+ \triangle$ DBE

$$\Rightarrow \frac{1}{2}c^2 + \frac{1}{2}ab = \frac{1}{2}a^2 + \frac{1}{2}b^2 + \frac{1}{2}ab$$

$$\Rightarrow c^2 = a^2 + b^2$$

qed.

Beweis 28

Konstruiere über AC und BC die Quadrate AF und CD. Fälle das Lot von C auf AB mit dem Lotfußpunkt K und verlängere KC zu P mit PC=AB. Ergänze PA, PB, GB und AD. ◄

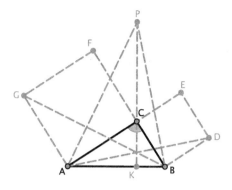

$\triangle$ BDA und $\triangle$ BPC sowie $\triangle$ GAB und $\triangle$ ACP sind kongruent.

$$\text{4-Eck ACBP} = \triangle \text{BPC} + \triangle \text{ACP} = \frac{1}{2}c \cdot AK + \frac{1}{2}c \cdot BK = \frac{1}{2}c \cdot (AK + BK) = \frac{1}{2}c^2$$

$$\text{Da } \triangle \text{BPC} + \triangle \text{ACP} = \frac{1}{2} \cdot BC \cdot CE + \frac{1}{2} \cdot AC \cdot CF = \frac{1}{2}a^2 + \frac{1}{2}b^2 \text{ folgt:}$$

$$\frac{1}{2}c^2 = \frac{1}{2}a^2 + \frac{1}{2}b^2$$
$$\Rightarrow c^2 = a^2 + b^2$$

qed.

Beweis 29

Fälle das Lot von C auf AB mit dem Lotfußpunkt K und verlängere KC zu P, so dass CP=AB. Zeichne PF und PE parallel zu AC bzw. BC mit PF=BC und PE=AC. Ergänze FC, EC, PA und PB. ◀

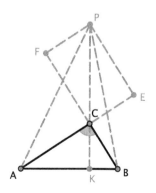

Es gilt:

$$\triangle\, PAC = \frac{1}{2}\cdot PC\cdot AK = \frac{1}{2}c\cdot AK \text{ und } \triangle\, PAC = \frac{1}{2}\cdot AC\cdot FC = \frac{1}{2}b^2$$

$$\triangle\, PCB = \frac{1}{2}\cdot PC\cdot BK \text{ und } \triangle\, PCB = \frac{1}{2}\cdot BC\cdot CE = \frac{1}{2}a^2$$

$$\Rightarrow \triangle\, PAC + \triangle\, PCB = \frac{1}{2}b^2 + \frac{1}{2}a^2$$

Außerdem gilt: 4−Eck ACBP $= \triangle\, PAC + \triangle\, PCB$
$$= \tfrac{1}{2}c\cdot AK + \tfrac{1}{2}c\cdot BK = \tfrac{1}{2}c\cdot(AK + BK) = \tfrac{1}{2}c^2$$

$$\Rightarrow \frac{1}{2}c^2 = \frac{1}{2}b^2 + \frac{1}{2}a^2$$
$$\Rightarrow c^2 = a^2 + b^2$$

qed.

Beweis 30

Fälle das Lot von C auf AB mit dem Lotfußpunkt K und verlängere KC zu P, so dass CP=AB. Zeichne PF und PE parallel zu AC bzw. BC mit PF=BC und PE=AC. Konstruiere H mit HK=AB und ergänze FC, EC, HA, HB, PA und PB. ◀

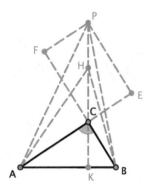

Es ist HP = CK. Daher ist $\triangle\, AKC = \frac{1}{2}\cdot AK\cdot CK = \frac{1}{2}\cdot AK\cdot HP = \triangle\, AHP$

$$\Rightarrow \triangle\, AKC + \triangle\, ACH = \triangle\, AHP + \triangle\, ACH$$
$$\Rightarrow \triangle\, AKH = \triangle\, ACP$$

Ebenso gilt:

$$\Rightarrow \triangle\, BCK = \frac{1}{2}\cdot BK\cdot CK = \frac{1}{2}\cdot BK\cdot HP = \triangle\, BPH$$
$$\Rightarrow \triangle\, BCK + \triangle\, BHC = \triangle\, BPH + \triangle\, BHC$$
$$\Rightarrow \triangle\, BHK = \triangle\, BPC$$

Also ist

(1) $\triangle AKH + \triangle BHK = \frac{1}{2} \cdot AK \cdot KH + \frac{1}{2} \cdot BK \cdot KH = \frac{1}{2} \cdot (AK + BK) \cdot KH = \frac{1}{2}c^2$

(2) $\triangle AKH + \triangle BHK = \triangle ACP + \triangle BPC = \frac{1}{2} \cdot AC \cdot CF + \frac{1}{2} \cdot BC \cdot CE = \frac{1}{2}b^2 + \frac{1}{2}a^2$

$$\Rightarrow \frac{1}{2}c^2 = \frac{1}{2}a^2 + \frac{1}{2}b^2$$
$$\Rightarrow c^2 = a^2 + b^2$$

qed.

Beweis 31

Verlängere AC zu D, so dass DB senkrecht ist zu AB. Verlängere DB zu H mit BH = BD. Ergänze AH und fälle das Lot von B auf AH mit dem Lotfußpunkt C'. ◀

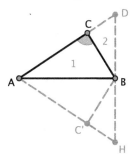

$\triangle$ ABC und $\triangle$ BDC sind ähnlich, daher gilt $\frac{DC}{a} = \frac{a}{b} \Rightarrow DC = \frac{a^2}{b}$ und $\frac{DB}{a} = \frac{c}{b} \Rightarrow DB = \frac{ac}{b}$.

$$\triangle AHD = 2 \cdot \triangle ABC + 2 \cdot \triangle BDC = ab + DC \cdot CB = ab + \frac{a^2}{b} \cdot a = ab + \frac{a^3}{b}$$

$$\triangle AHD = 2 \cdot \frac{1}{2} \cdot DB \cdot c = \frac{ac^2}{b}$$

$$\Rightarrow \frac{ac^2}{b} = ab + \frac{a^3}{b}$$
$$\Rightarrow c^2 = a^2 + b^2$$

qed.

Beweis 32

Fälle das Lot von C auf AB mit dem Lotfußpunkt H. ◀

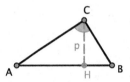

Beweis durch Widerspruch: Angenommen es gilt $a^2 + b^2 > c^2$. Dann gilt auch:
$AH^2 + p^2 > b^2$ und $BH^2 + p^2 > a^2$ und folglich $AH^2 + BH^2 + 2p^2 > a^2 + b^2 > c^2$.
Wegen $2p^2 = 2 \cdot (AH \cdot BH)$ gilt aber $AH^2 + BH^2 + 2 \cdot (AH \cdot BH) = (AH + BH)^2 > a^2 + b^2$,
also $(AH + BH)^2 = c^2 > a^2 + b^2$
$\qquad\qquad\qquad \not\!\!\!\!\lightning$

Identische Argumentation zur Falsifikation der Annahme $a^2 + b^2 < c^2$

$$\Rightarrow c^2 = a^2 + b^2$$

qed.

Beweis 33

Zeichne über AB das Quadrat AD. Konstruiere BK und HF jeweils parallel zu AC mit
BK=HF=AC sowie AE und DG parallel zu BC mit AE=DG=AC. ◀

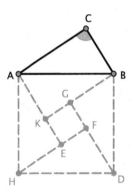

$\triangle$ ABC, $\triangle$ AKB, $\triangle$ AHE, $\triangle$ HDF und $\triangle$ DBG sind kongruent.

$$c^2 = \square\, AD = 4 \cdot \triangle\, ABC + \square\, KF = 4 \cdot \frac{1}{2}ab + (b - a)^2 = 2ab + b^2 - 2ab + a^2 = a^2 + b^2$$

$$\Rightarrow c^2 = a^2 + b^2$$

qed.

Beweis 34

*Zeichne über AB das Quadrat AH, so dass es das Dreieck ABC überdeckt. Ver-
längere BC zu G mit BG=AC. Zeichne HE parallel zu AC und DF parallel zu BC mit
HE=DF=AC. Es sei CF=y.* ◄

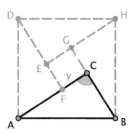

$\triangle$ ABC, $\triangle$ DAF, $\triangle$ DEH und $\triangle$ HGB sind kongruent und es gilt AC = b = a + y.

Also: $c^2 = \Box \, AH = 4 \cdot \triangle \, ABC + \Box \, EC = 4 \cdot \frac{a \cdot (a+y)}{2} + y^2 = 2a^2 + 2ay + y^2$

$$= a^2 + 2ay + y^2 + a^2 = (a + y)^2 + a^2 = b^2 + a^2$$

$$\Rightarrow c^2 = a^2 + b^2$$

qed.

Beweis 35

(1) *Zeichne über AB das Quadrat AF. Verlängere CA zu H und CB zu G mit AH=a
und BG=b. Ergänze GF und HD. Der Schnittpunkt der Verlängerungen beider
Strecken sei E.*

(2) *Verlängere CA zu K und CB zu D, so dass AK=a und BD=b. Zeichne BG
parallel zu CK mit BG=b+a und AE parallel zu CD mit AE=a+b. Der Schnittpunkt von BG und AE sei H. Ergänze DE und KG. Der Schnittpunkt der Verlängerungen beider Strecken sei F. Ergänze FH.* ◄

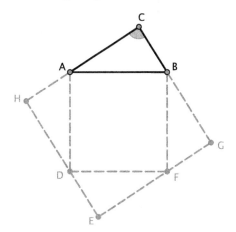
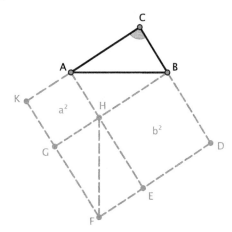

Aus Abb. (1) folgt:

Δ ABC, Δ AHD, Δ DEF und Δ FGB sind kongruent. Daher gilt:

$\square$ HG $=$ $\square$ AF$+ 4\Delta \cdot$ ABC $= c^2 + 2ab$.

Aus Abb. (2) folgt:

Δ ABC, Δ AHB, Δ GFH und Δ HFE sind kongruent. Daher gilt:

$$\square \text{ KD} = \square \text{ KH} + \square \text{ HD} + 4 \cdot \Delta \text{ ABC} = a^2 + b^2 + 2ab.$$

Insgesamt folgt wegen

$$\square \text{ HG} = \square \text{ KD}: c^2 + 2ab = a^2 + b^2 + 2ab$$
$$\Rightarrow c^2 = a^2 + b^2$$

qed.

▶ **Anmerkung:** Basierend auf Abb. (1) ist ein weiterer Beweis möglich:

Δ ABC, Δ AHD, Δ DEF und Δ FGB sind kongruent. Sie formen ein Quadrat der Seitenlänge (a + b). Daher gilt: $\square$ CE $= (a + b)^2 = a^2 + 2ab + b^2$.

Außerdem gilt: Δ ABC $= \frac{ab}{2}$ und Δ ABC $+ \Delta$ AHD $+ \Delta$ DEF $+ \Delta$ FGB $= 2ab$.

$\square$ AF $= \square$ CE $-(\Delta$ ABC $+ \Delta$ AHD $+ \Delta$ DEF $+ \Delta$ FGB$) = a^2 + 2ab + b^2 - 2ab = a^2 + b^2$.

Es ist aber auch $\square$ AF $= c^2$.

$$\Rightarrow c^2 = a^2 + b^2$$

qed.

Beweis 36[5]

Zeichne AH parallel zu BC mit AH=a und verlängere HA zu K, so dass AK=b. Ergänze HB und verlängere HB zu D, so dass BD=a. Zeichne DE parallel zu BC, so dass DE=b und verlängere die Strecke zu F, so dass EF=a. Ergänze KF und finde G mit KG=a und GF=b. Ergänze EB, EG und GA und fälle die Lote durch G auf AC mit dem Lotfußpunkt L sowie durch E auf GL mit dem Lotfußpunkt N. Verlängere BC zu M. ◀

---

[5]Dieser Beweis wird dem indischen Mathematiker Bhaskara (1114–1185) zugeschrieben.

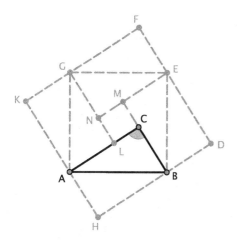

$\triangle$ ABC, $\triangle$ AHB, $\triangle$ BDE, $\triangle$ BEM, $\triangle$ EFG, $\triangle$ EGN, $\triangle$ GKA und $\triangle$ GAL sind kongruent.

(1) $\square$ AE $=$ $\square$ KD $-4 \cdot \triangle$ ABC $= (a + b)^2 - 2ab$
(2) $\square$ AE $=$ $\square$ NC $+4 \cdot \triangle$ ABC $= (b - a)^2 + 2ab$

Da $\square$ AE $= c^2$ ergibt die Addition beider Gleichungen:
$$2c^2 = (a + b)^2 + (b - a)^2 = 2a^2 + 2b^2$$
$$\Rightarrow c^2 = a^2 + b^2$$

qed.

Beweis 37[6]

Errichte über AC das Quadrat AF. Zeichne GH parallel und HD senkrecht zu AB. Ergänze GD. ◄

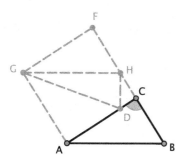

---

[6]Dieser Beweis wird dem persischen Mathematiker an-Nairizi (um 865–922) zugeschrieben.

$\triangle$ ABC und $\triangle$ HDC sind ähnlich und es gilt: CH $= b - a$.

$$\frac{HD}{b-a} = \frac{c}{b} \Rightarrow HD = \frac{c(b-a)}{b} \text{ und } \frac{DC}{b-a} = \frac{a}{b} \Rightarrow DC = \frac{a(b-a)}{b}$$

$$\triangle \text{ HDC} = \frac{1}{2} \cdot CH \cdot DC = \frac{1}{2}(b-a) \cdot \frac{a(b-a)}{b} = \frac{1}{2}\frac{a(b-a)^2}{b}$$

$$\triangle \text{ DGA} = \frac{1}{2} \cdot GA \cdot AD = \frac{1}{2} \cdot GA \cdot (AC - DC) = \frac{1}{2}b \cdot \left(b - \frac{a(b-a)}{b}\right) = \frac{1}{2}b^2 - a(b-a)$$

$$\triangle \text{ GDH} = \frac{1}{2} \cdot GH \cdot HD = \frac{1}{2}c \cdot \frac{c(b-a)}{b} = \frac{1}{2}c^2 \cdot \frac{b-a}{b}$$

$$\Rightarrow b^2 = \square AF = \triangle \text{ HDC} + \triangle \text{ DGA} + \triangle \text{ GDH} + \triangle \text{ GHF}$$

$$= \frac{1}{2}\frac{a(b-a)^2}{b} + \frac{1}{2}b^2 - a(b-a) + \frac{1}{2}c^2 \cdot \frac{b-a}{b} + \frac{1}{2}ab$$

$\Rightarrow$ nach Zusammenfassung und Vereinfachung: $c^2(b-a) - (b-a)a^2 = (b-a)b^2$

$\Rightarrow c^2 = a^2 + b^2$

qed.

2.2   Proportionalität (Geometrisches Mittel)

Beweis 38[7]

Fälle das Lot von C auf AB mit dem Lotfußpunkt H. ◀

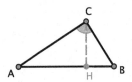

$\triangle$ ABC, $\triangle$ AHC und $\triangle$ BCH sind ähnlich.

Daher gilt: $\frac{AH}{AC} = \frac{AC}{AB} \Rightarrow AC^2 = AH \cdot AB$, außerdem: $\frac{BH}{BC} = \frac{BC}{AB} \Rightarrow BC^2 = BH \cdot AB$.

Also: $BC^2 + AC^2 = AH \cdot AB + BH \cdot AB = AB(AH + BH) = AB^2$

$$\Rightarrow c^2 = a^2 + b^2$$

qed.

---

[7]Dieser Beweis wird dem italienischen Mathematiker Leonardo da Pisa (Fibonacci) (um 1170–1240) zugeschrieben.

Beweis 39

Konstruiere über der Seite AB das Quadrat AK. Der Schnittpunkt der Verlängerungen von AC und KB sei L. Zeichne LD und AG parallel zu CB mit LD = AG = AC = b. Ergänze HD und verlängere CB zu F. Der Schnittpunkt von HD mit KL sei E. ◄

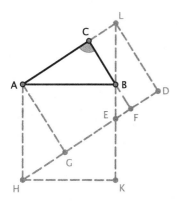

Es gilt: $BC^2 = AC \cdot CL = FC \cdot CL = Re. \: FDCL = a^2$

Außerdem ist: $c^2 = \square \: AK = Pgm. \: AHEL = Pgm. \: AGDL$

$= \square \: AF + Re. \: FDLC = b^2 + a^2$

$\Rightarrow c^2 = a^2 + b^2$

qed.

Beweis 40

Konstruiere über der Seite CB das Quadrat BG. Zeichne durch H eine Parallele zu AB, welche die in A errichtete Senkrechte zu AB in D schneidet. Ergänze AH und konstruiere EC und BF jeweils senkrecht zu AB. ◄

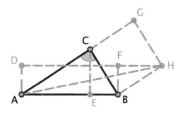

$$\triangle \: ABH = \frac{1}{2} \square \: BG = \frac{1}{2} Re. \: BD$$

Wegen EB = AD gilt EA · EB = EA · AD = EC², also: □ BG = BC² = a² = Re. BD
$$= \Box\, EF + Re.\ ED = \Box\, EF + EA \cdot AD = BE^2 + EC^2$$

△ ABC und △ BCE sind ähnlich, also folgt: Wenn in △ BCE der Zusammenhang
BE²+EC²=BC² gilt, dann gilt dies auch für △ ABC, nämlich: BC² + AC² = AB²

$$\Rightarrow c^2 = a^2 + b^2$$

qed.

Beweis 41

Errichte über den Seiten AB und BC die Quadrate AF und CD. Fälle das Lot von C
auf NF mit dem Lotfußpunkt H und ergänze CF sowie AD. Der Schnittpunkt von CH
mit AB sei L. Konstruiere K mit LK=LB und zeichne KG parallel zu AB. ◀

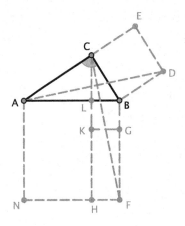

Re. LF = 2 · △ FBC = 2 · △ ABD = □ CD

Ebenso   gilt: Re. LF = □ LG + Re. KF = BL² + KH · HF = BL² + AL · LB =
BL² + LC².

Also: □ CD = BC² = BL² + LC².
Da △ ABC und △ BCL ähnlich sind, gilt: BC² + AC² = AB²

$$\Rightarrow c^2 = a^2 + b^2$$

qed.

Beweis 42

Konstruiere über der Seite BC das Quadrat BE. Zeichne durch D eine Parallele zu
AB, welche die in A errichtete Senkrechte zu AB in E schneidet. Ergänze HC und BG
senkrecht zu AB. ◀

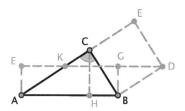

Pgm. BDKA = Re. AG = AB · BG = AB · BH = BC^2, ebenfalls gilt: AB · AH = AC^2

Nach Addition: $BC^2 + AC^2 = AB \cdot BH + AB \cdot AH = AB \cdot (BH + AH) = AB^2$

$\Rightarrow c^2 = a^2 + b^2$

qed.

Beweis 43

Konstruiere über den Seiten AC und BC die Quadrate AH und BD, wobei BD das Dreieck ABC teilweise überdecken soll. Ergänze DH und zeichne DG parallel zu AB. Zeichne durch G eine Parallele zu AC, welche die Verlängerung von KA in E schneidet. Der Schnittpunkt von EG mit DK' sei F. ◀

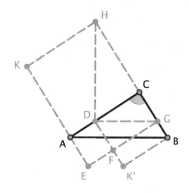

Re. GK = Re. GA + □ CK = CA · CG + □ CK

   = CH · CG + □ CK = CD^2 + □ CK = □ BD + □ CK

Nun gilt: $\dfrac{GH}{DH} = \dfrac{DH}{CH} \Rightarrow \dfrac{GH}{DH} = \dfrac{DH}{GE}$

$\Rightarrow DH^2 = GH \cdot GE = \text{Re. GK} = \square\,CK + \square\,BD = AC^2 + CB^2$

$\Rightarrow c^2 = a^2 + b^2$

qed.

Beweis 44

Konstruiere über den Seiten AC, BC und AB die Quadrate AL, CH und AK, wobei AK das Dreieck ABC überdecken soll. Der Schnittpunkt von CM und BK sei G. Konstruiere durch G eine Parallele zu BC, welche die Verlängerung von FL in D schneidet. Ergänze EG. ◄

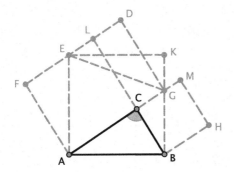

$\triangle$ AGE liegt vollständig in $\square$ AK und in Re. AD. Es gilt: $\triangle$ AGE $= \frac{1}{2} \cdot \square$ AK $= \frac{1}{2} \cdot$ Re. AD

$$\Rightarrow \square \, AK = Re. \, AD$$

$$Da \, \square \, CH = BC^2 = AC \cdot CG = CL \cdot CG = Re. \, CD, \, gilt:$$

$$Re. \, AD = \square \, CF + Re. \, CD = \square \, CF + \square \, CH$$

$$\Rightarrow \square \, AK = \square \, CH + \square \, CF$$

$$\Rightarrow c^2 = a^2 + b^2$$

qed.

Beweis 45

Konstruiere über den Seiten AC, BC und AB die Quadrate AF, CD und AK, wobei AF das Dreieck ABC überdecken soll. Verlängere KB zu M, ergänze MH und HG. Zeichne durch M eine Parallele zu BC, welche die Verlängerung von HF in L schneidet. ◄

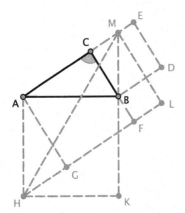

$$\triangle\,\text{AHG} = \triangle\,\text{ABC und}\ \triangle\,\text{MAH} = \frac{1}{2}\cdot\text{Re. AL} = \frac{1}{2}\cdot\square\,\text{AK}$$

$$\Rightarrow \square\,\text{AK} = \text{Re. AL} = \square\,\text{CG} + \text{Re. CL} = \square\,\text{CG} + \text{ML}\cdot\text{MC}$$
$$= \square\,\text{CG} + \text{CA}\cdot\text{CM} = \square\,\text{CG} + \text{CB}^2$$
$$= \square\,\text{CG} + \square\,\text{CD}$$
$$\Rightarrow c^2 = a^2 + b^2$$

qed.

Beweis 46

Konstruiere über den Seiten AC, BC und AB die Quadrate AF, CD und AK. Konstruiere außerdem über AC das Quadrat AQ,welches das Dreieck ABC überdeckt. Verlängere KB zum Schnittpunkt mit CE, dieser sei O, und zeichne durch O eine Parallele zu CB, welche die Verlängerungen von GF und LQ in N bzw. M schneidet. Ergänze LH. ◀

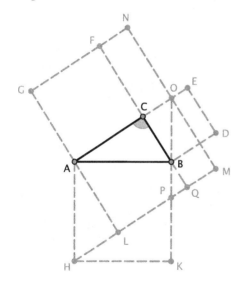

$$\triangle\,\text{AHL} = \triangle\,\text{OPM} = \triangle\,\text{ABC, außerdem}\ \triangle\,\text{HKP} = \triangle\,\text{ABO}$$
$$\Rightarrow \text{Re. AM} = 4-\text{Eck ALPB} + \triangle\,\text{ABO} + \triangle\,\text{OPM}$$
$$= 4-\text{Eck ALPB} + \triangle\,\text{HKP} + \triangle\,\text{AHL} = \square\,\text{AK}$$
$$\Rightarrow \square\,\text{AK} = \text{Re. AM} = \square\,\text{AQ} + \text{Re. CM} = \square\,\text{CG} + \text{Re. CN}$$
$$= \square\,\text{CG} + \text{CO}\cdot\text{CF} = \square\,\text{CG} + \text{CO}\cdot\text{CA}$$
$$= \square\,\text{CG} + \text{CB}^2 = \square\,\text{CG} + \square\,\text{CD}$$
$$\Rightarrow c^2 = a^2 + b^2$$

qed.

Beweis 47

Konstruiere über der Seite AC das Quadrat AH. Fälle das Lot von C auf AB mit dem Lotfußpunkt G und verlängere GC, so dass die Verlängerung von MH in F geschnitten wird. Konstruiere K mit CK=GB. Zeichne durch K eine Parallele zu AB mit LN =AB und konstruiere das Quadrat LE über NL. Der Schnittpunkt von CF und PE sei D, der von MF und LP sei R. Ergänze AL und BN. ◄

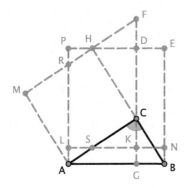

$$\Box\, LE = \text{Re. DN} + \text{Re. DL} = \text{DK} \cdot \text{KN} + \text{Re. DL} = \text{LN} \cdot \text{KN} + \text{Pgm. ACFR}$$
$$= \text{AB} \cdot \text{GB} + \Box\, \text{AH} = \text{CB}^2 + \Box\, \text{AH}$$
$$\Rightarrow c^2 = a^2 + b^2$$

qed.

Beweis 48

Fälle das Lot durch C auf AB mit dem Lotfußpunkt H. Konstruiere E und F so, dass △ BCH=△ BEC und △ AHC=△ ACF. Verlängere FE zu L und EF zu G mit EL=FG=AB. Zeichne LD und GK senkrecht zu GL mit LD=EB und GK=FA. Ergänze DB, KA, CK und CD. ◄

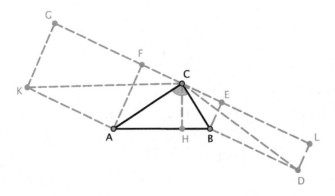

$$\triangle\,CKA = \frac{1}{2} \cdot AK \cdot AF = \frac{1}{2} \cdot AB \cdot AH = \frac{1}{2} \cdot AC^2$$

$$\triangle\,CBD = \frac{1}{2} \cdot BD \cdot BE = \frac{1}{2} \cdot AB \cdot BH = \frac{1}{2} \cdot BC^2$$

$$\Rightarrow AB \cdot AH = AC^2 \text{ und } AB \cdot BH = BC^2$$

$$\Rightarrow AB \cdot AH + AB \cdot BH = AB \cdot (AH + BH) = AC^2 + BC^2$$

$$\Rightarrow AB^2 = AC^2 + BC^2$$

$$\Rightarrow c^2 = a^2 + b^2$$

qed.

Beweis 49

Fälle das Lot von C auf AB mit dem Lotfußpunkt G und verlängere CG zu H, so dass CH = AB. Zeichne AE und BF jeweils senkrecht zu AB mit AE = BF = AB. Ergänze EH und FH und verlängere FH bis zum Schnittpunkt mit AC, dieser sei D. ◀

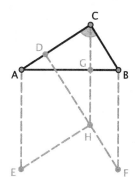

$\triangle\,ABC$ und $\triangle\,HCD$ sind kongruent.

$$6-\text{Eck FBCAEH} = \text{Pgm. BCHF} + \text{Pgm. HCAE}$$
$$= HC \cdot GB + HC \cdot GA = AB \cdot GB + AB \cdot GA$$
$$= AB \cdot (GB + GA) = AB^2$$

Ebenso gilt: $AB \cdot GB + AB \cdot GA = BC^2 + AC^2$

$$\Rightarrow BC^2 + AC^2 = AB^2$$
$$\Rightarrow c^2 = a^2 + b^2$$

qed.

Beweis 50

*Verlängere AC zu B' und CB zu A' mit CB'= CB = a bzw. CA'= CA = b. Ergänze AA',
BB' und A'B'. Verlängere AB zu D.* ◀

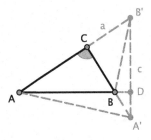

Es gilt: ∠BDA' ist ein rechter Winkel, da △ A'B'C und △ ABC kongruent sind.

Nun folgt: $4-\text{Eck} AA'\,BB' = \triangle BB'C + \triangle AA'C = \frac{1}{2}a^2 + \frac{1}{2}b^2$

Ebenso ist $4-\text{Eck } AA'BB' = \triangle BB'C + \triangle AA'C = \triangle BB'A + \triangle AA'B = \triangle B'AA' - \triangle BB'A$

$$= \frac{1}{2} \cdot \left(A'B' \cdot AD\right) - \frac{1}{2} \cdot \left(A'B' \cdot BD\right) = \frac{1}{2} \cdot \left(A'B' \cdot (AB + BD)\right) - \frac{1}{2} \cdot \left(A'B' \cdot BD\right)$$

$$= \frac{1}{2} \cdot \left(A'B' \cdot AB\right) + \frac{1}{2} \cdot \left(A'B' \cdot BD\right) - \frac{1}{2}\left(A'B' \cdot BD\right) = \frac{1}{2} \cdot \left(A'B' \cdot AB\right) = \frac{1}{2}\,c^2$$

$$\Rightarrow c^2 = a^2 + b^2$$

qed.

Beweis 51

*Konstruiere über den Seiten AC und BC die Quadrate AF, CD und CD', wobei CD'
das Dreieck ABC teilweise überdecken soll. Errichte in A eine Senkrechte zu AB,
welche GF in H schneidet und ergänze HB. Der Schnittpunkt von HB und AC sei K.
Errichte in B eine Senkrechte zu AB, welche die Verlängerung von DE in L schneidet
und ergänze AL. Der Schnittpunkt von BL und CE sei R.* ◀

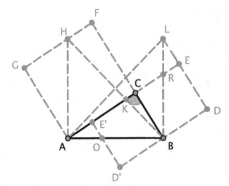

$\triangle$ AHG und $\triangle$ ABC sind kongruent $\Rightarrow \square$ CG $= b^2 = 4$−Eck ABFH.

Da $\angle$BAH ein rechter Winkel ist, gilt: $\triangle$ ABH $= \dfrac{1}{2}\,c^2$

$$\Rightarrow b^2 = 4-\text{Eck ABFH} = \frac{1}{2}c^2 + \triangle \text{BFH}$$

$$= \frac{1}{2}c^2 + \frac{1}{2}(b+a)(b-a) = \frac{1}{2}c^2 + \frac{1}{2}b^2 - \frac{1}{2}a^2$$

$$\Rightarrow \frac{1}{2}c^2 = \frac{1}{2}a^2 + \frac{1}{2}b^2$$

$$\Rightarrow c^2 = a^2 + b^2$$

qed.

Beweis 52

Zeichne BD parallel zu AC mit BD = 2 · BC = 2a. Von D aus zeichne DE senkrecht zu AB. Finde mithilfe der zweiten Skizze (hier ist BK = AE) die mittlere Proportionale von AB und AE (d. h. von AB und BK; diese ist BF) und konstruiere T auf AC mit AT = BF. Ergänze ET und TB. ◀

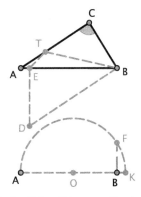

Es ist CT = CB = a, außerdem sind $\triangle$ AET und $\triangle$ ABT ähnlich.

Also: $\dfrac{\text{AT}}{\text{AB}} = \dfrac{\text{AE}}{\text{AT}} \Rightarrow \text{AT}^2 = \text{AE} \cdot \text{AB}(b-a)^2 = (c - \text{EB}) \cdot c$

$$\Rightarrow (b-a)^2 = c^2 - c \cdot \text{EB}$$

$$\Rightarrow \text{EB} = \frac{c^2 - (b-a)^2}{c}$$

Ebenso gilt: $\frac{\text{EB}}{\text{AC}} = \frac{\text{BD}}{\text{AB}} \Rightarrow \text{EB} = \frac{\text{AC} \cdot \text{BD}}{\text{AB}} \Rightarrow \text{EB} = \frac{2ab}{c}$.

Also: $\frac{c^2 - (b-a)^2}{c} = \frac{2ab}{c}$

$$\Rightarrow c^2 - b^2 + 2ab - a^2 = 2ab$$

$$\Rightarrow c^2 = a^2 + b^2$$

qed.

Beweis 53[8]

Verlängere CB zu E und BC zu H, so dass BE=BH=AB gilt. Zeichne um B den Halbkreis HAE und ergänze HA und AE. ◄

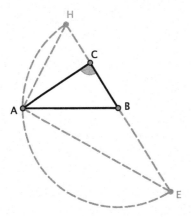

$\triangle$ HAC und $\triangle$ ECA sind ähnlich, denn:

$\angle$ EAH = 90°(Satz des Thales) $\Rightarrow$ $\angle$ CAH = 90° $-$ $\angle$ AHC und $\angle$ HEA = 90° $-$ $\angle$ AHC

$\Rightarrow$ $\angle$ CAH = $\angle$ CEA

Also ist: $\dfrac{CH}{CA} = \dfrac{CA}{CE} \Rightarrow \dfrac{c-a}{b} = \dfrac{b}{c+a}$

$\Rightarrow (c-a)(c+a) = b^2 \Rightarrow c^2 - a^2 = b^2$

$\Rightarrow c^2 = a^2 + b^2$

qed.

Beweis 54

Fälle das Lot von C auf AB mit dem Lotfußpunkt H. ◄

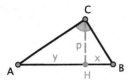

[8]Dieser Beweis wird dem deutschen Universalgelehrten Gottfried Wilhelm Leibniz (1646–1716) zugeschrieben.

Es gilt: $p^2 = x \cdot y$

$\Rightarrow x^2 + p^2 = x^2 + x \cdot y = x(x + y) = a^2$ und $y^2 + p^2 = y^2 + x \cdot y = y(x + y) = b^2$

Nach Addition: $x^2 + 2p^2 + y^2 = a^2 + b^2$

$$\Rightarrow x^2 + 2xy + y^2 = (x + y)^2 = a^2 + b^2$$
$$\Rightarrow c^2 = a^2 + b^2$$

qed.

Beweis 55

Fälle das Lot von C auf AB mit dem Lotfußpunkt H. ◀

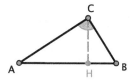

Es gilt:

(1) $\frac{AH}{CH} = \frac{AC}{BC} \Rightarrow AH = \frac{AC \cdot CH}{BC}$

(2) $\frac{HB}{CH} = \frac{BC}{AC} \Rightarrow HB = \frac{BC \cdot CH}{AC}$

(3) $\frac{CH}{BC} = \frac{AC}{AB} \Rightarrow CH = \frac{AC \cdot BC}{AB}$

Es folgt:

$$AB = AH + HB = \frac{AC \cdot CH}{BC} + \frac{BC \cdot CH}{AC} = CH \cdot \left(\frac{AC}{BC} + \frac{BC}{AC} \right)$$
$$= \frac{AC \cdot BC}{AB} \cdot \frac{AC^2 + BC^2}{AC \cdot BC} = \frac{AC^2 + BC^2}{AB}$$
$$\Rightarrow AB^2 = AC^2 + BC^2$$
$$\Rightarrow c^2 = a^2 + b^2$$

qed.

2.3   Kreise

2.3.1   Kreise und Sehnen

Beweis 56

*Konstruiere den Halbkreis BCA sowie das Quadrat AF über der Seite AB und zeichne
HE durch C senkrecht zu AB.* ◀

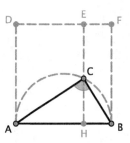

$BC^2 = AB \cdot BH$ und $AC^2 = AB \cdot AH$.

$\square\, AF = \text{Re. } BE + \text{Re. } AE = BF \cdot BH + AD \cdot AH = AB \cdot BH + AB \cdot AH = BC^2 + AC^2$

$\Rightarrow c^2 = a^2 + b^2$

qed.

Beweis 57

*Konstruiere über den Seiten AC, BC und AB die Quadrate AH, CF und AN. Ver-
längere NB zu E und CS zu R mit ER=AC. Zeichne ED senkrecht zu CS mit ED=CH
und ergänze HD. Q sei der Mittelpunkt von CE. Zeichne den Halbkreis AGR mit dem
Mittelpunkt Q. Verlängere DE zu G und zeichne GP parallel zu AC mit GP=EG.
Ergänze PM parallel zu GE.* ◀

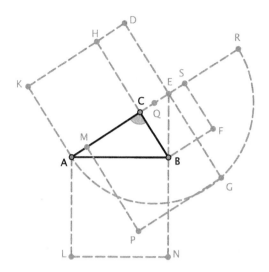

$$\text{Re. } CD = CH \cdot CE = CA \cdot CE = CB^2 = \square\, CF.$$

EG ist das geometrische Mittel von EA und ER bzw. EA und ED (da ER = ED), also gilt:

$$\square\, EP = \text{Re. } AD = \square\, AH + \text{Re. } CD = \square\, AH + \square\, CF.$$

Aber auch AB ist geometrisches Mittel von EA und ER bzw. EA und ED, also ist EG = AB.

$$\Rightarrow \square\, AN = \square\, AH + \square\, CF$$
$$\Rightarrow c^2 = a^2 + b^2$$

qed.

Beweis 58

Wähle in einem Kreis mit beliebigem Durchmesser – hier sei der Durchmesser EH – vom Mittelpunkt ausgehend eine Strecke, die kürzer ist als der Radius – hier: BC. Zeichne durch C die Sehne AD senkrecht zum Kreisdurchmesser und ergänze AB. Es entsteht das rechtwinklige Dreieck ABC. Ergänze ED und AH. ◄

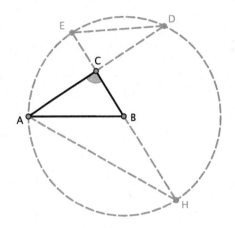

Es gilt: $CA \cdot CD = CH \cdot CE$.

Da $CA = CD = b$ und $AB = BH = BE = c$, gilt:

$$CA^2 = CH \cdot CE$$
$$\Rightarrow b^2 = (c + a) \cdot (c - a)$$
$$\Rightarrow b^2 = c^2 - a^2$$
$$\Rightarrow c^2 = a^2 + b^2$$

qed.

Beweis 59

B sei der Mittelpunkt und AB der Radius des Kreises AEH. Zeichne durch C die Sehne BH und fälle das Lot durch H auf AB mit dem Lotfußpunkt D. Ergänze BE. ◀

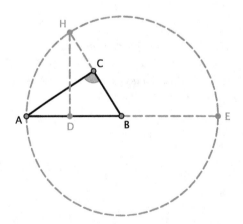

Es gilt: HD ist mittlere Proportionale von AD und DE, $DB = a$, $DH = AC = b$

$$\Rightarrow DH^2 = b^2 = AD \cdot DE = (c - a) \cdot (c + a) = c^2 - a^2$$
$$\Rightarrow c^2 = a^2 + b^2$$

qed.

Beweis 60

Zeichne in einem beliebigen Kreis senkrecht zum Durchmesser – hier: BD – eine Sehne – hier: AH – und ergänze die Strecken AB, BH und HD. ◄

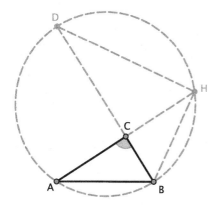

$\triangle$ ABC, $\triangle$ BHC und $\triangle$ DBH sind ähnlich.
Da BH : DB = AB : DB = BC : BH, folgt:

$$AB \cdot BH = DB \cdot BC = (DC + CB) \cdot BC = DC \cdot BC + BC^2 = AC \cdot CH + BC^2.$$

Wegen $AB \cdot BH = AB^2$ und $AC = CH$ folgt:

$$\Rightarrow AB^2 = AC^2 + BC^2$$
$$\Rightarrow c^2 = a^2 + b^2$$

qed.

Beweis 61

Konstruiere um C einen Kreis mit dem Radius AC. Ergänzen die beiden senkrecht zueinander stehenden Durchmesser AH und BD sowie die Sehne BH. ◄

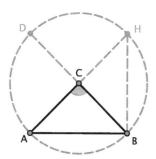

Da CA = CB ist, liegt ein Spezialfall zu Beweis 60 vor.

$$AB \cdot BH = BC^2 + AC \cdot HC$$
$$\Rightarrow AB^2 = BC^2 + AC^2$$
$$\Rightarrow c^2 = a^2 + b^2$$

qed.

▶ **Anmerkung:** Ein weiterer Beweis ist möglich:

$$AB \cdot BH = BD \cdot BC = (BC + CD) \cdot BC$$
$$= BC^2 + CD \cdot BC = BC^2 + CA \cdot CH = BC^2 + AC^2.$$
$$\text{Also: } AB^2 = BC^2 + AC^2$$
$$\Rightarrow c^2 = a^2 + b^2$$

qed.

Beweis 62

Verlängere AC zu H, so dass HB senkrecht ist zu AB. Konstruiere den Kreis ABH mit AH als Durchmesser und verlängere BC zu D. ◀

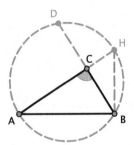

Wegen BC = CD ist $AB^2 = AC \cdot AH = AC \cdot (AC + CH) = AC^2 + AC \cdot CH = AC^2 + BC^2$
$\Rightarrow c^2 = a^2 + b^2$

qed.

Beweis 63

Konstruiere den Kreis AHE um den Mittelpunkt B. Verlängere BC zu E, CB zu H und AC zu D. ◀

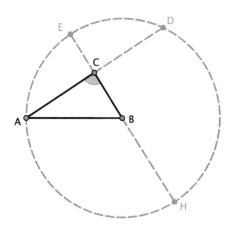

Es gilt: $AC \cdot CD = CH \cdot CE$

$\Rightarrow b^2 = (c + a) \cdot (c - a) = c^2 - a^2$

$\Rightarrow c^2 = a^2 + b^2$

qed.

Beweis 64

Errichte über den Seiten AC und BC die Quadrate AF und CD. Ergänze GD, AF und BE, die Schnittpunkte von AF und BE mit GD seien L und R. Zeichne um den Mittelpunkt H der Strecke AB den Thaleskreis BCA und errichte in H eine Senkrechte, die GD in K schneidet. Ergänze KM parallel zu AC sowie KB und KA. Der Schnittpunkt von KB und AC sei Q. ◀

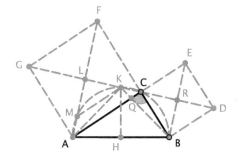

HK ist Mittelsenkrechte von AB, K liegt auf dem Thaleskreis

$$\Rightarrow \angle AKB = 90° \Rightarrow \angle HAK = \angle KBH = 45° \Rightarrow \triangle AHK = \triangle BKH \Rightarrow \triangle ABK = \frac{c^2}{4}$$

Außerdem gilt: $\triangle$ AKL und $\triangle$ KBR sind kongruent $\Longrightarrow$ BC$=$MK$=$a.

Es folgt: $\frac{\triangle \text{ AKL}}{\triangle \text{ CLA}} = \frac{\text{KL·AL}}{\text{CL·AL}} = \frac{\text{KL}}{\text{CL}}$ und da $\triangle$ MKL und $\triangle$ ACL ähnlich sind: $\frac{\text{KL}}{\text{CL}} = \frac{\text{MK}}{\text{AC}} = \frac{a}{b}$

Da nun $\triangle$ ACL $= \dfrac{b^2}{4}$ ist $\triangle$ AKL $= \dfrac{ab}{4} = \dfrac{1}{2} \cdot \triangle$ ABC

Nun ist Tr · LABR $= \triangle$ ABK $+ \triangle$ AKL $+ \triangle$ BRK $= \triangle$ ABK $+ 2 \cdot \triangle$ AKL

$= \triangle$ ABK $+ \triangle$ ABC

Ebenso ist Tr · LABR $= \triangle$ BRC $+ \triangle$ ACL $+ \triangle$ ABC

$\Rightarrow \triangle$ ABK $= \triangle$ BRC $+ \triangle$ ACL

$\Rightarrow \dfrac{c^2}{4} = \dfrac{a^2}{4} + \dfrac{b^2}{4}$

$\Rightarrow c^2 = a^2 + b^2$

qed.

Beweis 65

Mit E als Mittelpunkt und AB als Durchmesser konstruiere den Kreis ABC. Zeichne AD und BD parallel zu CB bzw. AC, ergänze CD und fälle das Lot durch C auf AB mit dem Lotfußpunkt H. ◄

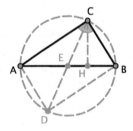

$\triangle$ ADC und $\triangle$ CHB sind ähnlich.

Daher gilt: CD : CB = AD : HB

$$\Rightarrow \text{ CD} \cdot \text{HB} = \text{AD} \cdot \text{CB}$$

Auf gleiche Weise folgt für $\triangle$ DBC und $\triangle$ AHC:

$$\text{CD} \cdot \text{AH} = \text{AC} \cdot \text{DB}.$$

Durch Addition beider Gleichungen folgt:

$$\text{CD} \cdot \text{HB} + \text{CD} \cdot \text{AH} = \text{AD} \cdot \text{CB} + \text{AC} \cdot \text{DB}$$

$$\Rightarrow \text{CD} \cdot \text{AB} = \text{AD} \cdot \text{CB} + \text{AC} \cdot \text{DB}.$$

Da CD = AB, AD = CB und DB = AC folgt:

$$AB^2 = CB^2 + AC^2$$
$$\Rightarrow c^2 = a^2 + b^2$$

qed.

Beweis 66[9]

Konstruiere das Sehnenviereck ADBC mit den Diagonalen AB und CD. Zeichne DE so, dass ∠BDE = ∠CDA. ◀

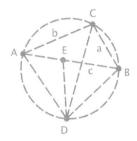

△ ADC und △ BED sind ähnlich

$$\Rightarrow \frac{CD}{BC} = \frac{AD}{AE} \Rightarrow CD \cdot AE = AD \cdot BC$$

Ebenso sind △ DBC und △ ADE ähnlich

$$\Rightarrow \frac{CD}{AC} = \frac{BD}{EB} \Rightarrow CD \cdot EB = BD \cdot AC$$

Addition beider Gleichungen ergibt:

$$CD \cdot AE + CD \cdot EB = AD \cdot BC + BD \cdot AC$$
$$\Rightarrow CD \cdot (AE + EB) = AD \cdot BC + BD \cdot AC$$
$$\Rightarrow AB \cdot CD = AD \cdot BC + BD \cdot AC \text{ (Satz von Ptolemäus)}$$

Für den Sonderfall, dass es sich bei dem 4–Eck ADBC um ein Rechteck handelt, gilt: AB = CD, CB = AD und BD = AC.

---

[9]Der Satz des Pythagoras kann als Sonderfall des Satzes von Ptolemäus angesehen werden. Letzterer besagt: „In einem Sehnenviereck ist das Produkt der Längen der Diagonalen gleich der Summe der Produkte der sich gegenüberliegenden Seiten." Dies wird zunächst bewiesen. Anschließend wird der Satz des Pythagoras auf den Satz von Ptolemäus zurückgeführt.

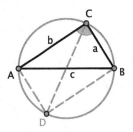

Nach Ptolemäus gilt dann: $AB \cdot CD = AD \cdot BC + BD \cdot AC$

$$\Rightarrow AB^2 = BC^2 + AC^2$$
$$\Rightarrow c^2 = a^2 + b^2$$

qed.

Beweis 67

AB sei ein Durchmesser des Kreises ABC. Konstruiere D so, dass AD=BD und ergänze CD. Zeichne AE und BF sowie CG und CH senkrecht zu CD mit CG=FB und CH=EA. Ergänze AH und BG. ◄

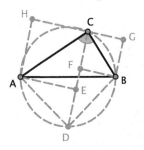

Die 4–Ecke AECH und BGCF sind Quadrate, $\triangle$ ADE und $\triangle$ BFD sind kongruent.
Also: $AE = DF = EC = AH$. Außerdem ist $CD = CF + FD = BG + AH$.

$$\text{4–Eck ADBC} = \frac{1}{2} \cdot CD \cdot (BF + AE) = \frac{1}{2} \cdot CD \cdot HG$$
$$\text{und 4–Eck ABGH} = \frac{1}{2} \cdot (AH + BG) \cdot HG = \frac{1}{2} \cdot CD \cdot HG$$
$$\Rightarrow \triangle ADB = \triangle ACH + \triangle CBG$$
$$\Rightarrow 4 \cdot \triangle ADB = 4 \cdot \triangle ACH + 4 \cdot \triangle CBG$$
$$\Rightarrow AB^2 = AC^2 + CB^2$$
$$\Rightarrow c^2 = a^2 + b^2$$

qed.

Beweis 68

AB sei ein Durchmesser des Kreises ABC. Konstruiere D so, dass AD=BD und ergänze CD. Konstruiere HC und AH sowie CG und BG jeweils senkrecht zu CD mit HC=AH und CG=BG, wobei AH und BG jeweils senkrecht seien zu HG. Fälle das Lot von C auf AB mit dem Lotfußpunkt E, ergänze ED, EG und DG. Fälle das Lot von G auf CE mit dem Lotfußpunkt K und auf die Verlängerung von AB mit dem Lotfußpunkt F. ◀

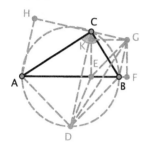

Das 4–Eck KEFG ist ein Quadrat mit der Diagonalen EG

$$\angle BEG = \angle EBD = 45°$$

$$\Rightarrow EG \parallel BD$$

$$\Rightarrow \triangle BED = \triangle BGD$$

Ebenso gilt: $\triangle BGC = \triangle BGD$, da $BG \parallel CD$, also: $\triangle BGC = \triangle BDE$.

Außerdem: $\triangle CHA = \triangle ADE$

$$\Rightarrow \triangle BGC + \triangle CHA = \triangle BED + \triangle ADE = \triangle ADB$$

$$\Rightarrow 4 \cdot \triangle BGC + 4 \cdot \triangle CHA = 4 \cdot \triangle ADB$$

$$\Rightarrow AB^2 = AC^2 + BC^2$$

$$\Rightarrow c^2 = a^2 + b^2$$

qed.

Beweis 69

Mit E als Mittelpunkt und AB als Durchmesser konstruiere den Kreis ABC. Zeichne AD senkrecht zu AC mit AD=CB und ergänze DB. Ergänze CD und fälle das Lot durch C auf AB mit dem Lotfußpunkt H. ◀

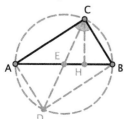

Nach dem Satz von Ptolemäus (vgl. Beweis 66) gilt:

$AB \cdot CD = AD \cdot BC + AC \cdot DB$. Wegen $AB = CD$, $AD = BC$ und $AC = DB$ folgt:

$AB^2 = BC^2 + AC^2$

$\Rightarrow c^2 = a^2 + b^2$

qed.

Beweis 70

C sei Mittelpunkt des Kreises ADE. Konstruiere auf einem beliebigen Durchmesser – hier: AE – das rechtwinklige Dreieck ABC, so dass A auf dem Kreis liegt und ver- längere AB zu D, BC zu F und CB zu H. Ergänze ED. ◀

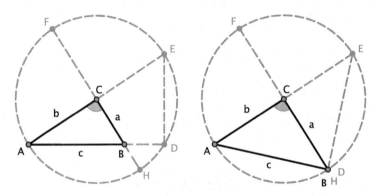

$\triangle$ ABC und $\triangle$ ADE sind ähnlich (Abb. 1)

$\Rightarrow$ AB : AE = AC : AD, also c : (b + CE) = b : (c + BD)

$\Rightarrow c \cdot (c + BD) = b \cdot (b + CE) = b^2 + b \cdot CE = b^2 + CE^2 = b^2 + CF \cdot CH = b^2 + CH^2$

Drehe nun $\triangle$ ABC um A, so dass D, H und B zusammenfallen (Abb. 2). Nun gilt:

$$AB = AD = AH = c, \ BD = 0 \text{ und } CB = CH.$$

Insgesamt folgt also:

$$c \cdot (c + BD) = b^2 + CH^2$$
$$\Rightarrow c^2 = a^2 + b^2$$

qed.

2.3.2 Kreise und Sekanten

Beweis 71

Zeichne einen Kreis mit C als Mittelpunkt und BC als Radius. Der Schnittpunkt des Kreises mit der Kathete AC sei E, der mit der Hypotenuse AB sei F. Fälle das Lot von C auf AB mit dem Lotfußpunkt H und verlängere AC zu D. ◄

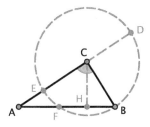

Es gilt: $AD : AB = AF : AE$

$$\Rightarrow (b + a) : c = (c - 2 \cdot HB) : (b - a)$$

$$\Rightarrow (b + a) : c = \left(c - 2 \cdot \frac{a^2}{c}\right) : (b - a)$$

$$\Rightarrow b^2 - a^2 = c^2 - 2a^2$$

$$\Rightarrow c^2 = a^2 + b^2$$

qed.

Beweis 72

Zeichne einen Kreis mit C als Mittelpunkt und BC als Radius. Der Schnittpunkt des Kreises mit der Kathete AC sei E, der mit der Hypotenuse AB sei F. Fälle das Lot von C auf AB mit dem Lotfußpunkt H und ergänze CF. Verlängere AC zu D. ◄

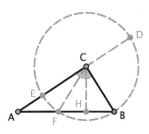

Es gilt: $AF \cdot AB = AE \cdot AD$

$$\Rightarrow (AB - 2 \cdot BH) \cdot AB = (AC - CE) \cdot (AC + CD) = (AC - CB) \cdot (AC + CB)$$

$$\Rightarrow AB^2 - 2 \cdot BH \cdot AB = AC^2 - CB^2$$

Da $\triangle$ ABC und $\triangle$ HBC ähnlich sind, gilt BH : BC $=$ BC : AB

$$\Rightarrow BH \cdot AB = BC^2$$
$$\Rightarrow 2 \cdot BH \cdot AB = 2 \cdot BC^2$$

Insgesamt folgt also: $AB^2 - 2 \cdot BH \cdot AB = AB^2 - 2 \cdot BC^2 = AC^2 - CB^2$

$$\Rightarrow AB^2 = AC^2 + CB^2$$
$$\Rightarrow c^2 = a^2 + b^2$$

qed.

Beweis 73

Zeichne einen Kreis mit B als Mittelpunkt und BC als Radius. Der Schnittpunkt mit der Hypotenuse AB sei E. Verlängere AB zu D. ◄

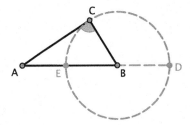

Es gilt: AE : AC $=$ AC : AD

$$\Rightarrow AC^2 = AE \cdot AD = AE \cdot (AB + BD) = AE \cdot (AB + BC) = AE \cdot AB + AE \cdot BC$$
$$\Rightarrow AC^2 + BC^2 = AE \cdot AB + AE \cdot BC + BC^2 = AE \cdot AB + BC \cdot (AE + BC)$$
$$= AE \cdot AB + BC \cdot AB$$
$$= AB \cdot (AE + BC) = AB^2$$
$$\Rightarrow c^2 = a^2 + b^2$$

qed.

Beweis 74

Zeichne einen Kreis mit C als Mittelpunkt und BC als Radius. Der Schnittpunkt mit der Kathete AC sei L, der mit der Hypotenuse AB sei F. Verlängere AC zu H und ergänze LB und FH. E sei Mittelpunkt von AB. Verbinde E mit C und verlängere EC zu D und CE zu G. Ergänze FG und DB.[10] ◄

---

[10]Aus der Konstruktion folgt, dass E entweder zwischen A und F, auf F oder zwischen F und B liegt. Es ergeben sich also drei Fälle. Die Untersuchung eines Falls – E ist Mittelpunkt von AB und liegt also zwischen F und B – soll hier ausreichen.

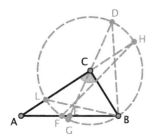

$\triangle$ AFH und $\triangle$ ALB sind ähnlich, daher gilt: AB : AH = AL : AF

$$\Rightarrow \; c : (b + a) = (b - a) : AF$$

$$\Rightarrow \; AF = \frac{b^2 - a^2}{c}$$

$\triangle$ FGE und $\triangle$ BDE sind ähnlich, daher gilt: BE : GE = DE : FE

$$\Rightarrow \; \frac{\frac{1}{2}c}{a - \frac{1}{2}c} = \frac{a + \frac{1}{2}c}{FE}$$

$$\Rightarrow \; FE = \frac{a^2 - \frac{1}{4}c^2}{\frac{1}{2}c}$$

Also folgt: $AF + FE = \dfrac{b^2 - a^2}{c} + \dfrac{a^2 - \frac{1}{4}c^2}{\frac{1}{2}c}$

$$\Rightarrow \frac{1}{2}c = \frac{a^2 + b^2 - \frac{1}{2}c^2}{c}$$

$$\Rightarrow c^2 = a^2 + b^2$$

qed.

Beweis 75

Konstruiere F so, dass CF = CB. Ergänze BF und zeichne mit B als Mittelpunkt und BF als Radius r den Halbkreis DEG, wobei G der Schnittpunkt des Halbkreises mit AB sei, E und D seien die Schnittpunkte der Verlängerungen von AC bzw. AB mit dem Halbkreis. Ergänze FG, DE und BE. Es sei AG = x, AF = y, FC = CB = a. ◄

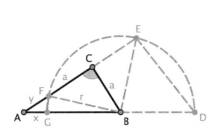

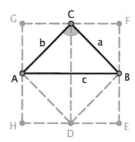

$\triangle$ AGF und $\triangle$ ADE sind ähnlich (Abb. 1), daher gilt: AG : AF=AE : AD

$$\Rightarrow x : y = (y + 2a) : (x + 2r)$$

$$\Rightarrow x^2 + 2rx = y^2 + 2ay \qquad (1)$$

Wenn nun aber $\triangle$ ABC gleichschenklig ist (Abb. 2), d. h. CA=CB, dann ist

$$\square\, GE = \square\, CB + 4 \cdot \triangle\, ACG \Rightarrow c^2 = a^2 + b^2.$$

Im allgemeinen Fall (Abb. 1) gilt daher, weil $\triangle$ FBC gleichschenklig ist:

$$BF = BG \Rightarrow BG^2 = CB^2 + CF^2 \Rightarrow r^2 = a^2 + a^2 \qquad (2)$$

Addition der Gleichungen (1) und (2) ergibt:

$$x^2 + 2rx + r^2 = y^2 + 2ay + a^2 + a^2$$
$$\Rightarrow (x + r)^2 = (y + a)^2 + a^2$$
$$\Rightarrow c^2 = a^2 + b^2$$

qed.

Beweis 76

O sei Mittelpunkt der Hypotenuse AB und Mittelpunkt des Kreises ABC. Errichte in O eine Senkrechte, der Schnittpunkt mit dem Kreis sei D. Ergänze DA und DB, verlängere DA zu F und CB zu G, so dass AF=AC und BG=BD. Ergänze DG und CF. Der Schnittpunkt von DG und AC sei R, der mit AB sei Q. Der Schnittpunkt von CF und DB sei S, der mit AB sei P. ◀

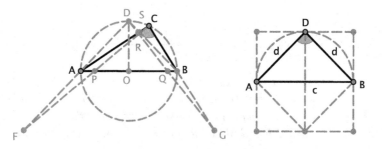

Es sei DA=DB=d.

$\triangle$ AFC, $\triangle$ DGB sind gleichschenklig nach Kostruktion.

$\triangle$ ARD ist gleichschenklig, da $\angle DRA = \angle ADR$, $\triangle$ SBC ist gleichschenklig, da $\angle BSC = \angle SCB$

$$\Rightarrow AR = AD = d \text{ und } BC = BS = a$$

$$\Rightarrow CR = AC - AR = b - d \text{ und } DS = DB - BS = d - a$$

Für $\triangle$ FSD und $\triangle$ GCR gilt:

$\angle FDS = \angle RCG = 90°$. Außerdem ist $\angle CBS = \angle RAD$, da beide Winkel unter arc CD liegen $\Rightarrow \angle CGR = \angle SFD$ und $\angle GRC = \angle DSF \Rightarrow \triangle$ FSD und $\triangle$ GCR sind gleichwinklig, also ähnlich.

Nun gilt:

$$\frac{CR}{CG} = \frac{DS}{DF} \Rightarrow \frac{b - d}{d + a} = \frac{d - a}{d + b} \Rightarrow b^2 - d^2 = d^2 - a^2 \Rightarrow a^2 + b^2 = 2d^2$$

Wegen $2d^2 = c^2$ folgt (vgl. Abb. 2):

$$c^2 = a^2 + b^2$$

qed.

Beweis 77

ABC sei ein beliebiges, nicht-rechtwinkliges Dreieck mit den Höhen AE, BF und CD. Konstruiere mit den Dreiecksseiten als Durchmesser die Kreise CDB, ADC und BEA. ◄

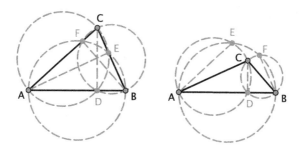

Es gilt: $AB \cdot AD = AC \cdot AF$, $BA \cdot BD = BC \cdot BE$ und $CA \cdot CF = CB \cdot CE$

$$\Rightarrow AB \cdot AD + BA \cdot BD = AB \cdot (AD + BD) = AB^2$$

Ebenso: $AB \cdot AD + BA \cdot BD = AC \cdot AF + BC \cdot BE = AC^2 \pm CA \cdot CF + BC^2 \pm CB \cdot CE$

$$= AC^2 + BC^2 \pm 2 \cdot CA \cdot CF \text{ (bzw. } \pm 2 \cdot CB \cdot CE)$$

Wenn $\angle ACB < 90°$ (Abb. 1), dann wird der letzte Term in der Gleichung subtrahiert.

Ist $\angle ACB > 90°$ (Abb. 2), wird er addiert.

Wenn nun aber $\angle ACB = 90°$, dann gilt: $2 \cdot CA \cdot CF = 0$ (bzw. $2 \cdot CB \cdot CE = 0$), da $CF = CE = 0$.

Es folgt für das rechtwinklige Dreieck also:

$$AB \cdot AD + BA \cdot BD = AC^2 + BC^2$$
$$\Rightarrow AB^2 = AC^2 + BC^2$$
$$\Rightarrow c^2 = a^2 + b^2$$

qed.

Beweis 78

Errichte das Quadrat AK über der Hypotenuse AB. Die Verlängerungen von KH und CA schneiden sich in M. Ergänze das Rechteck MB. BF sei parallel, HN und AD senkrecht zu CM. Errichte mit HA als Durchmesser den Halbkreis ANH. Es sei MN = x. ◀

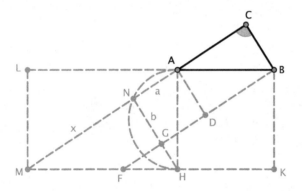

Pgm. MFBA $= \Box$ AK, außerdem gilt: Pgm. MFBA $= BF \cdot AD$, also:

$$\Box\, AK = BF \cdot AD \;\Rightarrow\; c^2 = (a + x) \cdot a \tag{1}$$

In $\triangle$ MHA ist HN die mittlere Proportionale von AN und NM

$$\Rightarrow NH^2 = AN \cdot NM$$

$$\Rightarrow b^2 = a \cdot x \tag{2}$$

Subtrahiere (1) − (2):

$$\Rightarrow c^2 - b^2 = a^2 + a \cdot x - a \cdot x = a^2$$
$$\Rightarrow c^2 = a^2 + b^2$$

qed.

2.3.3 Kreise und Tangenten

Beweis 79

Fälle das Lot durch C auf AB mit dem Lotfußpunkt H. Konstruiere mit dem Radius CH um C den Kreis HEF. Der Schnittpunkt des Kreises mit CB sei D, mit CA sei G. Ergänze CE, FE, DH, EH, FH und GH. ◄

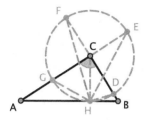

$\triangle$ AHG und $\triangle$ AHE sind ähnlich und es gilt: AH : AE $=$ AG : AH

$$\Rightarrow \text{AH} : (b + r) = (b - r) : \text{AH}$$

$$\Rightarrow \text{AH}^2 = b^2 - r^2 \tag{1}$$

In gleicher Weise erhält man aus den ähnlichen Dreiecken $\triangle$ HBD und $\triangle$ BFH die Gleichung:

$$\text{BH}^2 = a^2 - r^2 \tag{2}$$

$\triangle$ BCH und $\triangle$ CAH sind rechtwinklig und ähnlich und es gilt:

$$\text{BH} \cdot \text{AH} = \text{CH}^2 = r^2 \Rightarrow 2 \cdot \text{BH} \cdot \text{AH} = 2 \cdot r^2 \tag{3}$$

Addiere (1), (2) und (3):

$$\text{AH}^2 + \text{BH}^2 + 2 \cdot \text{BH} \cdot \text{AH} = b^2 - r^2 + a^2 - r^2 + 2 \cdot r^2$$
$$\Rightarrow (\text{AH} + \text{BH})^2 = b^2 + a^2$$
$$\Rightarrow c^2 = a^2 + b^2$$

qed.

Beweis 80

Konstruiere die Winkelhalbierende von $\angle$CBA, der Schnittpunkt mit der Kathete AC sei O. Fälle das Lot von O auf AB mit dem Lotfußpunkt H und zeichne den Kreis HCD um O mit dem Radius OH. Der Schnittpunkt des Kreises mit der Kathete AC sei D. Ergänze DH und HC. ◄

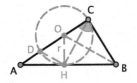

$\triangle$ AHD und $\triangle$ AHC sind ähnlich. Es gilt: AH : AC = AD : AH

$$\Rightarrow (c-a) : b = (b-2r) : (c-a)$$

$$\Rightarrow (c-a)^2 = b^2 - 2br$$

Addiere a^2 auf beiden Seiten der Gleichung:

$$(c-a)^2 + a^2 = b^2 - 2br + a^2$$

$$\Rightarrow (c-a)^2 + 2br + a^2 = a^2 + b^2 \qquad (1)$$

$\triangle$ ABC und $\triangle$ AHO sind ebenfalls ähnlich und es gilt: AH : AC = OH : CB

$$\Rightarrow (c-a) : b = r : a$$

$$\Rightarrow (c-a) \cdot a = br \qquad (2)$$

(2) in (1) eingesetzt ergibt:

$$\Rightarrow (c-a)^2 + 2 \cdot a \cdot (c-a) + a^2 = a^2 + b^2$$

$$\Rightarrow c^2 - 2ac + a^2 + 2ac - 2a^2 + a^2 = a^2 + b^2$$

$$\Rightarrow c^2 = a^2 + b^2$$

qed.

Beweis 81

O sei Mittelpunkt von AB. Zeichne einen Kreis um O, der BC berührt. Der Berührungspunkt sei H. Die Schnittpunkte des Kreises mit AB seien D und E. Ergänze OH, DH und EH. ◀

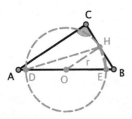

$\triangle$ BHE und $\triangle$ BHD sind ähnlich. Es gilt: BH : BD = BE : BH

$$\Rightarrow BH^2 = BD \cdot BE = (BO + OD) \cdot BE = (BO + OH) \cdot BE$$

$\triangle$ OBH und $\triangle$ ABC sind ähnlich und es gilt: BO : AB = OH : AC

$$\Rightarrow \frac{BO}{c} = \frac{r}{b}$$
$$\Rightarrow BO = \frac{c \cdot r}{b}$$

Ebenso gilt: BH : BC = OH : AC

$$\Rightarrow BH = \frac{OH \cdot BC}{AC} = \frac{a \cdot r}{b}$$

Es folgt:

$$BH^2 = (BO + OH) \cdot BE$$
$$\Rightarrow \frac{a^2 \cdot r^2}{b^2} = \left(\frac{c \cdot r}{b} + r\right) \cdot BE = \left(\frac{c \cdot r + b \cdot r}{b}\right) \cdot (BO - OH)$$
$$= \left(\frac{c \cdot r + b \cdot r}{b}\right) \cdot \left(\frac{c \cdot r - b \cdot r}{b}\right)$$
$$= \frac{c^2 \cdot r^2 - b^2 \cdot r^2}{b^2}$$
$$\Rightarrow a^2 \cdot r^2 = c^2 \cdot r^2 - b^2 \cdot r^2$$
$$\Rightarrow c^2 = a^2 + b^2$$

qed.

Beweis 82[11]

Konstruiere einen Kreis um A mit dem Radius AC. Der Schnittpunkt des Kreises mit AB sei H. Verlängere BA zu D und ergänze CH und CD. ◄

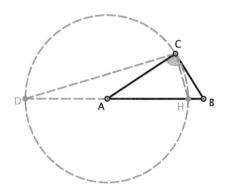

---

[11]Bei diesem Beweis handelt es sich um einen Spezialfall des Beweises 81, bei dem O und A zusammenfallen.

$\triangle$ BCH und $\triangle$ BCD sind ähnlich. Es gilt: BH : BC = BC : BD

$$\Rightarrow (c - b) : a = a : (c + b)$$
$$\Rightarrow c^2 - b^2 = a^2$$
$$\Rightarrow c^2 = a^2 + b^2$$

qed.

Beweis 83

O sei Mittelpunkt von AB. Zeichne einen Kreis um O, der BC berührt. Der Berührungspunkt sei P. Die Schnittpunkte des Kreises mit AB seien F und G, der Schnittpunkt mit AC sei E. Ergänze PO. ◄

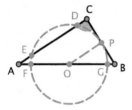

Angenommen BC<AC.

Da CP Tangente und CE Sekante des Kreises sind, gilt der Sekanten – Tangenten – Satz:

$$CP^2 = CE \cdot CD = AD \cdot AE = AG \cdot AF = BF \cdot BG = BP^2$$

Analog zur Argumentation in Beweis 81 folgert man nun:

$$\Rightarrow c^2 = a^2 + b^2$$

qed.

Beweis 84

Zeichne um O als Mittelpunkt – O liege auf AB – einen Kreis, der BC in P und AC in T berührt. Die Schnittpunkte des Kreises mit AB seien E und F. Ergänze OC, OP, OT, EP und FP. Errichte in O eine Senkrechte, welche AC in D schneidet. ◄

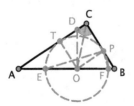

Es gilt:

$$AT^2 = AE \cdot AF = AO^2 - EO^2 = AO^2 - TC^2 \qquad (1)$$

Ebenso gilt:

$$BP^2 = BF \cdot BE = BO^2 - FO^2 = BO^2 - CP^2 \qquad (2)$$

$\triangle$ AOT und $\triangle$ AOD sind ähnlich, deshalb gilt:

$$AO : OT = AD : OD \Rightarrow AO \cdot OD = OT \cdot AD$$

Da OD $=$ OB, OT $=$ TC $=$ CP und AD $=$ AT $+$ TD $=$ AT $+$ BP ist, gilt:

$$AT \cdot TC + CP \cdot BP = AO \cdot BP \Rightarrow AT \cdot TC + CP \cdot BP = AO \cdot OB \qquad (3)$$

Addition von (1), (2) und $2 \cdot$ (3) ergibt:

$$AT^2 + BP^2 + 2 \cdot AT \cdot TC + 2 \cdot CP \cdot BP = AO^2 - TC^2 + BO^2 - CP^2 + 2 \cdot AO \cdot OB$$
$$\Rightarrow AT^2 + 2 \cdot AT \cdot TC + TC^2 + BP^2 + 2 \cdot BP \cdot CP + CP^2 = AO^2 + 2 \cdot AO \cdot OB + BO^2$$
$$\Rightarrow (AT + TC)^2 + (BP + CP)^2 = (AO + OB)^2$$
$$\Rightarrow c^2 = a^2 + b^2$$

qed.

Beweis 85

Zeichne BH parallel zu CA mit BH $=$ 2 BC. O sei der Mittelpunkt von BH. Zeichne einen Kreis um O mit Radius OB. Der Berührungspunkt mit AC sei E, der Schnittpunkt mit AB sei D. Ergänze DH. ◀

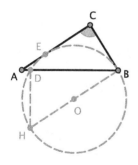

$\triangle$ ABC und $\triangle$ BDH sind ähnlich, deshalb gilt: BD : AC $=$ BH : AB

$$\Rightarrow BD : b = 2a : c$$
$$\Rightarrow BD = \frac{2ab}{c}$$

Nach dem Sekanten – Tangenten – Satz gilt: $AE^2 = AB \cdot AD$

$$\Rightarrow (b - a)^2 = c \cdot (c - BD)$$

$$\Rightarrow BD = c - \frac{(b - a)^2}{c}$$

Insgesamt folgt:

$$\frac{2ab}{c} = c - \frac{(b - a)^2}{c}$$

$$\Rightarrow 2ab = c^2 - b^2 + 2ab - a^2$$

$$\Rightarrow c^2 = a^2 + b^2$$

qed.

Beweis 86

O sei Schnittpunkt der drei Winkelhalbierenden des Dreiecks ABC. Zeichne um O einen Kreis, welcher BC in D, AC in E und AB in H berührt. Ergänze OH, OD und OE. ◀

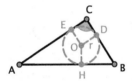

Es gilt:

$$c = AB = AH + HB = AE + BD = b - r + a - r = a + b - 2r$$

$$\Rightarrow c + 2r = a + b$$

$$\Rightarrow (c + 2r)^2 = (a + b)^2$$

$$\Rightarrow c^2 + 4cr + 4r^2 = a^2 + 2ab + b^2$$

Nun ist aber $4cr + 4r^2 = 2ab$, denn:

$$\triangle ABC = \triangle ABO + \triangle BCO + \triangle CAO = \frac{1}{2} \cdot cr + \frac{1}{2} \cdot ar + \frac{1}{2} \cdot br$$

$$\Rightarrow cr + ar + br = 2 \cdot \triangle ABC$$

Außerdem ist $\triangle ABC = \frac{1}{2} \cdot ab$, da $\triangle ABC$ rechtw. ist.

Also : $ab = cr + ar + br = cr + r \cdot (a + b) = cr + r \cdot (c + 2r) = 2cr + 2r^2$

$$\Rightarrow 4cr + 4r^2 = 2ab$$

Insgesamt folgt damit:

$$\Rightarrow\ c^2 + 4cr + 4r^2 = a^2 + 2ab + b^2$$
$$\Rightarrow\ c^2 + 2ab = a^2 + 2ab + b^2$$
$$\Rightarrow\ c^2 = a^2 + b^2$$

qed.

Beweis 87

Zeichne BG parallel zu CA mit BG=CA und ergänze AG. O sei der Schnittpunkt der drei Winkelhalbierenden. Fälle die Lote von O auf AC, CB und AB mit den Lotfußpunkten E, D und H. Zeichne DF und EK durch O und parallel zu AC bzw. BC. Die Schnittpunkte von DF und EK mit AB seien M bzw. L. Es sei AE=AH=p, BD=BH=q, CE=CD=r. ◄

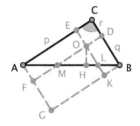

Es gilt:

$$a = q + r,\ b = p + r,\ c = p + q.$$
$$\triangle\ FMA = \triangle\ OMH\ \text{und}\ \triangle\ HLO = \triangle\ LKB$$
$$\Rightarrow \triangle\ AGB =\ \text{Re. FGKO} = \triangle\ ABC = \frac{1}{2}\ \text{Re. CG}$$

Daher gilt : Re. FGKO = Re. AFOE + □ ED + Re. OKBD

$$\Rightarrow\ pq = pr + r^2 + qr$$
$$\Rightarrow 2pq = 2pr + 2r^2 + 2qr$$

Also: $(p + q)^2 = p^2 + 2pq + q^2 = p^2 + 2pr + 2r + 2qr + q^2$
$$= p^2 + 2pr + r^2 + q^2 + 2qr + r^2$$
$$= (p + r)^2 + (q + r) = b^2 + a^2$$
$$\Rightarrow\ c^2 = a^2 + b^2$$

qed.

Beweis 88

Fälle das Lot durch C auf AB mit dem Lotfußpunkt H. Konstruiere um den Mittelpunkt von CB einen Kreis mit dem Durchmesser CB und einen Kreis um den Mittelpunkt von AC mit dem Durchmesser AC. ◄

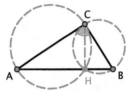

Δ ABC, Δ CHB und Δ AHC sind ähnlich

$$\Rightarrow c : b = b : AH$$

$$\Rightarrow c \cdot AH = b^2$$

Ebenso gilt:

$c : a = a : BH \Rightarrow c \cdot BH = a^2$

Es folgt: $c \cdot AH + c \cdot BH = b^2 + a^2$

Wegen $c \cdot AH + c \cdot BH = c \cdot (AH + BH) = c^2$ folgt:

$c^2 = a^2 + b^2$

qed.[12]

Beweis 89

Zeichne einen Kreis um B mit Radius BC und einen Kreis um A mit Radius AC. Die Schnittpunkte beider Kreise mit AB seien D bzw. E. Verlängere AB zu F und BA zu H. Ergänze DC, EC, HC und FC. ◄

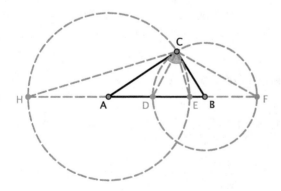

---

[12]Eine alternative Argumentation ist:

$CA^2 = AH \cdot AB$ und $CB^2 = BH \cdot BA \Rightarrow CA^2 + CB^2 = AH \cdot AB + BH \cdot AB = (AH + BH) \cdot AB$

$= AB^2 \Rightarrow c^2 = a^2 + b^2$.

$\triangle$ AFC und $\triangle$ ADC sind ähnlich. Es gilt: AF : AC $=$ AC : AD

$$\Rightarrow\ AC^2 = b^2 = AF \cdot AD$$

Auch $\triangle$ HBC und $\triangle$ CEB sind ähnlich. Es gilt: HB : CB $=$ CB : BE

$$\Rightarrow CB^2 = a^2 = HB \cdot BE$$

Durch Addition erhält man:

$$a^2 + b^2 = HB \cdot BE + AF \cdot AD = (c+b) \cdot (c-b) + (c+a) \cdot (c-a) = c^2 - b^2 + c^2 - a^2$$
$$\Rightarrow 2c^2 = 2a^2 + 2b^2$$
$$\Rightarrow\ c^2 = a^2 + b^2$$

qed.

Beweis 90

Es gelten die Voraussetzungen von Beweis 89. ◄

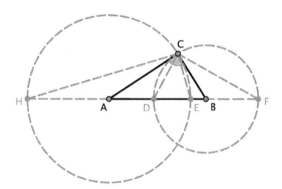

Nach dem Sekanten–Tangenten–Satz gilt:

$$AC^2 = AD \cdot AF = AD \cdot (AB + BF) = AD \cdot (AB + BC) \text{ und}$$
$$BC^2 = BE \cdot BH = BE \cdot (BA + AH) = BE \cdot (BA + AC)$$

Durch Addition erhält man:

$BC^2 + AC^2$

$= BE \cdot (BA + AC) + AD \cdot (AB + BC)$

$= BE \cdot BA + BE \cdot AC + AD \cdot AB + AD \cdot BC$

$= AB \cdot (BE + AD) + AD \cdot BC + BE \cdot AC + BE \cdot AB - BE \cdot AB$ ∥ Nulladdition

$= AB \cdot (BE + AD) + AD \cdot BC + BE \cdot (AC + AB) - BE \cdot AB$

$= AB \cdot (BE + AD) + AD \cdot BC + BE \cdot (AC + AE + BE) - BE \cdot AB$ ∥ da $AB = AE + BE$

$= AB \cdot (BE + AD) + AD \cdot BC + BE \cdot (BE + 2 \cdot AC) - BE \cdot AB$ ∥ da $AE = AC$

$= AB \cdot (BE + AD) + AD \cdot BC + BE^2 + 2 \cdot BE \cdot AC - BE \cdot AB$

$= AB \cdot (BE + AD) + AD \cdot BC + BE^2 + 2 \cdot BE \cdot AE - BE \cdot (AD + BD)$ ∥ da AB

$= AD + BD$ und $AE = AC$

$= AB \cdot (BE + AD) + AD \cdot BC + BE^2 + 2 \cdot BE \cdot AE - BE \cdot AD + BE \cdot BD$

$= AB \cdot (BE + AD) + AD \cdot BC + BE \cdot (BE + 2 \cdot AE) - BE \cdot (AD + BD)$

$= AB \cdot (BE + AD) + AD \cdot BC + BE \cdot (AB + AC) - BE \cdot (AD + BD)$ ∥ da $BE + AE = AB$ und AE

$= AC$

$= AB \cdot (BE + AD) + AD \cdot BC + BE \cdot BH - BE \cdot (AD + BD)$ ∥ da $BH = AB + AH$

$= AB + AC$

$= AB \cdot (BE + AD) + AD \cdot BC + BC^2 - BE \cdot (AD + BD)$

$= AB \cdot (BE + AD) + AD \cdot BD + BD^2 - BE \cdot (AD + BD)$ ∥ da $BC = BD$

$= AB \cdot (BE + AD) + (AD + BD) \cdot (BD - BE)$

$= AB \cdot (BE + AD) + AB \cdot DE$

$= AB \cdot (BE + AD + DE)$

$= AB^2$

$\Rightarrow c^2 = a^2 + b^2$

qed.

Beweis 91

Es gelten die Voraussetzungen von Beweis 89. ◄

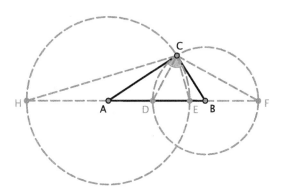

$\triangle$ AFC und $\triangle$ ADC sind ähnlich. Daher gilt: $\frac{AC}{AD} = \frac{AF}{AC}$.

Wegen AC$=$AH$=$AE folgt:

$$\frac{AH}{AD} = \frac{AF}{AE} \Rightarrow \frac{AH}{AD} + \frac{AD}{AD} = \frac{AF}{AE} + \frac{AE}{AE} \Rightarrow \frac{AH + AD}{AD} = \frac{AF + AE}{AE}$$

$$\Rightarrow \frac{AH + AD}{AF + AE} = \frac{AD}{AE} \Rightarrow \frac{HD}{HF} = \frac{AD}{AE}$$

Außerdem gilt:

$$\frac{AH}{AD} = \frac{AF}{AE} \Rightarrow \frac{AH}{AD} - \frac{AD}{AD} = \frac{AF}{AE} - \frac{AE}{AE} \Rightarrow \frac{AH - AD}{AD} = \frac{AF - AE}{AE}$$

$$\Rightarrow \frac{AH - AD}{AF - AE} = \frac{AD}{AE} \Rightarrow \frac{DE}{EF} = \frac{AD}{AE}$$

Also: $\dfrac{HD}{HF} = \dfrac{DE}{EF}$

$\Rightarrow \dfrac{c + b - a}{c + b + a} = \dfrac{a - c + b}{a + c - b}$

$\Rightarrow (c + b - a) \cdot (a + c - b) = (a - c + b) \cdot (c + b + a)$

$\Rightarrow ac + c^2 - bc + ab + bc - b^2 - a^2 - ac + ab = ac + ab + a^2 - c^2 - bc - ac + bc + b^2 + ab$

$\Rightarrow c^2 - b^2 - a^2 + 2ab = a^2 + b^2 - c^2 + 2ab$

$\Rightarrow c^2 = a^2 + b^2$

qed.

2.4   Verhältnisse von Flächen

Beweis 92

Fälle das Lot durch C auf AB mit dem Lotfußpunkt H. Es sei AH=x, BH=y, CH=z.
◄

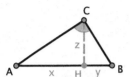

$\triangle$ ABC, $\triangle$ AHC und $\triangle$ BCH sind ähnlich.

Da ähnliche Dreiecke proportional sind zu den Quadraten ihrer entsprechenden Seitenlängen, gilt:

$$\frac{\frac{1}{2}(x+y)\cdot z}{\frac{1}{2}yz}=\frac{c^2}{a^2}\Leftrightarrow\frac{\frac{1}{2}\,yz}{\frac{1}{2}\,xz}=\frac{a^2}{b^2}\Leftrightarrow\frac{\frac{1}{2}(x+y)\cdot z}{\frac{1}{2}\,yz}=\frac{\frac{1}{2}\,xz+\frac{1}{2}\,yz}{\frac{1}{2}\,yz}=\frac{b^2+a^2}{a^2}$$

$$\Rightarrow\frac{c^2}{a^2}=\frac{a^2+b^2}{a^2}$$

$$\Rightarrow c^2=a^2+b^2$$

qed.

Beweis 93

Fälle das Lot durch C auf AB mit dem Lotfußpunkt H. ◄

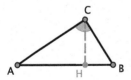

$\triangle$ ABC, $\triangle$ AHC und $\triangle$ BCH sind ähnlich, daher gilt:

$$\triangle\,AHC:\triangle\,BCH:\triangle\,ABC=AC^2:BC^2:AB^2$$

$$\Rightarrow(\triangle\,AHC+\triangle\,BCH):\triangle\,ABC=\left(AC^2+BC^2\right):AB^2$$

Da aber $(\triangle\,AHC+\triangle\,BCH):\triangle\,ABC=1$ gilt, ist auch $\left(AC^2+BC^2\right):AB^2=1$

$$\Rightarrow AB^2=AC^2+BC^2$$

$$\Rightarrow c^2=a^2+b^2$$

qed.

Beweis 94

Spiegle C an AB zu C' und ergänze CC'. Der Schnittpunkt von CC' und AB sei P.
Ergänze BC' und AC'. Spiegle P an BC zu K und an AC zu L. Ergänze PK, PL, BK,
LA und KL. ◀

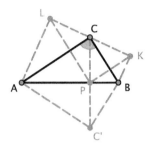

△ ABC und △ ABC' sind kongruent, ebenso △ ACL und △ APC sowie △ BKC und
△ BCP.
Es gilt: △ ABC = △ BCP + △ APC = △ BKC + △ ACL

$$\Rightarrow \triangle ABC : \triangle BKC : \triangle ACL = c^2 : a^2 : b^2$$
$$\Rightarrow \triangle ABC : (\triangle BKC + \triangle ACL) = c^2 : \left(a^2 + b^2\right)$$
$$\Rightarrow 1 = c^2 : \left(a^2 + b^2\right)$$
$$\Rightarrow c^2 = a^2 + b^2$$

qed.

Beweis 95

Errichte in A und B jeweils eine Senkrechte zu AB und zeichne durch C eine Parallele
zu AB, welche die beiden Senkrechten in D und E schneidet. Zeichne AH parallel zu
CB mit AH = CB und ergänze HB. Es sei △ ACD = y, △ BEC = x und △ AHB = z. ◀

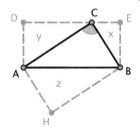

△ ACD, △ BEC und △ AHB sind ähnlich und es gilt:
$z : x : y = c^2 : a^2 : b^2$. Da aber offensichtlich $z = x + y$ ist, folgt:

$$c^2 = a^2 + b^2$$

qed.

Beweis 96

Konstruiere über den Seiten AC, BC und AB die Quadrate CG, BE und AK. Fälle das Lot von C auf AB mit dem Lotfußpunkt L und verlängere CL zu H. ◀

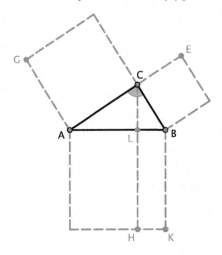

△ ABC, △ BCL und △ ALC sind ähnlich.

Da ähnliche Dreiecke proportional sind zu den Quadraten ihrer entsprechenden Seitenlängen, gilt:

$$\triangle \text{ABC} : \triangle \text{BCL} : \triangle \text{ALC} = c^2 : a^2 : b^2 = \square\,\text{AK} : \square\,\text{BE} : \square\,\text{CG}$$

Da aber $\triangle \text{ABC} = \triangle \text{BCL} + \triangle \text{ALC}$ ist, folgt : $\square\,\text{AK} = \square\,\text{BE} : \square\,\text{CG}$

$$\Rightarrow c^2 = a^2 + b^2$$

qed.

Beweis 97

Es gelten die Voraussetzungen von Beweis 96. ◀

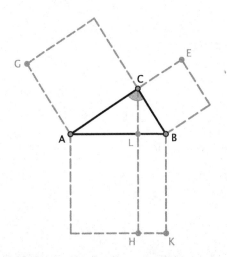

Es gilt: $BC^2 = BA \cdot BL = Re.\, LK$.

Ebenso gilt: $AC^2 = AB \cdot AL = Re.AH$.

Also: $\square\, AK = Re.\, LK + Re.\, AH = \square\, BE + \square\, CG \Rightarrow c^2 = a^2 + b^2$

qed.

2.5   Grenzwerte

Beweis 98[13]

Das Dreieck ABC sei gleichschenklig. Errichte über den Seiten AC, BC und AB die Quadrate CD, CH und AF. Ergänze AF, BE, KB und GA. ◀

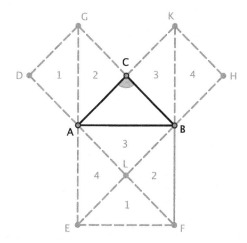

Da $\triangle\, 1$, $\triangle\, 2$, $\triangle\, 3$ und $\triangle\, 4$ alle denselben Flächeninhalt haben, gilt $\square\, AF = \square\, CH + \square\, CD$.

$\Rightarrow c^2 = a^2 + b^2$, wobei in diesem Spezialfall a = b ist.

qed.

---

[13]Eine besonders einfache Version des pythagoreischen Lehrsatzesliegt vor, wenn das zentrale rechtwinklige Dreieck gleichschenklig ist. Die zu diesem Beweis gehörende Figur beschreibt die Lösung der Quadratverdopplung, ein Problem, welches Sokrates dem niemals in Geometrie unterrichteten Sklaven des Menon im berühmten (von Platon verfassten) „Menon-Dialog" vorlegt. Dieses älteste uns bekannte Unterrichtsgespräch steht exemplarisch für die Mäeutik Sokrates'. Es mündet in der Feststellung Sokrates', dass es sich bei allem Wissen um Erinnerung handle und die Seele das Wissen aus einer früheren Existenz mitbringe.

Beweis 99

Beginne mit der Figur aus Beweis 98. Halte die Länge der Hypotenuse AB konstant und verkürze die Kathete AC, wodurch BC länger wird. Gleichzeitig wird das Quadrat CD kleiner und das Quadrat CH größer.

Verlängere für den zweiten Teil des Beweises AB zu Q mit BQ=BC und zeichne einen Halbkreis um B mit dem Radius BC. Der Schnittpunkt mit AB sei T. ◄

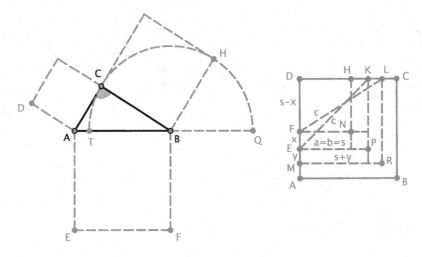

Es soll nun gezeigt werden, dass die Fläche der beiden variablen Quadrate CD und CH der Fläche des konstanten Quadrats AF zusammen gleich ist.

Die Kathete AC in der Figur aus Beweis 98 werde um x verkleinert, die Kathete CB um y verlängert. Die Hypotenuse AB bleibt unverändert. In der zweiten abgebildeten Figur entspricht die um x verkleinerte Kathete AH der Strecke DF ($= s - x$), die um y verlängerte Kathete CB der Strecke DL ($= s+y$).

Nun gilt:

> Wenn $a = b$, dann gilt $a^2 + b^2 = 2 \cdot \square\, DP$
>
> Wenn (o.B.d.A.) $a < b$ ist, gilt $(s - x)^2 = \square\, DN$ und $(s + y)^2 = \square\, DR$

Nun muss gezeigt werden, dass $-2sx + x^2 + 2sy + y^2 = 0$ bzw.
$2sx - x^2 = 2sy + y^2$ ist, da $(s - x)^2 + (s + y)^2 = s^2 - 2sx + x^2 + s^2 + 2sy + y^2$

Dies folgt nun aus dem Sekanten–Tangenten–Satz. Denn danach gilt:

$$AC^2 = AT \cdot AQ$$
$$\Rightarrow (s - x)^2 = (c - (s + y)) \cdot (c + (s + y))$$
$$\Rightarrow s^2 - 2sx + x^2 = c^2 - (s + y)^2$$
$$\Rightarrow s^2 - 2sx + x^2 = c^2 - s^2 - 2sy - y^2$$
$$\text{Da } c^2 = 2s^2 \text{ folgt}: 2sx - x^2 = 2sy + y^2$$

D. h., dass die Fläche, um die a^2 $(= \square\,DP)$verkleinert wird, nämlich $2sx - x^2$, der Fläche, um die b^2 vergrößert wird, nämlich $2sy + y^2$, gleich ist.

Ab– und Zunahme gleichen sich daher immer aus.

Für alle drei möglichen Fälle $(a < b,\ a = b,\ a > b)$ folgt also:

$$c^2 = a^2 + b^2$$

qed.

2.6 Algebraisch-Geometrische Beweise

Beweis 100

Konstruiere über AC, BC und AB die Quadrate CK, CG und AH, wobei AH das Dreieck ABC überdecken soll. Ergänze LH und verlängere LH zu E mit HE=BC. Ergänze EN. Der Schnittpunkt der Verlängerungen von KA und GB sei F. ◄

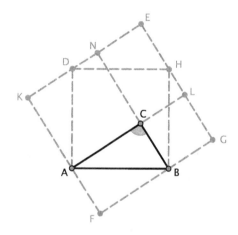

Es gilt: $\square\,FE = (a + b)^2$.

Da $\triangle$ ABC, $\triangle$ DHE, $\triangle$ ADK, $\triangle$ AFB und $\triangle$ BGH kongruent sind, gilt ebenso:

$$\square\,FE = \square\,AH + 4 \cdot \triangle\,ABC = c^2 + 4 \cdot \frac{ab}{2} = c^2 + 2ab$$

Also folgt: $c^2 + 2ab = (a + b)^2 = a^2 + 2ab + b^2 \;\Rightarrow\; c^2 = a^2 + b^2$

qed.

Beweis 101

Errichte über den Seiten AC, BC und AB die Quadrate AF, CP und AK. Ermittle mithilfe von Kreisbögen die Punkte D und E, so dass BD=BC und AE=AC, sowie die Punkte H und G, so dass BH=BE und AG=AD. Es sei AD=AG=x, CG=CH=y und BE=BH=z. Unterteile die Quadrate AF, CP und AK anschließend, wie in der Skizze angegeben und verlängere AB zu R mit BR=BP. ◄

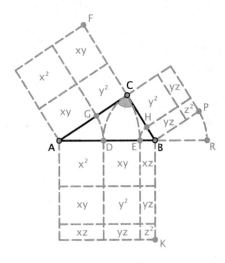

Es gilt: $\square\,AF = x^2+y^2+2xy,\ \square\,CP = y^2+z^2+2yz,\ \square\,AK = x^2+y^2+z^2+2xy+2xz+2yz$

$$\Rightarrow \square\,AK = \square\,AF + \square\,CP, \text{ wenn } y^2 = 2xz \text{ gilt. Dies ist also zu zeigen.}$$

Nach dem Sekanten – Tangenten – Satz gilt: $AC^2 = AR \cdot AD$, und wegen $AR = x + y + z + y + z$ sowie $AD = x$ folgt:

$$(x + y)^2 = (x + y + z + y + z) \cdot x = (x + 2y + 2z) \cdot x = x^2 + 2xy + 2xz$$
$$\Rightarrow x^2 + 2xy + y^2 = x^2 + 2xy + 2xz$$
$$\Rightarrow y^2 = 2xz$$

Also folgt:
$$\square\,AK = x^2 + 2xy + y^2 + 2xz + 2yz + z^2$$
$$= x^2 + 2xy + y^2 + y^2 + 2yz + z^2 = (x + y)^2 + (y + z)^2$$
$$= \square\,AF + \square\,CP$$
$$\Rightarrow c^2 = a^2 + b^2$$

qed.

Beweis 102

Konstruiere den Schnittpunkt H der drei Winkelhalbierenden, ergänze AH, CH und BH. Fälle die Lote von H auf AB, AC und BC mit dem den Lotfußpunkten P, J und Z. Errichte die Quadrate über den Dreiecksseiten und verlängere HP zu R, HJ zu T und HZ zu X. Wähle AN=AU=AP und BY=BP und zeichne UV parallel zu AC, NM parallel zu AB und SY parallel zu BC. Es sei AJ=AP=x, BZ=BP=BY=y, CZ=CJ=HJ=HZ=HP=z. ◀

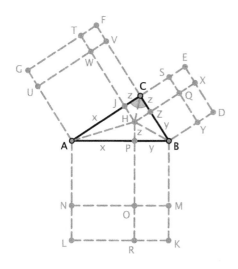

Es gilt:

$2 \cdot \Delta\, ABC = AC \cdot BC = (x + z) \cdot (y + z) = xy + xz + yz + z^2 = \text{Re. PM} + \text{Re. CW} + \text{Re. CQ} + \square\, SX$

Ebenso gilt:

$2 \cdot \Delta\, ABC = 2 \cdot \Delta\, APH + 2 \cdot \Delta\, BHP + \square\, CH = 2 \cdot AP \cdot HP + 2 \cdot BP \cdot HP + HZ^2$

$= 2xz + 2yz + 2z^2 = 2 \cdot \text{Re. CW} + 2 \cdot \text{Re. CQ} + 2 \cdot \square\, SX$

$\Rightarrow \text{Re. PM} + \text{Re. CW} + \text{Re. CQ} + \square\, SX = 2 \cdot \text{Re. CW} + 2 \cdot \text{Re. CQ} + 2 \cdot \square\, SX$

$\text{Re. PM} = \text{Re. CW} + \text{Re. CQ} + \square\, SX$

Wegen $\square\, SX = \square\, WF$ gilt nun :

$\square\, AK = \square\, AO + \square\, OK + 2\, \text{Re. PM} = \square\, AW + \square\, BQ + 2 \cdot (\text{Re. CW} + \text{Re. CQ} + \square\, SX)$

$= \square\, AW + 2\, \text{Re. CW} + \square\, WF + \square\, BQ + 2\, \text{Re. CQ} + \square\, SX = \square\, AF + \square\, CD$

$\Rightarrow c^2 = a^2 + b^2$

qed.

Beweis 103

Errichte über den Seiten AC, BC und AB die Quadrate AF, BE und AK. Wähle
CB=CE=CR=GS. Zeichne RU parallel zu CA und ST parallel zu CB. Ergänze UC.
Der Schnittpunkt der Verlängerungen von UC und BD sei P. Zeichne PQ parallel zu
BC mit PQ=BC. Ergänze EQ. Zeichne BH und LN parallel zu AC mit BH=LN=AC
sowie KO und AM parallel zu BC mit KO=AM=AC. ◄

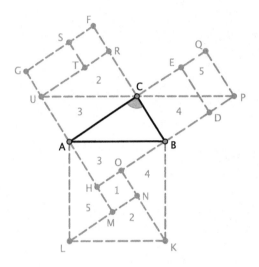

Es gilt: Re. GT=Re. EP und Re. RA=Re. QB

$\Rightarrow \triangle\,2 = \triangle\,3 = \triangle\,4 = \triangle\,5 = \triangle\,ABC$

$\Rightarrow \square\,AK = c^2 = 4 \cdot \triangle\,ABC + \square\,OM = 2ba + (b-a)^2 = 2ab + b^2 - 2ab + a^2 = b^2 + a^2$

$\Rightarrow c^2 = a^2 + b^2$

qed.

Beweis 104

Errichte über AB das Quadrat AK. Wähle AN=AQ=AC=b und KM=KR=BC=a.
Zeichne PM und QL parallel sowie OR und NS senkrecht zu AB. Verlängere AB zu J
mit BJ=BC und zeichne einen Halbkreis mit Radius BC um B. ◄

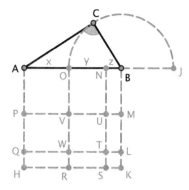

Es seien: $HR = c - a = x$, $SK = c - b = z$ und $RS = a + b - c = y$

$$\square\,AK = HK^2 = \square\,AT + \square\,VK - \square\,VT + \text{Re. QR} + \text{Re. NM}$$
$$= HS^2 + RK^2 - RS^2 + 2 \cdot HR \cdot SK$$
$$\Rightarrow\; c^2 = b^2 + a^2 - (a + b - c)^2 + 2 \cdot (c - a) \cdot (c - b)$$

Nach dem Sekanten – Tangenten – Satz gilt:

$$AC^2 = AO \cdot AJ$$
$$\Rightarrow\; AN^2 = AO \cdot AJ$$
$$\Rightarrow\; (x + y)^2 = x \cdot (x + 2y + 2z)$$
$$\Rightarrow\; x^2 + 2xy + y^2 = x^2 + 2xy + 2xz$$
$$\Rightarrow\; y^2 = 2xz$$
$$\Rightarrow\; (a + b - c)^2 = 2 \cdot (c - a) \cdot (c - b)$$

Durch Einsetzen in die obige Gleichung folgt:

$$\Rightarrow\; c^2 = a^2 + b^2$$

qed.

Beweis 105

Konstruiere über den Seiten AC, BC und AB drei ähnliche Dreiecke, hier: ACE, BPC und AHB. Ergänze die drei Rechtecke AN, BM und AK. Ergänze PM und PN. Zeichne PG durch C, der Schnittpunkt mit AB sei Q. ◄

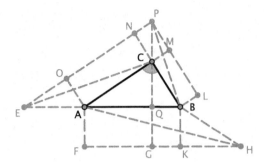

$\triangle\,\text{AHB} : \triangle\,\text{BPC} : \triangle\,\text{CEA} = c^2 : a^2 : b^2$

$= 2\,\triangle\,\text{AHB} : 2\,\triangle\,\text{BPC} : 2\,\triangle\,\text{CEA} = \text{Re.AK} : \text{Re.BM} : \text{Re.CO}$

PG ist senkrecht zu AB und da $\triangle\,\text{ABC}$ und $\triangle\,\text{CPN}$ ähnlich sind folgt:

$$\frac{\text{PC}}{\text{NC}} = \frac{\text{AB}}{\text{AC}} \Rightarrow \text{PC} = \frac{\text{AB}\cdot\text{NC}}{\text{AC}}. \text{ Außerdem ist } \frac{\text{QG}}{\text{AB}} = \frac{\text{NC}}{\text{AC}} \Rightarrow \text{QG} = \frac{\text{AB}\cdot\text{NC}}{\text{AC}}$$

$$\Rightarrow\ \text{PC} = \text{QG}$$

Nach der Flächenformel von Pappus gilt nun:

$$\Rightarrow\ \text{Re. BM} + \text{Re. CO} = \text{Re. AK}$$

$$\Rightarrow\ \triangle\,\text{BDC} + \triangle\,\text{CEA} = \triangle\,\text{AHB}$$

$$\Rightarrow\ a^2 + b^2 = c^2$$

qed.

Beweis 106

Konstruiere über den Seiten AC, BC und AB drei ähnliche Dreiecke, hier: ACE, BDC und AHB. Ergänze die drei Rechtecke AN, BM und AK. P sei der Schnittpunkt der Verlängerungen von LM und ON. Zeichne PG durch C. Der Schnittpunkt mit AB sei Q. Errichte in B eine Senkrechte und in P eine Parallele zu AB, deren Schnittpunkt sei R. Der Schnittpunkt von BR mit LM sei S. Zeichne CT parallel zu PR. ◄

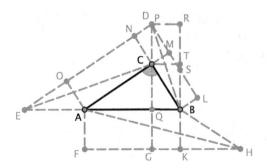

Es gilt: Re. BM = Pgm. BSPC = 2 · $\triangle$ BPC = PC · QB = Re. QK.

Ebenso gilt: 2 · $\triangle$ ACE = Re. AG.

   Also: $\triangle$ ABC : $\triangle$ BCQ : $\triangle$ CAQ = c^2 : b^2 : a^2 = $\triangle$ AHB : $\triangle$ BDC : $\triangle$ CEA.

   Aber $\triangle$ ABC = $\triangle$ BCQ + $\triangle$ CAQ

$$\Rightarrow \triangle \text{ AHB} = \triangle \text{ BDC} + \triangle \text{ CEA}$$
$$\Rightarrow c^2 = a^2 + b^2$$

qed.

Beweis 107

Verlängere BC zu B' mit B'C = BC und ergänze AB'. ◄

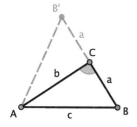

In jedem beliebigen Dreieck mit den Seiten a,b und c, wobei c die Basis und h die Höhe bezeichnen sollen, gilt die folgende Formel (abgeleitet aus dem Satz des Heron):

$$h^2 = \frac{(b - a + c)(b + a - c)(a + c - b)(a + b + c)}{4c^2}$$

Für $\triangle$ ABB' gilt: Höhe AC = h = b, Basis BB' = c = 2a, Kathete AB = a = c, Kathete AB' = b = c

Einsetzen in die obige Formel ergibt:

$$b^2 = \frac{(c - c + 2a)(c + c - 2a)(c + 2a - c)(c + c + 2a)}{16a^2}$$
$$\Rightarrow b^2 = \frac{(2a)(2c - 2a)(2a)(2c + 2a)}{16a^2}$$
$$\Rightarrow b^2 = \frac{\left(4ac - 4a^2\right)\left(4ac + 4a^2\right)}{16a^2}$$
$$\Rightarrow b^2 = \frac{16a^2c^2 - 16a^4}{16a^2} = c^2 - a^2$$
$$\Rightarrow c^2 = a^2 + b^2$$

qed.

Beweis 108

Konstruiere über den Seiten AC, BC und AB jeweils ein regelmäßiges Fünfeck. Deren
Mittelpunkte seien R, P und O. Fälle die Lote durch R, P und O auf AC, BC bzw. AB
mit den Lotfußpunkten U, T bzw. S. Fälle außerdem das Lot durch C auf AB mit dem
Lotfußpunkt Q und ergänze AR, CR, CP, BP, AO und BO. ◄

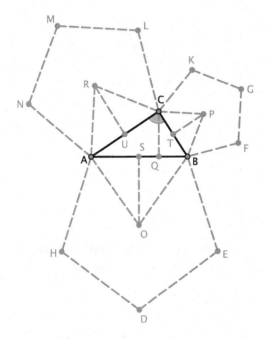

Jedes regelmäßige Polygon, hier handelt es sich um 5–Ecke, kann in gleichschenklige Dreiecke unterteilt werden. Diese Dreiecke, hier bspw. $\triangle$ AOB, $\triangle$ BPC
und $\triangle$ CRA, sind ähnlich, so dass jede Relation, die zwischen den Dreiecken gilt, auch
zwischen den entsprechenden Polygonen gilt. Da nun $\triangle$ AOB, $\triangle$ BPC und $\triangle$ CRA ähnlich und gleichschenklig sind, ist dies ein Spezialfall des Beweises 106. Danach gilt:

$$\triangle \text{ ABC} : \triangle \text{ BCQ} : \triangle \text{ AQC} = c^2 : a^2 : b^2 = \triangle \text{ AOB} : \triangle \text{ BPC} : \triangle \text{ CRA}$$

$$= 5-\text{Eck AHDEB} : 5-\text{Eck BFGKC} : 5-\text{Eck CLMNA}.$$

Da $\triangle$ ABC $= \triangle$ BCQ $+ \triangle$ AQC, folgt:

$$5-\text{Eck AHDEB} = 5-\text{Eck BFGKC} : 5-\text{Eck CLMNA}.$$

$$\Rightarrow c^2 = a^2 + b^2$$

qed.

Beweis 109

Konstruiere über den Seiten AC, BC und AB ähnliche Polygone mit fünf oder mehr Seiten (hier sind es fünf Seiten) und fälle das Lot durch C auf AB mit dem Lotfußpunkt Q. ◄

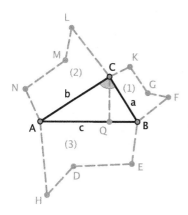

Ein algebraischer Beweis ist erst möglich, nachdem die Polygone transformiert wurden in (zueinander ähnliche) Dreiecke. Dann kann man verfahren wie in Beweis 106, wonach gilt:

$$\triangle \, ABC : \triangle \, BCQ : \triangle \, AQC = c^2 : a^2 : b^2$$

Außerdem gilt: 5−Eck (3) : 5−Eck (1) : 5−Eck (2) = $c^2 : a^2 : b^2$.

Gleichsetzen   führt   zu $\triangle \, ABC : \triangle \, BCQ : \triangle \, AQC$ = 5−Eck (3) : 5−Eck (1) : 5−Eck (2).

Da nun $\triangle \, ABC = \triangle \, BCQ + \triangle \, AQC$

$$\Rightarrow \text{5−Eck (3)} = 5 - \text{Eck (1)} + 5 - \text{Eck (2)}$$
$$\Rightarrow c^2 = a^2 + b^2$$

qed.

Geometrische Beweise

3

„All geometric demonstrations must result from the comparison of areas – the foundation of which is superposition" (Loomis 1968, S. 97). Die geometrischen Beweise in diesem Kapitel beruhen auf der Unterteilung von Flächen und dem Vergleich dabei entstandener äquivalenter oder kongruenter Teilflächen. Die Beweise können ausgehend von der Anordnung des Hypotenusenquadrats und der beiden Kathetenquadrate unterteilt werden: Jedes der drei Quadrate kann entweder nach außen (d. h. an das Ausgangsdreieck angrenzend) oder nach innen (d. h. das Ausgangsdreieck überlagernd) gezeichnet werden, woraus acht unterschiedliche Anordnungen resultieren. Darüber hinaus kann mindestens eines der Quadrate verschoben oder nicht abgebildet sein, so dass insgesamt zehn verschiedene Anordnungen möglich sind.

Die folgende Tabelle gibt einen Überblick.

Abschn.		Beweise
3.1	a^2, b^2 und c^2 nach außen konstruiert	1–70
3.2	c^2 nach innen konstruiert	71–92
3.3	b^2 nach innen konstruiert	93–108
3.4	a^2 nach innen konstruiert	109–116
3.5	c^2 und b^2 nach innen konstruiert	117–126
3.6	c^2 und a^2 nach innen konstruiert	127–130
3.7	a^2 und b^2 nach innen konstruiert	131–149
3.8	a^2, b^2 und c^2 nach innen konstruiert	150–157
3.9	Mindestens ein Quadrat verschoben	158–208
3.10	Mindestens ein Quadrat nicht abgebildet	209–247

© Springer-Verlag GmbH Deutschland, ein Teil von Springer Nature 2021
M. Gerwig, *Der Satz des Pythagoras in 365 Beweisen*,
https://doi.org/10.1007/978-3-662-62886-7_3

Jedes Unterkapitel behandelt die auf einer dieser Anordnungen basierenden Beweise. Am Anfang der Abschn. 3.1, 3.2, 3.3, 3.4, 3.5, 3.6, 3.7 und 3.8 wird jeweils die allen Beweisen gemeinsame Grundfigur beschrieben, die Konstruktionsbeschreibungen gehen dann von dieser Grundfigur aus und enthalten nur noch die zusätzlich zu konstruierenden Strecken und Punkte. Die Beweise in den Abschn. 3.9 und 3.10 haben keine gemeinsame Grundfigur, die über das rechtwinklige Dreieck ABC hinaus geht.

Das Kapitel beginnt mit acht Illustrationsbeweisen (Abschn. 3.1.1), die sich mit Schere und Papier realisieren lassen. Ab Beweis 9 (Abschn. 3.1.2) folgen knapp 240 geometrische Demonstrationsbeweise für den Satz des Pythagoras.

3.1 a^2, b^2 und c^2 nach außen konstruiert

3.1.1   Illustrationsbeweise mit Schere und Papier

Das Kapitel beginnt zunächst mit einigen „Papierfaltbeweisen" (Beweise 1–8), mit denen der Satz des Pythagoras durch das Falten, Zerschneiden und Umordnen von Papierquadraten illustriert werden kann. Alle Beweise beziehen sich dabei auf ein Dreieck ABC, dessen Seiten in einem bestimmten Verhältnis zueinander stehen müssen. Sie haben daher illustrativen Charakter und können keinesfalls als formal-deduktive Beweise angesehen werden. Die entsprechenden Argumentationen enden folglich auch nicht mit „qed". Im Unterricht können Faltbeweise – nicht nur zum Satz des Pythagoras, sondern bspw. auch zu den Flächenformeln von Dreieck, Parallelogramm, Trapez, Raute, Drache – eine wichtige Rolle spielen, da sie einen einfachen und anschaulichen Zugang zum Thema bieten können. Der haptische Zugang fördert das Verständnis für die jeweilige Formel und räumliches Vorstellungsvermögen wird trainiert. Der Nachvollzug eines formal-deduktiven Beweises kann dadurch zwar nicht ersetzt, aber vorbereitet werden.[1]

Den Faltbeweisen folgen die formal-deduktiven Demonstrationsbeweise (ab Beweis 9). Sofern es sich hier nur um eine geringfügige Variation eines vorausgehenden Beweises handelt, wurde auf eine (erneute) Formulierung des gesamten Beweisweges verzichtet und stattdessen nur eine kurze Beweisskizze formuliert. Dies ist bei den Beweisen 12–19 sowie 24 der Fall.

---

[1]Auch die in Kap. 4 dargestellte Unterrichtseinheit beginnt mit einem Papierfaltbeweis, an dem alle Lernenden gleichzeitig arbeiten und der am Ende der Ouvertüre in der Erstellung eines Klassenquadrats resultiert.

Faltbeweis 1

Schneide aus einem Stück Papier das Quadrat EF heraus. Nutze ein weiteres, kleineres Papierquadrat (EC), um damit an den Ecken von EF die Strecken EB, ED, LK, LG, KN, FH und QA zu markieren. Nun falte an den Kanten DA, BG, KN, KH, HA, AB und BK. Falte das Quadrat EF wieder auseinander, es sind nun drei Quadrate EC, CF und BH entstanden. ◄

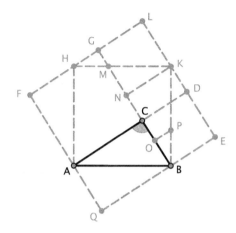

Es gilt: □ EC = □ KG. Schneide △ AHF ab und lege es auf □ BH in die Position von △ ABC ⇒ △ AFH und △ ABC sind deckungsgleich. Schneide △ KLH ab und lege es auf □ BH in die Position von △ KNB, so dass MG auf PO fällt.

Nun gilt: Da △ KMN sowohl zu □ KG als auch zu □ BC und da 4–Eck CMHA sowohl zu □ CF als auch zu □ BC gehört, ist □ BC nun vollständig mit Teilen von □ KG und □ CF bedeckt. Da außerdem □ KG = □ EC gilt, folgt:

$$\Box\, KG + \Box\, CF = \Box\, EC + \Box\, CF = \Box\, BH$$

$$c^2 = a^2 + b^2$$

Faltbeweis 2

Schneide aus einem Stück Papier drei Quadrate heraus: □ EL mit der Seitenlänge CB, □ FA mit der Seitenlänge AC und □ BH mit der Seitenlänge AB, wobei AC = 2 CB gelten soll. ◄

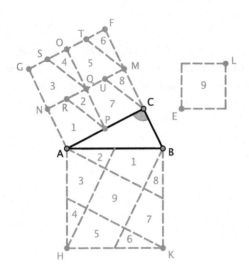

Falte ☐ FA entlang MN und OP, wodurch es in ☐ MP, ☐ FQ, ☐ ON und ☐ QA unterteilt wird, die alle so groß sind wie ☐ EL. Markiere jeweils die Seitenmittelpunkte U, T, S und R und falte die Quadrate entlang der Strecken UC, TM, SQ und RP. Zerschneide ☐ FA entlang dieser Linien in die Teile 1–8.

Lege nun die 8 Teile auf ☐ BH (vgl.Abb.), auf den verbleibenden Platz 9 passt ☐ EL. ☐ FA und ☐ EL bedecken vollständig ☐ BH

$$\Rightarrow \square\, BH = \square\, FA + \square\, EL$$

$$\Rightarrow c^2 = a^2 + b^2$$

Faltbeweis 3

Schneide aus einem Stück Papier drei Quadrate heraus: ☐ EL mit der Seitenlänge CB, ☐ FA mit der Seitenlänge AC und ☐ BH mit der Seitenlänge AB, wobei AC = 2 CB gelten soll. ◀

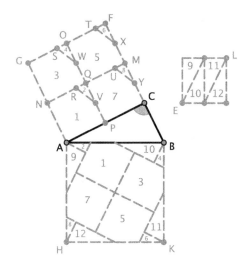

Zerschneide □ EL entlang der Mitte und anschließend die beiden resultierenden Recht-ecke entlang einer Diagonalen. Es entstehen △ 9, △ 10, △ 11 und △ 12.

Falte □ FA entlang MN und OP, wodurch es in □ MP, □ FQ, □ ON und □ QA unter-teilt wird, die alle so groß sind wie □ EL. Markiere jeweils die Seitenmittelpunkte Y, X, W und V und zeichne U mit MU = $\frac{1}{2}$MY, T mit FT = $\frac{1}{2}$FX, S mit OS = $\frac{1}{2}$OW und R mit QR = $\frac{1}{2}$QV. Zerschneide □ FA entlang dieser Linien in die Teile 1−8.

Lege nun alle 12 Teile auf □ BH (vgl.Abb.). □ FA und □ EL bedecken vollständig □ BH, also gilt:

$$□ \, BH = □ \, FA + □ \, EL$$

$$\Rightarrow c^2 = a^2 + b^2$$

Faltbeweis 4

Die Seiten des Dreiecks ABC stehen im Verhältnis 3:4:5. ◀

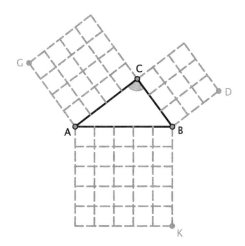

☐ AK enthält 25, ☐ CD enthält 9 und ☐ CG enthält 16 kleine Quadrate. Offensichtlich ist die Anzahl der kleinen Quadrate in ☐ CD und ☐ CG zusammen gleich der Anzahl der kleinen Quadrate in ☐ AK.

$$\Rightarrow \square\, AK = \square\, CD + \square\, CG$$

$$\Rightarrow c^2 = a^2 + b^2$$

Faltbeweis 5

Es sei AC = BC. Unterteile die Quadrate wie in der Skizze gezeigt. ◀

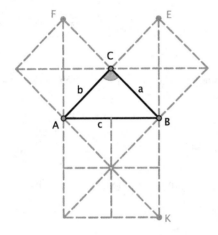

Durch die Unterteilung der Quadrate ergeben sich 16 deckungsgleiche, gleichschenklige Dreiecke. ☐ AF und ☐ BE enthalten jeweils vier, ☐ AK enthält acht Dreiecke.

$$\Rightarrow \square\, AK = \square\, BE + \square\, AF$$

$$\Rightarrow c^2 = a^2 + b^2$$

Faltbeweis 6

Es sei AC = BC. Unterteile die Kathetenquadrate wie in der Skizze gezeigt und ergänze EF. ◀

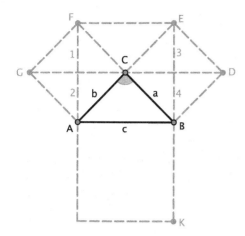

Durch die Unterteilung der Kathetenquadrate ergeben sich jeweils 4 deckungsgleiche, gleichschenklige Dreiecke. Die insgesamt acht Dreiecke, aus denen $\square$ BE und $\square$ AF bestehen, entsprechen genau $\square$ BF. Wegen $\square$ BF = $\square$ AK folgt:

$$\square \, \text{BE} + \square \, \text{AF} = \square \, \text{BF} = \square \, \text{AK}$$

$$\Rightarrow c^2 = a^2 + b^2$$

Faltbeweis 7

Es sei AC = BC. Unterteile die beiden Kathetenquadrate jeweils entlang der horizontalen, das Hypotenusenquadrat entlang beider Diagonalen. ◀

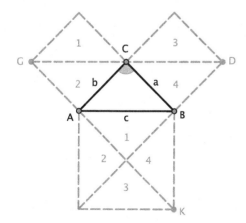

Durch die skizzierte Unterteilung der Quadrate ergeben sich 4 deckungsgleiche, gleichschenklige Dreiecke. Die vier Dreiecke, aus denen $\square$ CD und $\square$ CG bestehen, entsprechen genau den vier Dreiecken in $\square$ AK. Also:

$$\square\,CD + \square\,CG = \square\,AK$$

$$\Rightarrow c^2 = a^2 + b^2$$

Faltbeweis 8

Schneide aus einem Stück Papier drei Quadrate heraus: □ EK *mit der Seitenlänge*
CB, □ FK *mit der Seitenlänge AC und* □ BH *mit der Seitenlänge AB, wobei AC = 2*
CB gelten soll. Platziere □ FK *auf* □ BH, *so dass beide Quadrate die Strecken HF*
und HK gemeinsam haben. Zerschneide □ EK *in der Mitte in zwei Rechtecke (Re.*
EM und Re. NK) und bilde mit diesen und mit □ FK *das Rechteck HE. Verlängere*
QH zu R mit HR = HF und zeichne durch Q, A und R einen Halbkreis. Ergänze AQ,
der Schnittpunkt mit FG sei P, der mit KM sei S und der mit BL sei D. ◄

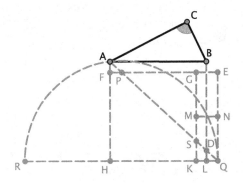

$\triangle$ AFP und $\triangle$ DLQ sind kongruent, ebenso $\triangle$ ADB und $\triangle$ PQE

$$\Rightarrow \square\,HB = \triangle\,ADB + Tr.\ HLDA = \triangle\,ADB + \triangle\,AFP + 5\text{--Eck HLDPF}$$
$$= \triangle\ PQE + \triangle\,DLQ + 5\text{--Eck HLDPF}$$
$$= \square\,HG + Re.\ EM + Re.\ NK$$
$$= \square\,HG + \square\,EK$$

$$\Rightarrow c^2 = a^2 + b^2$$

3.1.2   Demonstrationsbeweise

Die Grundfigur für die folgenden Demonstrationsbeweise besteht jeweils aus dem rechtwinkligen Dreieck ABC sowie den drei Quadraten über den Dreiecksseiten, wobei
sowohl die beiden Kathetenquadrate (a^2 und b^2) als auch das Hypotenusenquadrat (c^2)
„außen" liegen.

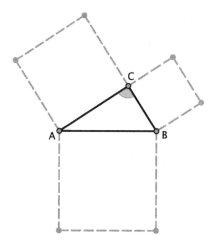

Dies ist die wohl bekannteste Pythagoras-Figur. Die folgenden Konstruktions-beschreibungen der einzelnen Beweisskizzen gehen stets von dieser Grundfigur aus, wobei in den Skizzen selbst die Bezeichnungen einiger Punkte variieren können. In den jeweiligen Beschreibungen werden nur zusätzlich zu konstruierende Strecken und Punkte erwähnt.

Beweis 9

P, Q, R und S seien die Seitenmitten des Quadrats AK. Zeichne PT und RV parallel zu AC, SW und QU parallel zu BC. Konstruiere außerdem durch den Mittelpunkt O des Quadrats AF die Strecken XZ und TY, wobei XZ zu AB und TY zu AH parallel sein soll. ◀

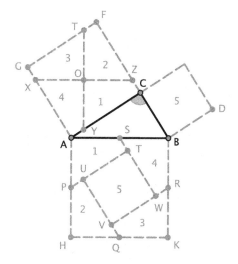

Die insgesamt acht, jeweils mit 1−4 nummerierten 4−Ecke in □ AK und □ CG sind kongruent, ebenso ist □ 5 in □ AK kongruent zu □ CD. Begründung: 4−Eck OZBS ist ein Pgm., da OZ parallel zu AB und BS = OZ, außerdem ist AP = AS. Daher gilt: SB = SA = OZ = OX = AP.

   Nun gilt wegen □ CG = 4 · 4−Eck OYCZ = 4 · 4−Eck APTS und □ TV = □ CD:

$$\Box\,AK = 4 \cdot 4{-}\text{Eck APTS} + \Box\,TV = \Box\,CG + \Box\,CD$$

$$\Rightarrow c^2 = a^2 + b^2$$

qed.

Beweis 10

Verlängere CB zu P mit CP = AC. Ergänze HP, der Schnittpunkt mit BK sei T. Zeichne KL, AO und MN jeweils senkrecht zu HP, wobei HM = BT. Zeichne GS und CR parallel zu AB sowie SU senkrecht zu AB. ◄

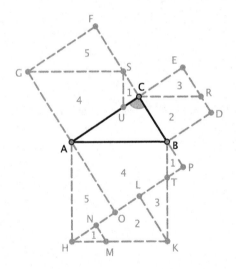

Es gilt: △ HKL = △ GSF = △ ABC.
   Außerdem gilt:

(1) △ HMN = △ BTP = △ SUC
(2) Tr. NMKL = Tr. BDRC
(3) △ KTL = △ CRE
(4) 4−Eck AOTB = 4−Eck AUSG
(5) △ AHO = △ GSF

Also:

$$\square \,\text{AK} = \triangle\,\text{HMN} + \text{Tr. NMKL} + \triangle\,\text{KTL} + 4\text{-Eck AOTB} + \triangle\,\text{AHO}$$
$$= \triangle\,\text{SUC} + \text{Tr. BDRC} + \triangle\,\text{CRE} + 4\text{-Eck AUSG} + \triangle\,\text{GSF}$$
$$= \square\,\text{BE} + \square\,\text{AF}$$

$$\Rightarrow c^2 = a^2 + b^2$$

qed.

Beweis 11

Konstruiere BL und HN parallel zu AC sowie AM und KO parallel zu BC mit BL = HN = AM = KO = AC. Konstruiere T und S mit GT = AS = CB. Rechteck TS werde nun verschoben in die Position von Rechteck QE – der Pfeil soll andeuten, dass es sich bei Re. TS und Re. QE um dasselbe Rechteck in zwei Positionen handelt. Ergänze TF und BP. ◀

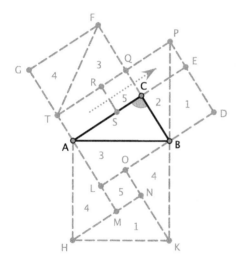

Re. TS = Re. QE $\Rightarrow$ D, E und P liegen auf einer Geraden. Es gilt:

$$\square \,\text{AK} = \triangle\,\text{HKN} + \triangle\,\text{KBO} + \triangle\,\text{BAL} + \triangle\,\text{AHM} + \square\,\text{LN}$$
$$= \triangle\,\text{PBD} + \triangle\,\text{BPQ} + \triangle\,\text{TQF} + \triangle\,\text{FGT} + \square\,\text{RC} = \square\,\text{BE} + \square\,\text{AF}$$

$$\Rightarrow c^2 = a^2 + b^2$$

qed.

▶ **Anmerkung:** Die folgenden Beweise 12–19 sind im Wesentlichen Variationen der Beweise 9, 10 und 11. Deshalb werden sie zwar stets mit einer Skizze samt Konstruktionsbeschreibung illustriert, die eigentliche Beweisführung wird aber nur skizziert. Die konkreten Ausführungen seien den Lesenden überlassen.

Beweis 12 (Skizze)

Variation von Beweis 10: Verlängere GA zu M, zeichne HN und BO parallel zu AC sowie QR durch C und parallel zu AB. Wähle NP = BD, zeichne PS parallel zu HN und QV senkrecht zu AB. ◀

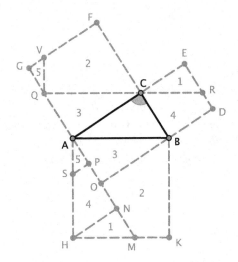

Nun kann leicht gezeigt werden, dass die mit 1 bis 5 nummerierten Flächen jeweils kongruent sind, woraus unmittelbar die Gleichung $c^2 = a^2 + b^2$ folgt.

Beweis 13 (Skizze)

Variation von Beweis 11: Verlängere HA zu O, KB zu M, GA zu V und DB zu U mit AV = BU = AG und zeichne KX parallel zu BC, HW parallel zu AC und OS parallel zu FC. Ergänze LC und GN jeweils parallel zu AB, die Schnittpunkte von LC und GN mit OA und OS seien R, P, T und Q. ◀

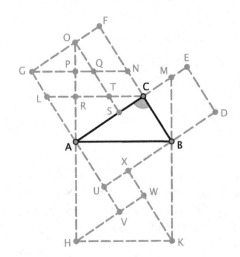

Nun kann gezeigt werden, dass

(1)$\triangle$ HKW $=$ $\triangle$ CLA $=$ Tr. BDEM $+$ $\triangle$ CTS
(2)$\triangle$ KBX $=$ $\triangle$ GNF $=$ Tr. OQNF $+$ $\triangle$ BMC
(3)$\triangle$ BAU $=$ $\triangle$ OAS
(4)$\triangle$ AHV $=$ $\triangle$ AOG
(5)$\square$ VX $=$ Pgm. CNQT

woraus schließlich die Gleichung $c^2 = a^2 + b^2$ folgt.

Beweis 14 (Skizze)

Variation von Beweis 11: Verlängere HA zu S und zeichne SP parallel zu FB mit SP = AC + BC. Wähle CT = CB und zeichne TR parallel zu AC. Verlängere GA zu M mit AM = AG und verlängere DB zu L. Zeichne KO und HN parallel zu BC bzw. AC und ergänze QD parallel zu AB. ◀

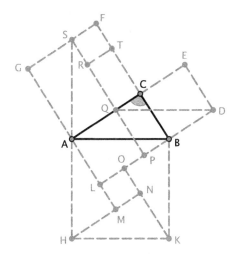

Mit Re. RC $=$ Re. QB und $\square$ MO $=$ $\square$ RF kann nun gezeigt werden, dass $\square$ AK $=$ $\square$ CD $+$ $\square$ AF, so dass $c^2 = a^2 + b^2$ gilt

Beweis 15 (Skizze)

Variation von Beweis 11: Wähle CR = CE und FS = FR = EQ = DP. Zeichne RU parallel zu CA, ST parallel zu FC, QP parallel zu CB und UP parallel zu AB. Verlängere GA zu M mit AM = AG und DB zu L. Zeichne HN und KO parallel zu AC bzw. BC. ◀

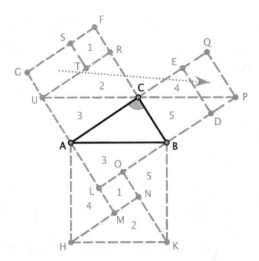

Positioniere Re. GT neu an die Stelle von Re. EP, was durch den Pfeil angedeutet werden soll. Nun lässt sich zeigen, dass die nummerierten Dreiecke 2 bis 5 sowie das Quadrat 1 jeweils gleich groß sind, woraus folgt, dass $\square\,AK = \square\,CD + \square\,AF$ ist, dass also $c^2 = a^2 + b^2$ gilt.

Beweis 16 (Skizze)

Variation von Beweis 10: Verlängere HA zu N und KB zu L. Zeichne NM parallel zu AB, KO parallel zu BC sowie RS, HQ und BP jeweils parallel zu AC. ◄

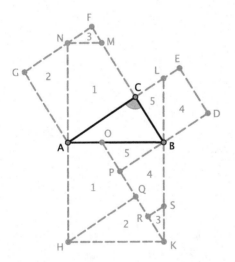

Es kann nun bspw. durch Drehung und Verschiebung gezeigt werden, dass die nummerierten Flächen jeweils kongruent sind.

Daraus folgt:

$$\Box\, AK = \Box\, CD + \Box\, AF, \text{ es gilt also } c^2 = a^2 + b^2.$$

Beweis 17 (Skizze)

Variation von Beweis 16: Verlängere HA zu M und KB zu Q. Zeichne MN parallel zu AB. Verlängere GA zu T und DB zu O. Ergänze HP parallel zu AC. Wähle OR = BC und zeichne RS parallel zu BC. ◀

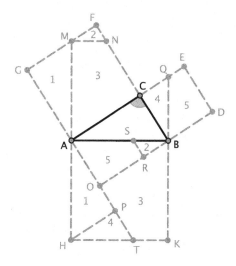

Es kann nun bspw. durch Drehung und Verschiebung gezeigt werden, dass die nummerierten Flächen jeweils kongruent sind. Es folgt:

$$\Box\, AK = \Box\, CD + \Box\, AF, \text{ es gilt also } c^2 = a^2 + b^2.$$

Beweis 18 (Skizze)

Variation von Beweis 16: Verlängere HA zu R und KB zu M. Zeichne CP senkrecht und CL parallel zu AB, BB' und QL' jeweils parallel zu AC sowie B'N' und PG' jeweils parallel zu BC. Wähle BP' = B'Q und zeichne P'O parallel zu AB sowie ON senkrecht zu AB. Mit B'M' = BO zeichne M'O' parallel zu BB'. ◀

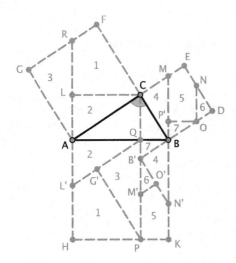

Da die Flächen 1, 2 und 3 in □ CG bzw.in Re. AP und die Flächen 4, 5, 6 und 7 in □ CD bzw. in Re. BP kongruent sind, folgt: □ AK = □ CG +□ AD, also $c^2 = a^2 + b^2$.

Beweis 19 (Skizze)

Ergänze GD und zeichne durch A, B, E und F Strecken auf GD, die jeweils senkrecht sind zu AB. Der Schnittpunkt der Verlängerungen von DB und GA sei L. Zeichne KM und HM parallel zu BC bzw. AC mit KM = BC und HM = AC. Ergänze LM und verlängere LM in beide Richtungen bis BK bzw. AH. Wähle KP = BD, ergänze MP und zeichne LR parallel zu MP. ◀

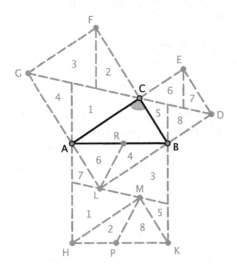

$\triangle$ ALB, $\triangle$ HKM und $\triangle$ ABC sind kongruent. Nun kann gezeigt werden, dass sich die jeweils gleich nummerierten Flächen ineinander überführen lassen. Insgesamt sind also in $\square$ AK alle Teilflächen aus $\square$ CG und $\square$ CD enthalten, daher gilt: $\square$ AK $=\square$ CG $+\square$ CD, also $c^2 = a^2 + b^2$.

Beweis 20

Verlängere HA zu L und ergänze LT parallel zu AB. Zeichne DM parallel zu AB, der Schnittpunkt mit BC sei R. Zeichne KN parallel zu BC sowie HP und BO jeweils parallel zu AC. Fälle das Lot von P auf HK mit dem Lotfußpunkt Q. Verlängere QP bis DM, der Schnittpunkt mit BO sei S. ◄

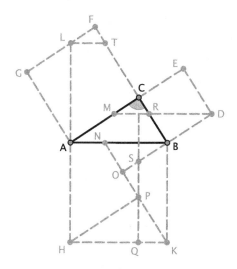

Es gilt:

$$\square\,AK = 4\text{--Eck HPNA} + \triangle\,HKP + \triangle\,BOK + \triangle\,NOB$$

$$= 4\text{--Eck LACT} + \triangle\,ALG + \triangle\,DEM + \triangle\,RBD$$

$$= 4\text{--Eck LACT} + \triangle\,ALG + 4\text{--Eck DECR} + \triangle\,LTF + \triangle\,RBD$$

$$\Rightarrow \square\,AK = \square\,CG + \square\,CD$$

$$\Rightarrow c^2 = a^2 + b^2$$

qed.

Beweis 21

Fälle das Lot durch C auf HK mit dem Lotfußpunkt Q, der Schnittpunkt mit AB sei R. Zeichne EV senkrecht und DU parallel zu AB. Zeichne HM und KM parallel zu AC bzw. BC. Verlängere DB zu L und GA zu N. Zeichne PO mit PO = VB und ergänze TS senkrecht zu AB mit TS = PK. ◀

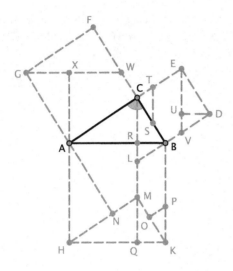

Es gilt:

$$\Box\, AK = 4\text{–Eck ANMR} + \triangle\, HNA + \triangle\, HQM + \triangle\, MQK + \triangle\, POK$$
$$+\, 5\text{–Eck BLMOP} + \triangle\, BRL$$
$$= 4\text{–Eck ACWX} + \triangle\, WFG + \triangle\, AXG + \triangle\, EUD + \triangle\, TCS$$
$$+\, 5\text{–Eck ETSBV} + \triangle\, DUV$$

$$\Rightarrow \Box\, AK = \Box\, CG + \Box\, CD$$

$$\Rightarrow c^2 = a^2 + b^2$$

qed.

Beweis 22

Verlängere HA zu Q und KB zu P. Zeichne RJ durch C und parallel zu AB. Fälle das Lot durch C auf HK mit dem Lotfußpunkt S. Der Schnittpunkt mit AB sei Z. Zeichne ZT parallel zu AC sowie ZM und SU jeweils parallel zu CB. Wähle SV = BP und DN = PE, ergänze WV und LS jeweils parallel zu AC sowie ON parallel zu PB. ◀

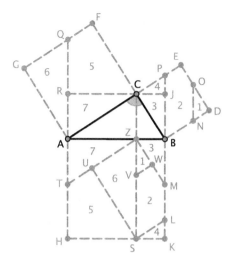

Nach Konstruktion sind die nummerierten Flächen jeweils kongruent, so dass insgesamt gilt:

$\square\,AK = 1 + 2 + 3 + 4 + 5 + 6 + 7,\square\,CG = 5 + 6 + 7,\square\,CD = 1 + 2 + 3 + 4$

Insgesamt gilt also: $\square\,AK = \square\,CG + \square\,CD$

$$\Rightarrow c^2 = a^2 + b^2$$

qed.

Beweis 23

Zeichne AF und BE und konstruiere CT parallel zu AF und BE. Zeichne SO durch C parallel zu AB sowie DN und GR parallel zu SO. Ergänze AQ und KP jeweils parallel zu BC sowie BP und HQ jeweils parallel zu AC. Wähle HL = BM = CO und ergänze LQ und MP. ◀

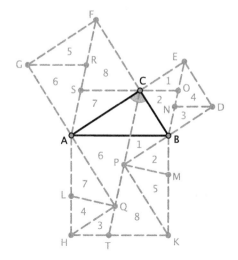

Aus Konstruktionsgründen sind die nummerierten Flächen jeweils kongruent, so dass direkt folgt:

$\square\,AK = 1+2+3+4+5+6+7+8$, $\square\,CG = 5+6+7+8$, $\square\,CD = 1+2+3+4$

Insgesamt folgt also: $\square\,AK = \square\,CG + \square\,CD$

$$\Rightarrow c^2 = a^2 + b^2$$

qed.

Beweis 24 (Skizze)

Variation von Beweis 23: Verbinde G und D. Zeichne AL und BM senkrecht zu AB und ergänze ME und LF. Zeichne CP senkrecht zu GD, der Schnittpunkt mit AB sei S. Verlängere DB zu N und GA zu O, ergänze NK und OH und konstruiere NR und OQ jeweils parallel zu GD. ◄

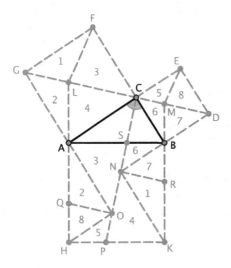

Nachdem die Kongruenz der entsprechend nummerierten Flächen überprüft ist folgt unmittelbar:

$$\square\,AK = \square\,CG + \square\,CD$$

$$\Rightarrow c^2 = a^2 + b^2$$

Beweis 25

Zeichne GL und HS parallel zu AB bzw. AC. Konstruiere AQ und KR jeweils senkrecht zu HS sowie BN und LM jeweils senkrecht zu AB. Wähle AO = LM und ergänze OP parallel zu AC. ◄

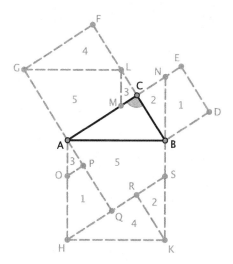

Aus Kongruenzgründen gilt: □ AK = 1 + 2 + 3 + 4 + 5, □ CG = 3 + 4 + 5 und □ CD = 1 + 2

   Also: □ AK = □ CG + □ CD

$$\Rightarrow c^2 = a^2 + b^2$$

qed.

Beweis 26

Verlängere HA zu T, GA zu O und DB zu L. Konstruiere TU, LN und RS (durch C) jeweils parallel zu AB. Wähle BQ = TU und zeichne PQ parallel zu BC sowie HM parallel zu AC. ◄

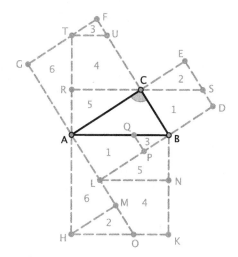

Nach Konstruktion sind die nummerierten Flächen jeweils kongruent, so dass gilt:

$\square$ AK $= 1 + 2 + 3 + 4 + 5 + 6$, $\square$ CG $= 3 + 4 + 5 + 6$ und $\square$ CD $= 1 + 2$

Also: $\square$ AK $= \square$ CG $+ \square$ CD

$$\Rightarrow c^2 = a^2 + b^2$$

qed.

Beweis 27

Ergänze EB und zeichne CT parallel zu EB. Zeichne TL und TS parallel bzw. senkrecht zu AC. Konstruiere SP und SR sowie RQ und PQ senkrecht bzw. parallel zu AB. Konstruiere ebenso LO und LM sowie MN und ON senkrecht bzw. parallel zu AB. Verlängere ST zu W und zeichne TV und WU senkrecht bzw. parallel zu AB. Der Schnittpunkt von TV und WU sei Z. Verlängere DB zu I und zeichne HJ parallel zu AC. Zeichne UX und VY jeweils senkrecht zu HJ. ◄

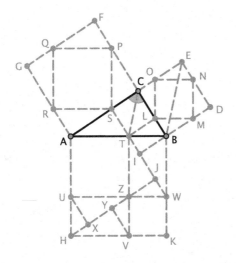

Nach Konstruktion ist 4–Eck CSTL ein Quadrat. Daher gilt:

$$\begin{aligned}
\square \text{ AK} &= \square \text{ AZ} + \triangle \text{ UXZ} + \triangle \text{ HVY} + \triangle \text{ TZJ} + \triangle \text{ BIW} + \square \text{ ZK} + \triangle \text{ UHX} \\
&\quad + \triangle \text{ ZYV} + \triangle \text{ ZWJ} + \triangle \text{ TIB} \\
&= \square \text{ QS} + \triangle \text{ RAS} + \triangle \text{ RQG} + \triangle \text{ PSC} + \triangle \text{ PFQ} + \square \text{ OM} \\
&\quad + \triangle \text{ LBM} + \triangle \text{ OCL} + \triangle \text{ ONE} + \triangle \text{ NMD} = \square \text{ CG} + \square \text{ CD}
\end{aligned}$$

$$\Rightarrow c^2 = a^2 + b^2$$

qed.

Beweis 28

Zeichne BE. Verlängere GA zu P mit AG = AP und DB zu O. Zeichne KR und HQ parallel zu BC bzw. AC. Konstruiere □ AM = □PR und ergänze LF, MF und NF. Zeichne AT und KS mit AT = KS = MF. ◀

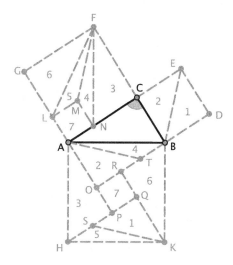

Aus Konstruktionsgründen sind die nummerierten Flächen jeweils kongruent, so dass gilt:

□ AK = 1 + 2 + 3 + 4 + 5 + 6 + 7, □ CG = 3 + 4 + 5 + 6 + 7 und □ CD = 1 + 2

Also: □ AK = □ CG + □ CD

$$\Rightarrow c^2 = a^2 + b^2$$

qed.

Beweis 29

Verlängere HA zu O und zeichne ON und KP parallel zu AB bzw. BC. Verlängere DB zu R. Wähle BM = AC und zeichne DM, der Schnittpunkt mit CE sei L. ◀

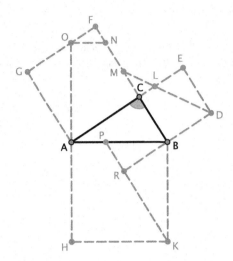

Wegen $\triangle$ ABC $=$ $\triangle$ AOG, $\triangle$ BDM $=$ $\triangle$ BRK, $\triangle$ PRB $=$ $\triangle$ ELD und $\triangle$ ONF $=$ $\triangle$ CLM gilt:

$$\square \, AK = \text{Tr. AHKP} + \triangle \, BRK + \triangle \, PRB$$
$$= \text{Tr. OABN} + \text{Tr. BDLC} + \triangle \, CLM + \triangle \, ELD$$
$$= \text{5-Eck OGACN} + \text{Tr. BDLC} + \triangle \, OFN + \triangle \, ELD$$

Also: $\square \, AK = \square \, CG + \square \, CD$

$$\Rightarrow c^2 = a^2 + b^2$$

qed.

Beweis 30

Verlängere HA zu O und KB zu M. Der Schnittpunkt von BM und CE sei R. Ergänze OM und EM. Der Schnittpunkt der Verlängerungen von DM und GF sei N. Fälle das Lot durch M auf BF mit dem Lotfußpunkt L und ergänze OK, der Schnittpunkt mit AB sei S. ◄

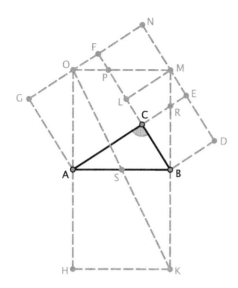

Wegen $\triangle$ OMN $=$ $\triangle$ ABC, $\triangle$ MPL $=$ $\triangle$ BRC, $\triangle$ BML $=$ $\triangle$ AOG und $\triangle$ OAS $=$ $\triangle$ KBS gilt:

$$\begin{aligned}
\square\, \text{AK} = \text{Tr. AHKS} + \triangle \text{ KBS} &= \triangle \text{ KMO} = \text{Tr. BMOS} + \triangle \text{ OAS} \\
&= 4\text{–Eck ACPO} + \triangle \text{ ABC} + \triangle \text{ BML} + \triangle \text{ MPL} \\
&= 4\text{–Eck ACPO} + \triangle \text{ OMN} + \triangle \text{ AOG} + \triangle \text{ BRC} \\
&= 5\text{–Eck ACPOG} + \triangle \text{ OPF} + \text{Tr. PMNF} + \triangle \text{ BRC} \\
&= 5\text{–Eck ACPOG} + \triangle \text{ OPF} + \text{Tr. RBDE} + \triangle \text{ BRC} \\
&= \square\, \text{CG} + \square\, \text{CD}
\end{aligned}$$

$$\Rightarrow c^2 = a^2 + b^2$$

qed.

Beweis 31[2]

Verlängere GA zu P mit AP $=$ AG und DB zu N mit BN $=$ BD. Ergänze AN, BP, LP, MP, HP und KP. ◀

---

[2]Dieser Beweis wird dem niederländischen Mathematiker, Astronomen und Physiker Christiaan Huygens (1692–1695) zugeschrieben.

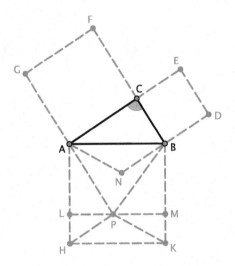

Es gilt:

$$\triangle \, HKP = \frac{1}{2} \, Re. \, LK \; und \; \triangle \, HKP = \triangle \, ANB = \frac{1}{2} \, \square \, CD.$$

Außerdem:

$$\triangle \, APB = \frac{1}{2} \, Re. \, AM = \frac{1}{2} \, \square \, CG.$$

$$\Rightarrow \square \, AK = Re. \, AM + Re. \, LK = \square \, CG + \square \, CD$$

$$\Rightarrow c^2 = a^2 + b^2$$

qed.

Beweis 32

Verlängere GA zu O mit AO = AG. Verlängere DB zu N und zeichne KM und HL parallel zu BC bzw. AC. Verlängere BF zu S mit FS = BC, vervollständige das Quadrat SU und zeichne CP parallel zu AB, PR parallel zu AC und SQ senkrecht zu AB. Ergänze UQ. ◀

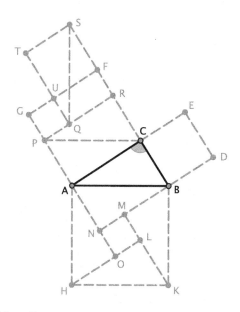

Nun gilt:

$$\square\, AK = 4 \cdot \triangle\, BAN +\ \square\, NL = Re.\ AR + Re.\ TR +\ \square\, GQ$$
$$= Re.\ AR + Re.\ QF +\ \square\, TF +\ \square\, GQ =\ \square\, CG +\ \square\, TF$$
$$=\ \square\, CG +\ \square\, CD$$

$$\Rightarrow c^2 = a^2 + b^2$$

qed.

Beweis 33

Fälle das Lot durch C auf HK mit dem Lotfußpunkt L und ergänze CH, CK, BG und AD. ◄

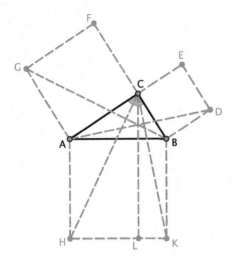

Nun gilt:

$$\square\, AK = \text{Re. } AL + \text{Re. } BL = 2 \cdot \triangle\, CAH + 2 \cdot \triangle\, CKB$$

$$= 2 \cdot \triangle\, GAB + 2 \cdot \triangle\, DAB = \square\, CG + \square\, CD$$

$$\Rightarrow c^2 = a^2 + b^2$$

qed.

▶ **Anmerkung:** Bei diesem Beweis handelt es sich um den berühmten Beweis Euklids (um 300 v. Chr.), der in den *Elementen* den krönenden Abschluss des ersten Buchs bildet und auch im Lehrstück zum Satz des Pythagoras (vgl. Kap. 4) eine wichtige Rolle spielt. „The leaving out of Euclid's proof is like the play of Hamlet with Hamlet left out" (Loomis 1968, S. 120).

Beweis 34[3]

Verlängere CA zu L mit AL = CE und CB zu N mit BN = CF. Fälle das Lot durch C auf HK mit dem Lotfußpunkt M und ergänze HL, HC, KC und KN. ◀

---

[3]Dieser Beweis wird dem niederländischen Mathematiker Jacob de Gelder (1765–1848) zugeschrieben.

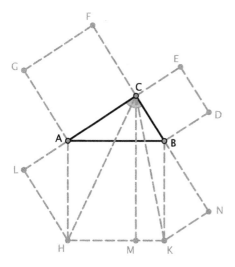

$\triangle$ ABC, $\triangle$ ALH und $\triangle$ BKN sind kongruent. Daher folgt:

$$\square \, AK = \text{Re. } AM + \text{Re. } BM = 2 \cdot \triangle \, CAH + 2 \cdot \triangle \, CKB$$

$$= CA \cdot LH + CB \cdot NK = \square \, CG + \square \, CD$$

$$\Rightarrow c^2 = a^2 + b^2$$

qed.

Beweis 35

Zeichne KL parallel zu BC, HN und BM jeweils parallel zu AC sowie CN senkrecht zu AB, der Schnittpunkt mit AB sei Q. ◄

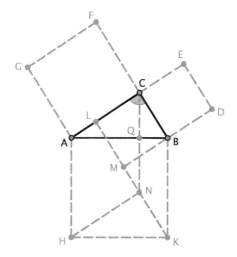

Wegen $\triangle\,ABC = \triangle\,CLN$ gilt:

$$\square\,AK = 6\text{-Eck AHNKBC} = \text{Pgm. AHNC} + \text{Pgm. CNKB}$$
$$= AC \cdot LN + CB \cdot CL = \square\,CG + \square\,CD$$

$$\Rightarrow c^2 = a^2 + b^2$$

qed.

Beweis 36

Zeichne KL parallel zu BC, HN und BM jeweils parallel zu AC und fälle das Lot durch C auf HK mit dem Lotfußpunkt P, der Schnittpunkt mit AB sei Q. ◀

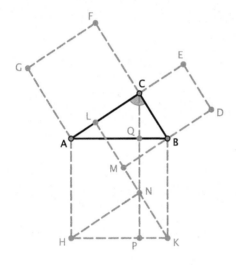

$$\square\,AK = \text{Re. AP} + \text{Re. BP} = \text{Pgm. CAHN} + \text{Pgm. CNKB}$$
$$= AC \cdot LN + CB \cdot CL = \square\,CG + \square\,CD$$

$$\Rightarrow c^2 = a^2 + b^2$$

qed.

Beweis 37

Fälle das Lot durch C auf HK mit dem Lotfußpunkt L. Zeichne KM und HM parallel zu BC bzw. AC sowie DN und GO jeweils parallel zu AB. ◀

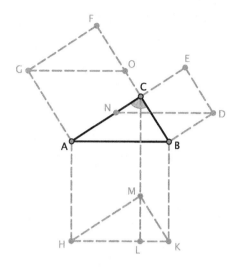

$$\Box\,AK = \text{Re. AL} + \text{Re. BL} = \text{Pgm. AHMC} + \text{Pgm. BCMK}$$
$$= \text{Pgm. ABOG} + \text{Pgm. BDNA}$$
$$= \text{AG}\cdot\text{AC} + \text{BD}\cdot\text{BC} = \Box\,\text{CG} + \Box\,\text{CD}$$
$$\Rightarrow c^2 = a^2 + b^2$$

qed.

Beweis 38

Zeichne KV parallel zu BC sowie HN und BL parallel zu AC. Der Schnittpunkt von KV mit AB sei U, der von BL mit KV sei P. Verlängere GA zu M und HA zu T. Zeichne QC parallel zu AB und QS parallel zu AC. Ergänze TR parallel zu BC. ◄

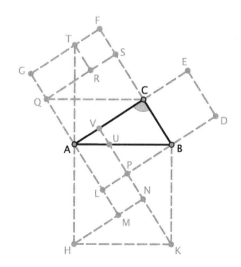

Es gilt: $\square$ AK = $\triangle$ BAL + $\triangle$ HKN + $\square$ LN + $\triangle$ AHM + $\triangle$ BPK = Re. CL + $\triangle$ ACQ + $\triangle$ CSQ + $\square$ TS.

Da Re. CL = $\square$ CP + Re. AP, wobei $\square$ CP = $\square$ CD und Re. AP = Re. GR ist, folgt:

$$\square\, AK = \square\, CD + Re.\ GR + \triangle\, ACQ + \triangle\, CSQ + \square\, TS = \square\, CD + \square\, CG$$

$$\Rightarrow c^2 = a^2 + b^2$$

qed.

Beweis 39

Verlängere HA zu P und zeichne PN durch C. Ergänze NE. Fälle das Lot durch C auf HK mit dem Lotfußpunkt T. Zeichne HM und KM parallel zu AC bzw. BC, verlängere DB zu L und ergänze AM. ◄

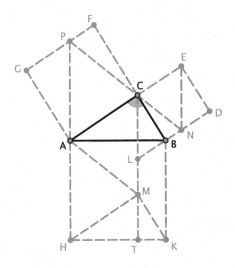

$$\square\, AK = Re.\ AT + Re.\ BT$$

Da Re. AT = 2 · $\triangle$ MAH = 2 · $\triangle$ CAM = 2 · $\triangle$ ACP = $\square$ CG und Re. BT = Pgm. BCMK = 2 · $\triangle$ NCL = 2 · $\triangle$ NEC = $\square$ CD folgt:

$$\square\, AK = \square\, CG + \square\, CD$$

$$\Rightarrow c^2 = a^2 + b^2$$

qed.

Beweis 40

Der Schnittpunkt der Verlängerungen von KB und GF sei Q, der Schnittpunkt von KQ und CE sei R. Fälle das Lot durch C auf HK mit dem Lotfußpunkt L und verlängere LC zu N. Ergänze NE, der Schnittpunkt mit KQ sei P. Verlängere HA zu O und zeichne HT und KM parallel zu AC bzw. BC. ◀

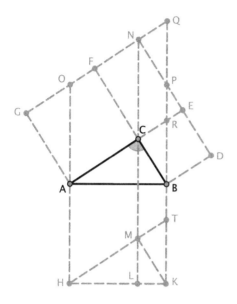

$$\square\ AK = Re.\ AL + Re.\ BL = Pgm.\ AHMC + Pgm.\ BCMK$$

$$= Pgm.\ ACNO + Pgm.\ BPNC = \square\ CG + \square\ CD$$

$$\Rightarrow c^2 = a^2 + b^2$$

qed.

Beweis 41

Der Schnittpunkt der Verlängerungen von KB und GF sei Q, der Schnittpunkt von KQ und CE sei R. Fälle das Lot durch C auf AB mit dem Lotfußpunkt V und verlängere VC zu N. Ergänze NE, der Schnittpunkt mit KQ sei P. Zeichne HM und KT parallel zu AC bzw. BC und verlängere HA zu O sowie GA zu S. Zeichne SU und OL parallel zu AB und ergänze XW parallel zu AC mit NX = OL = SU. ◀

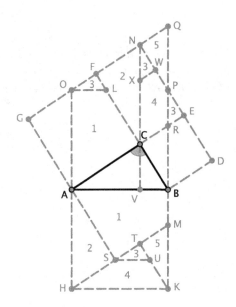

$$\square \, AK = 4-\text{Eck } ASMB + \triangle \, HSA + \triangle \, SUT + \text{Tr. } HKUS + \triangle \, MTK$$

Nun gilt:

$$4-\text{Eck } ASMB + \triangle \, HSA + \triangle \, SUT = 4-\text{Eck } ACLO + \triangle \, NFC + \triangle \, FOL$$
$$= 4-\text{Eck } ACLO + \triangle \, AOG + \triangle \, FOL = \square \, CG \text{ und Tr. } HKUS + \triangle \, MTK$$
$$= \text{Tr. } NCRP + \triangle \, QNP = 4-\text{Eck } BDER + \triangle \, BRC = \square \, CD$$

Insgesamt folgt also: $\square \, AK = \square \, CG + \square \, CD$

$$\Rightarrow c^2 = a^2 + b^2$$

qed.

Beweis 42

Der Schnittpunkt der Verlängerungen von DE und GF sei N. Fälle das Lot durch N auf HK mit dem Lotfußpunkt L und ergänze BM und AO jeweils senkrecht zu AB. ◀

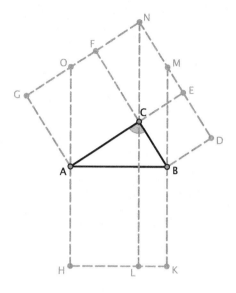

$$\square \, AK = Re. \, AL + Re. \, BL = Pgm. \, ACNO + Pgm. \, BMNC = \square \, CG + \square \, CD$$

$$\Rightarrow c^2 = a^2 + b^2$$

qed.

Beweis 43

Fälle das Lot durch C auf HK mit dem Lotfußpunkt N, der Schnittpunkt mit AB sei M.
Der Schnittpunkt der Verlängerungen von GF und DE sei L. Ergänze LC. ◄

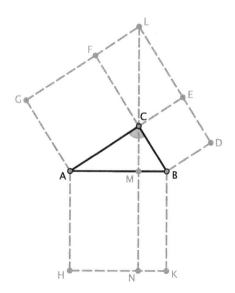

Nach der Flächenformel von Pappus gilt: MN = LC ⇒ Pgm. AHKB = Pgm. ACFG +
Pgm. BDEC. Da es sich bei allen drei Parallelogrammen um Quadrate handelt folgt:

$$\square\,\text{AK} = \square\,\text{CG} + \square\,\text{CD}$$

$$\Rightarrow c^2 = a^2 + b^2$$

qed.

Beweis 44

*Verlängere DE zu L mit EL = CF. Verlängere KB zu O und fälle das Lot durch L auf
HK mit dem Lotfußpunkt N, der Schnittpunkt mit AB sei M.* ◄

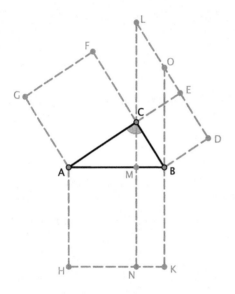

$$\square\,\text{AK} = \text{Re. AN} + \text{Re. BN.}$$

Wegen MN = LC gilt: Re. BN = Pgm. BOLC = $\square$ CD, daher gilt auch Re. AN = $\square$
CG insgesamt folgt: $\square$ AK = $\square$ CG + $\square$ CD

$$\Rightarrow c^2 = a^2 + b^2$$

qed.

Beweis 45

Der Schnittpunkt der Verlängerungen von DE und GF sei P. Verlängere HA zu Q und KB zu R. Zeichne HN parallel zu AC. Fälle das Lot durch P auf HK mit dem Lotfußpunkt L, der Schnittpunkt mit HN sei M. Ergänze DS mit ES = CO sowie MK. ◀

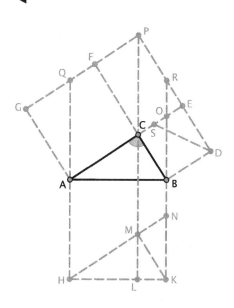

$$\square \, AK = \triangle \, KNM + 6{-}Eck \, AHKMNB = \triangle \, BOC + 5{-}Eck \, AHNBC$$
$$= \triangle \, DES + 5{-}Eck \, QAORP = \triangle \, DES + Pgm. \; ACPQ$$
$$+ \, Tr. \; PCOR = \square \, CG + \triangle \, DES + Pgm. \, BRPC - \triangle \, BOC$$
$$= \square \, CG + \triangle \, DSE + Tr. \, CBDS = \square \, CD + \square \, CG$$

$$\Rightarrow c^2 = a^2 + b^2$$

qed.

Beweis 46[4]

Zeichne HL und KL parallel zu BC bzw. AC. Ergänze CL, GD und FE. ◀

---

[4]Dieser Beweis wird dem italienischen Universalgelehrten Leonardo da Vinci (1452–1519) zugeschrieben.

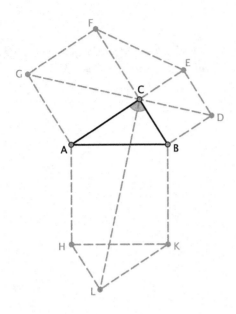

$\Box\,\text{AK} + 2\cdot\triangle\,\text{ABC} = \Box\,\text{AK} + \triangle\,\text{ABC} + \triangle\,\text{HLK} = 6-\text{Eck AHLKBC}$

$\qquad\qquad = 2\cdot 4-\text{Eck AHLC} = 2\cdot 4-\text{Eck FGDE} = 6-\text{Eck ABDEFG}$

$\qquad\qquad = \Box\,\text{CD} + \Box\,\text{CG} + \triangle\,\text{ABC} + \triangle\,\text{CEF} = \Box\,\text{CD} + \Box\,\text{CG} + 2\cdot\triangle\,\text{ABC}$

Insgesamt folgt: $\Box\,\text{AK} = \Box\,\text{CD} + \Box\,\text{CG}$

$$\Rightarrow c^2 = a^2 + b^2$$

qed.

Beweis 47

Zeichne DO mit BO = AC und GN mit AN = BC. Ergänze EF. Fälle das Lot durch C auf HK mit dem Lotfußpunkt L. Zeichne HP parallel zu AC, der Schnittpunkt mit CL sei M. Ergänze MK. ◀

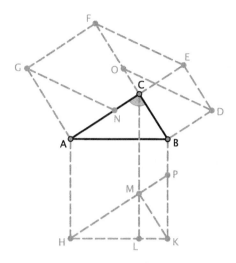

$$\square \, \text{AK} = \text{Re. BL} + \text{Re. AL} = \text{Pgm. CMKB} + \text{Pgm. CAHM}$$

$$= \text{Pgm. FODE} + \text{Pgm. GNEF} = \square \, \text{CD} + \square \, \text{GC}$$

$$\Rightarrow c^2 = a^2 + b^2$$

qed.

Beweis 48

Verlängere HA zu Q und vervollständige das Quadrat BQ. Zeichne GM und DP jeweils parallel zu AB, der Schnittpunkt von GM und CF sei O, die Schnittpunkte von DP mit BN und AC seien L bzw. R. Ergänze NO. ◄

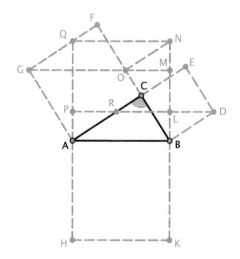

$$\square \text{ AK} = \square \text{ AN} = \text{Re. AL} + \text{Re. PN} = \text{Pgm. BDRA} + \text{Re. AM}$$
$$= \text{Pgm. BDRA} + \text{Pgm. GABO} = \square \text{ CD} + \square \text{ CG}$$

$$\Rightarrow c^2 = a^2 + b^2$$

qed.

Beweis 49

Der Schnittpunkt der Verlängerungen von KB und DE sei P, der Schnittpunkt von KP und CE sei Q. Zeichne QN parallel zu DE, NO parallel zu BP sowie GR und CT jeweils parallel zu AB. Verlängere HA zu S. Zeichne CL parallel zu AH, der Schnittpunkt mit AB sei Y. Verlängere DB zu U, zeichne KV und MU jeweils parallel zu BC, MX und HV jeweils parallel zu AC und verlängere GA zu W. ◀

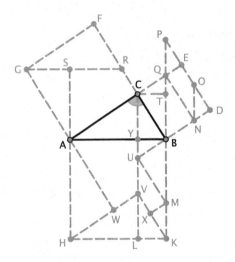

$\square$ AK $= \triangle$ AHW $+ \triangle$ HLV + 4–Eck AWVY $+ \triangle$ VLK $+ \triangle$ KMX + Tr. UVXM $+ \triangle$ MBU $+ \triangle$ BYU

Es gilt: $\triangle$ AHW $= \triangle$ GRF, $\triangle$ HLV $= \triangle$ ASG und 4–Eck AWVY = 4–Eck ACRS $\Rightarrow$ Re. AL $= \square$ CG

Außerdem gilt:

$$\triangle \text{ VLK} = \triangle \text{ BTC}, \triangle \text{ KMX} = \triangle \text{ OND}, \text{Tr. UVXM} = \text{Tr. NOEQ},$$
$$\triangle \text{ MBU} = \triangle \text{ QBN und } \triangle \text{ BYU} = \triangle \text{ CTQ} \Rightarrow \text{Re. YK} = \square \text{ CD}$$

Insgesamt folgt daher: $\square$ AK $= \square$ CG $+ \square$ CD

$$\Rightarrow c^2 = a^2 + b^2$$

qed.

Beweis 50

Der Schnittpunkt der Verlängerungen von GF und DE sei P. Fälle das Lot durch P auf HK mit dem Lotfußpunkt L. Zeichne KO parallel zu CB, der Schnittpunkt mit PL sei M. Ergänze HM. Der Schnittpunkt der Verlängerungen von HM und CB sei N. ◄

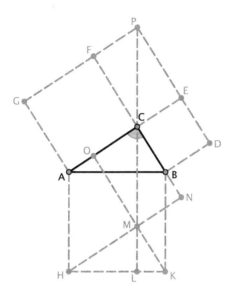

$$\square \, AK = Re. \; AL + Re. \; BL = Pgm. \; AHMC + Pgm. \; CMKB$$
$$= Tr. \; AHNC - \triangle \, MNC + Tr. \; COKB - \triangle \, COM$$
$$= Tr. \; ACPG - \triangle \, CPF + Tr. \; CBDP - \triangle \, CEP$$
$$= \square \, GC + \square \, CD$$

$$\Rightarrow c^2 = a^2 + b^2$$

qed.

Beweis 51

Verlängere GA zu M mit GA = AM und ergänze HM. Der Schnittpunkt der Verlängerungen von HM und CB sei Q. Fälle das Lot durch C auf HK mit dem Lotfußpunkt L, der Schnittpunkt mit HQ sei N. Zeichne KP parallel und BO senkrecht zu BC. ◄

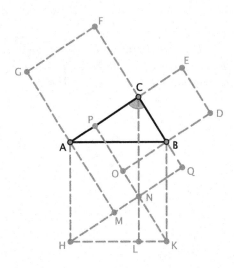

$$\square \, AK = \text{Re. AL} + \text{Re. BL} = \text{Pgm. AHNC} + \text{Pgm. CNKB}$$

$$= \square \, CM + \square \, CO = \square \, GC + \square \, CD$$

$$\Rightarrow c^2 = a^2 + b^2$$

qed.

Beweis 52

Verlängere GA zu T mit GA = AT und ergänze HT. Der Schnittpunkt der Verlängerungen von HT und CB sei P, der Schnittpunkt von HP und BK sei R. Zeichne PN parallel zu AB, die Schnittpunkte mit BK und AT seien Q und S. Zeichne SO parallel zu AC, KU parallel zu BC sowie GL und CM jeweils parallel zu AB. Ergänze EP, der Schnittpunkt mit BD sei V. ◄

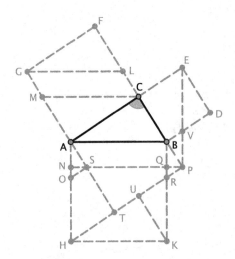

□ AK = Tr. HTSO + △ KRU + △ HKU + 4–Eck STRQ + △ SNO + Re. AQ

  □ CD = Tr. ECBV + △ EVD

  □ GC = △ GLF + △ CMA + Pgm. MCLG

  Es gilt:

  Tr. HTSO = Tr. ECBV und △ KRU = △ EVD, △ HKU = △ GLF und Re. AQ = Pgm. ASPB = Pgm. GMCL.

  Außerdem ist △ SNO = △ PQR, daher ist 4–Eck STRQ + △ SNO = 4–Eck STRQ + △ PQR = △ STP = △ MAC.

  Insgesamt gilt also:

  □ AK = Tr. HTSO + △ KRU + △ HKU + 4–Eck STRQ + △ SNO + Re. AQ

  = Tr. ECBV + △ EVD + △ GLF + △ MAC + Pgm. GMCL= □ CD + □ GC

$$\Rightarrow c^2 = a^2 + b^2$$

qed.

Beweis 53

Zeichne KL und KN parallel zu AC mit KL = BC und KN = AC. Ergänze BL und HN. Verlängere GA zu O und DB zu M. Zeichne HP parallel zu AC, ergänze MN und DL. ◄

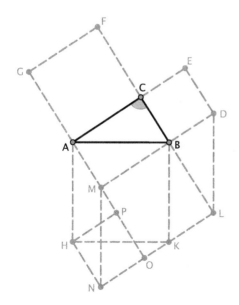

Wegen $\triangle$ HNK = $\triangle$ AMB gilt:

$$\square \text{ AK} = 6-\text{Eck AHNKBM} = \text{Pgm. HNMA} + \text{Pgm. KBMN}$$

$$= \square \text{ HO} + \square \text{ ML} = \square \text{ CD} + \square \text{ GC}$$

$$\Rightarrow c^2 = a^2 + b^2$$

qed.

Beweis 54

Verlängere CB zu M und CA zu P mit BM = AC und AP = BC. Zeichne HN und KM jeweils parallel und HP und KO jeweils senkrecht zu AC. Der Schnittpunkt von HN und KO sei R. Fälle das Lot durch C auf HK mit dem Lotfußpunkt L. ◄

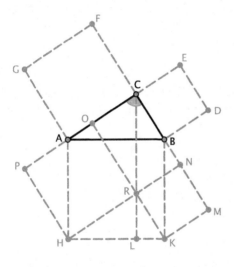

$$\square \text{ AK} = \text{Re. BL} + \text{Re. AL} = \text{Pgm. RKBC} + \text{Pgm. HRCA}$$

$$= \square \text{ RM} + \square \text{ PR} = \square \text{ CD} + \square \text{ GC}$$

$$\Rightarrow c^2 = a^2 + b^2$$

qed.

Beweis 55

Verlängere CA zu N mit AN = BC. Der Schnittpunkt der Verlängerungen von DB und GA sei M. Ergänze NH und verlängere NH zu O mit HO = BC. Ergänze MO, KO und ML. ◄

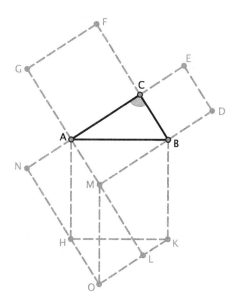

Wegen △ HOK = △ AMB gilt:

☐ AK = 6−Eck AHOKBM = Pgm. HOMA + Pgm. BMOK = ☐ CD + ☐ CG

$$\Rightarrow c^2 = a^2 + b^2$$

qed.

Beweis 56

Die Schnittpunkte der Verlängerungen von GF und DE sowie DB und GA seien R und P. Verlängere CA zu L und CB zu N mit AL = BC und BN = AC. Ergänze CR, LH und NK. Der Schnittpunkt der Verlängerungen von LH und NK sei M. ◄

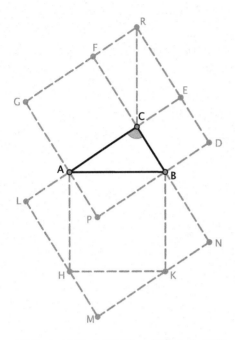

$\triangle$ ABC, $\triangle$ ALH, $\triangle$ HMK, $\triangle$ BKN, $\triangle$ APB, $\triangle$ RCE und $\triangle$ RFC sind kongruent.

$$\text{Daher ist } \square\,AK = \square\,LN - \triangle\,ABC - \triangle\,ALH - \triangle\,HMK - \triangle\,BKN$$
$$= \square\,LN - 4 \cdot \triangle\,ABC = \square\,RP - 4 \cdot \triangle\,ABC$$
$$= \square\,RP - \triangle\,APB - \triangle\,ABC - \triangle\,RCE - \triangle\,RFC$$
$$= \square\,CD + \square\,GC$$

$$\Rightarrow c^2 = a^2 + b^2$$

qed.

Beweis 57

Der Schnittpunkt der Verlängerungen von DE und GF sei N. Verlängere CA zu L und CB zu M mit AL = BC und BM = AC. Ergänze NC, LH und MK. ◄

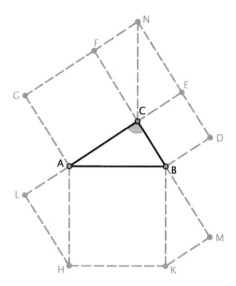

$\triangle$ ABC, $\triangle$ ALH, $\triangle$ BKM, $\triangle$ NCE und $\triangle$ NFC sind kongruent.

Daher ist $\square$ AK = 5−Eck CLHKM − $\triangle$ ABC − $\triangle$ ALH − $\triangle$ BKM

$\qquad\qquad$ = 5−Eck CLHKM − 3 · $\triangle$ ABC = 5−Eck ABDNG − 3 · $\triangle$ ABC

$\qquad\qquad$ = 5−Eck ABDNG − $\triangle$ ABC − $\triangle$ NCE − $\triangle$ NFC = $\square$ CD + $\square$ GC

$$\Rightarrow c^2 = a^2 + b^2$$

qed.

Beweis 58

Die Schnittpunkte der Verlängerungen von DE und GF sowie von DB und GA seien M und P. Zeichne PO senkrecht zu AB mit PO = AH und ergänze HO und KO. Die Schnittpunkte der Verlängerungen von OH und CA sowie von OK und CB seien N und L. Ergänze NG, LD und MC. ◄

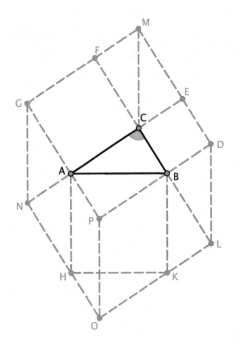

$\triangle$ ABC, $\triangle$ HOK, $\triangle$ MCE, $\triangle$ BLD, $\triangle$ GNA, $\triangle$ MFC, $\triangle$ BKL und $\triangle$ ANH sind kongruent.

Daher gilt:

$\square$ AK = 6$-$Eck AHOKBP

$\quad\quad$ = Pgm. OPGN $-$ Pgm. HAGN $+$ Pgm. POLD $-$ Pgm. BKLD

$\quad\quad$ = Pgm. GNCM $-$ $\triangle$ GNA $-$ $\triangle$ MFC $+$ Pgm. LDMC $-$ $\triangle$ MCE $-$ $\triangle$ BLD

$\quad\quad$ = $\square$ GC $+$ $\square$ CD

$$\Rightarrow c^2 = a^2 + b^2$$

qed.

Beweis 59

Der Schnittpunkt der Verlängerungen von DB und GA sei P. Zeichne PO senkrecht zu AB mit PO = AH und ergänze HO und KO. Die Schnittpunkte der Verlängerungen von OH und CA sowie von OK und CB seien N und L. ◄

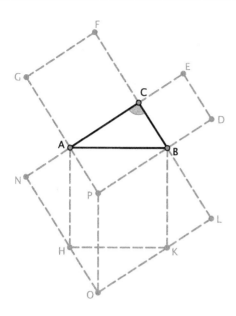

$$\Box \, AK = 6\text{–Eck ANOLBP} - \triangle \, ANH - \triangle \, BKL$$

$$= \text{Pgm. PAHO} + \text{Pgm. POKB} = \Box \, CD + \Box \, CG$$

$$\Rightarrow c^2 = a^2 + b^2$$

qed.

Beweis 60

Ergänze GD, AF, BE, AK und BH. Die Schnittpunkte von GD mit AF und BE seien N und M, der von AK und BH sei L. Ergänze CL, der Schnittpunkt mit AB sei P. ◀

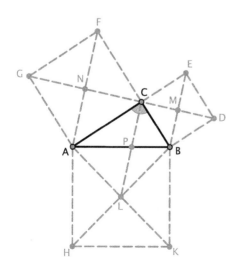

Es gilt: 4–Eck ALBC = 4–Eck ABMN

$\square$ AK = 2 · $\triangle$ AKB = 2 · (4–Eck AKBC − $\triangle$ ABC) = 2 · (4–Eck ABDG − $\triangle$ ABC)

$$= 2 \cdot (\triangle\ CBD + \triangle\ GAC) = \square\ CD + \square\ GC$$

$$\Rightarrow c^2 = a^2 + b^2$$

qed.

Beweis 61

Verlängere BA zu L und AB zu Q, so dass LG und QD senkrecht sind zu AB. Der Schnittpunkt der Verlängerungen von DQ und HK sei W. Zeichne LN parallel zu BC sowie QP und KV jeweils parallel zu AC. Zeichne GR, DS, PM und NV parallel sowie RU und ST senkrecht zu AB. ◄

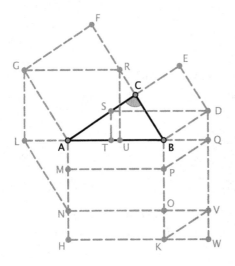

Da $\triangle$ WVK = $\triangle$ BPQ, ist AN = MH und damit Re. AP = Re. NK.

Nun ist $\square$ AK = Re. AP + Re. AO = Pgm. ABDS + Re. GU = $\square$ CD + Pgm. GABR
= $\square$ CD + $\square$ GC

$$\Rightarrow c^2 = a^2 + b^2$$

qed.

Beweis 62

Zeichne HR parallel zu AC. Verlängere GA zu N und zeichne KO parallel zu BC.
Fälle das Lot durch C auf HK mit dem Lotfußpunkt W, der Schnittpunkt mit AB sei X.
Zeichne FM und BU jeweils senkrecht und GL parallel zu AB. Konstruiere S mit BS
= OX und ergänze ST parallel und TV senkrecht zu AB. Konstruiere P mit OP = TV
und ergänze PQ parallel zu AC. ◀

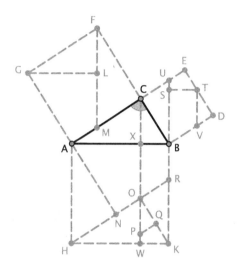

$\square$ AK = Tr. XORB + $\triangle$ OPQ + 4−Eck PWKQ + $\triangle$ OKR + $\triangle$ AHN + $\triangle$ HWO

$\qquad$ + 4−Eck ANOX = Tr. SBVT + $\triangle$ TVD + 4−Eck USTE + $\triangle$ CBU

$\qquad$ + $\triangle$ FMC + $\triangle$ GLF + 4−Eck GAML = $\square$ CD + $\square$ GC

$$\Rightarrow c^2 = a^2 + b^2$$

qed.

Beweis 63

Der Schnittpunkt der Verlängerungen von GF und DE sei N. Verlängere ND zu M mit
DM = AC. Ergänze KM und verlängere MK zu Q mit KQ = AC. Verlängere CB zu
L, GA zu R und NG zu O mit GO = BC. Ergänze OQ und verlängere CA zu P und
DB zu T, der Schnittpunkt mit AR sei S. ◀

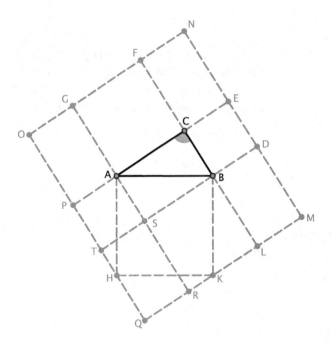

Die Figur enthält zahlreiche kongruente Figuren: Dreiecke (u. a. $\triangle$ ABC, $\triangle$ APH, $\triangle$ HQK, $\triangle$ BKL), Rechtecke (u. a. Re. TR, Re. BM, Re. FE, Re. OA), zwei kleinere Quadrate ($\square$ PS, $\square$ CD), zwei größere Quadrate ($\square$ SL, $\square$ GC) sowie $\square$ AK. Es gilt daher:

$$\square\,NQ = \square\,AK + \triangle\,ABC + \triangle\,APH + \triangle\,HQK + \triangle\,BKL + Re.\ CM$$
$$+ Re.\ GE + Re.\ OA \ = \ \square\,AK + 4 \cdot \triangle\,ABC + Re.\ CM$$
$$+ Re.\ GE + Re.\ OA$$

Außerdem ist $\square$ NQ = Re. PR + Re. AL + Re. CM + Re. GE + Re. OA
$$= \square\,CD + 2 \cdot \triangle\,ABC + \square\,CG + 2 \cdot \triangle\,ABC + Re.\ CM$$
$$+ Re.\ GE + Re.\ OA$$
$$= \square\,CD + \square\,CG + 4 \cdot \triangle\,ABC \ + Re.\ CM + Re.\ GE + Re.\ OA$$

Insgesamt folgt also:

$$\square\,AK + 4 \cdot \triangle\,ABC + Re.\ CM + Re.\ GE + Re.\ OA$$
$$= \square\,CD + \square\,CG + 4 \cdot \triangle\,ABC + Re.\ CM + Re.\ GE + Re.\ OA$$

$$\Rightarrow \square\,AK = \square\,CD + \square\,CG$$

$$\Rightarrow c^2 = a^2 + b^2$$

qed.

Beweis 64

Die Schnittpunkte der Verlängerungen von CB und HK, CA und KH, GF und DE, BA und FG sowie AB und ED seien L, R, O, Q und M. Zeichne AP senkrecht und CN parallel zu AB. Ergänze OC. ◄

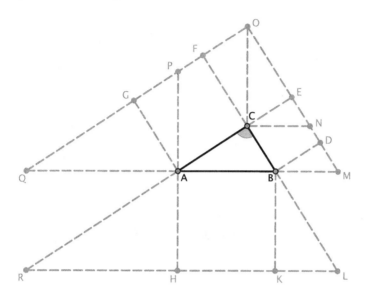

$$\square\, AK = \triangle\, CRL - \triangle\, ARH - \triangle\, BKL - \triangle\, ABC$$
$$= \triangle\, QMO - \triangle\, QAP\ - \triangle\, OCN - \triangle\, ABC$$
$$= \text{Pgm. PACO} + \text{Pgm. CBMN}$$
$$= \square\, GC + \square\, CD$$

$$\Rightarrow c^2 = a^2 + b^2$$

qed.

Beweis 65

Die Schnittpunkte der Verlängerungen von CB und HK, AB und ED sowie DE und GF seien L, M und O. Zeichne AP und BN senkrecht zu AB und ergänze PN und OC. ◄

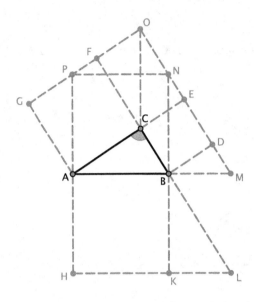

$\triangle$ BKL und $\triangle$ NBM sind kongruent. Daher ist $\square$ AK = Tr. AHLB – $\triangle$ BKL = Tr. AMNP – $\triangle$ NBM = 6–Eck ACBNOP = Pgm. BNOC + Pgm. ACOP = $\square$ CD + $\square$ GC

$$\Rightarrow c^2 = a^2 + b^2$$

qed.

Beweis 66

Die Schnittpunkte der Verlängerungen von DE und GF, AB und ED sowie BA und FG seien O, N und L. Ergänze LH und NK und verlängere beide Strecken bis zu M. Ergänze OM und zeichne PQ durch C parallel zu AB. ◀

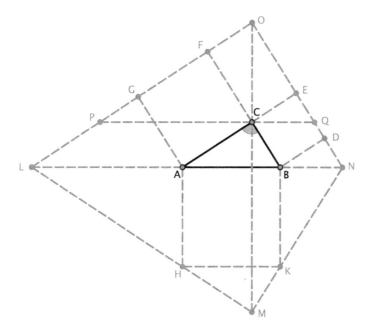

Es gilt: HM = AC = LP und LH = OP (da △ OPC und △ LHA kongruent), also ist LM = OL.

Außerdem gilt: MK = DE = NQ und NK = OQ (da △ BKN und △ OCQ kongruent), also ist ON = NM.

Daher ist □ AK = △ NLM − (△ LHA + △ HMK + △ BKN)

= △ LNO − (△ OPC + △ ABC + △ OCQ)

= Pgm. PLAC + Pgm.CBNQ = □ CG + □ CD

$$\Rightarrow c^2 = a^2 + b^2$$

qed.

Beweis 67

Verlängere CA zu M und CB zu P, so dass AM = AC und BP = BC und ergänze MP. Die Schnittpunkte von MP mit AH und BK seien U und V. Zeichne MN und PO senkrecht zu AB mit MN = PO = AH. Ergänze NH und OK. Die Schnittpunkte der Verlängerungen von KB und DE sowie FG und NM seien S und L. Verlängere außerdem HA zu T und OP zu R, der Schnittpunkt von OR und BD sei Q. Fälle das Lot durch C auf HK mit dem Lotfußpunkt X. ◄

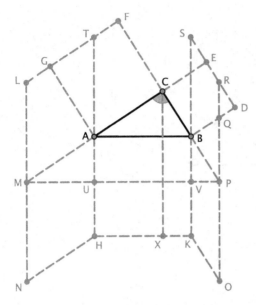

$$\square \, AK = \text{Re. } AX + \text{Re. } BX = \text{Pgm. MNHA} + \text{Pgm. PBKO}$$
$$= \text{Pgm. LMAT} + \text{Pgm. RSBP} = \square \, CG + \square \, CD$$

$$\Rightarrow c^2 = a^2 + b^2$$

qed.

Beweis 68

P sei der Mittelpunkt von AB. Zeichne PL, PM und PN jeweils senkrecht zu AB, BC und AC, die Schnittpunkte von PN und AC bzw. PM und BC seien T bzw. S. Ergänze EF, PE, PF und PH und zeichne PR durch C. ◄

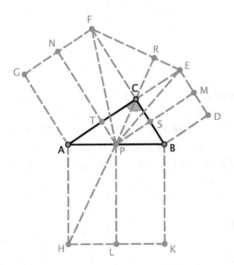

Da $\triangle$ ABC und $\triangle$ EFC kongruent sind, ist EF = AB = AH.

Da außerdem PC = PA ist, sind die Grundseiten der Dreiecke $\triangle$ PAH, $\triangle$ CPE und $\triangle$ PCF gleich lang. Da die Flächen von Dreiecken mit derselben Grundseite im gleichen Verhältnis stehen wie die jeweiligen Höhen, gilt:

$$\frac{\triangle \text{ CPE}}{\triangle \text{ PCF}} = \frac{\text{ER}}{\text{FR}}, \text{wobei } \triangle \text{ CPE} = \tfrac{1}{2} \cdot \text{Re. CM} = \tfrac{1}{4} \cdot \square \text{ CD und } \triangle \text{ PCF} = \tfrac{1}{2} \cdot \text{Re.CN} = \tfrac{1}{4} \cdot \square \text{ CG}$$

Es folgt:

$$\frac{\triangle \text{ CPE} + \triangle \text{ PCF}}{\triangle \text{ PCF}} = \frac{\text{ER} + \text{FR}}{\text{FR}} = \frac{\text{AB}}{\text{FR}} \Rightarrow \frac{\tfrac{1}{4} \cdot \square \text{ CD} + \tfrac{1}{4} \cdot \square \text{ CG}}{\triangle \text{ PCF}} = \frac{\text{AB}}{\text{FR}}.$$

Nun ist aber auch $\dfrac{\triangle \text{ PAH}}{\triangle \text{ PCF}} = \dfrac{\tfrac{1}{4} \cdot \square \text{ AK}}{\triangle \text{ PCF}} = \dfrac{\text{AB}}{\text{FR}}$, also ist $\dfrac{\triangle \text{ PAH}}{\triangle \text{ PCF}} = \dfrac{\triangle \text{ CPE} + \triangle \text{ PCF}}{\triangle \text{ PCF}}$

$$\Rightarrow \ \triangle \text{ PAH} = \triangle \text{ CPE} + \triangle \text{ PCF}$$

$$\Rightarrow \frac{1}{4} \cdot \square \text{ AK} = \frac{1}{4} \cdot \square \text{ CD} + \frac{1}{4} \cdot \square \text{ CG}$$

$$\Rightarrow \square \text{ AK} = \square \text{ CD} + \square \text{ CG}$$

$$\Rightarrow c^2 = a^2 + b^2$$

qed.

Beweis 69

Verlängere CB zu O, so dass BO = CA. Ergänze OK und zeichne KL und BL jeweils parallel zu BO bzw. OK. Konstruiere AM und HM, so dass AM = AC und HM = BC. Verlängere MH zu N mit HN = AC und ergänze NK. Ergänze FE, GE, GD, GB, AO, AK und AN. ◄

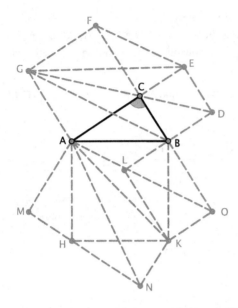

Es gilt: $\triangle$ AHN $= \triangle$ AOB $= \triangle$ ABG $= \triangle$ GEF

Außerdem ist $\triangle$ DEG $= \triangle$ DGB $= \triangle$ AKO $= \triangle$ ANK, denn

(1) $\triangle$ DEG $= \frac{1}{2} \cdot$ DE $\cdot$ AE

(2) $\triangle$ DGB $= \frac{1}{2} \cdot$ DB $\cdot$ BF $= \frac{1}{2} \cdot$ DE $\cdot$ AE

(3) $\triangle$ AKO $= \frac{1}{2} \cdot$ KO $\cdot$ CO $= \frac{1}{2} \cdot$ DE $\cdot$ AE

(4) $\triangle$ ANK $= \frac{1}{2} \cdot$ KN $\cdot$ AK $= \frac{1}{2} \cdot$ DE $\cdot$ AE

Es folgt:

6$-$Eck AHNKOB $- \triangle$ HNK $- \triangle$ BKO

$\qquad = \triangle$ AHN $+ \triangle$ AOB $+ \triangle$ ANK $+ \triangle$ AKO $- \triangle$ HNK $- \triangle$ BKO

$\qquad = 2 \cdot \triangle$ AHN $+ 2 \cdot \triangle$ AOB $- 2 \cdot \triangle$ HNK $= \square$ AK

Außerdem ist wegen der oben dargelgten Gleichheit diverser Dreiecke

6$-$Eck AHNKOB $=$ 6$-$Eck ABDEFG

$\qquad = \triangle$ ABG $+ \triangle$ EFG $+ \triangle$ GBD $+ \triangle$ GDE $- \triangle$ CEF $- \triangle$ ABC

$\qquad = 2 \cdot \triangle$ ABG $+ 2 \cdot \triangle$ ABD $- 2 \cdot \triangle$ ABC

$\qquad = \square$ CG $+ \square$ CD

Insgesamt ist also $\square$ AK $= \square$ CD $+ \square$CG

$$\Rightarrow c^2 = a^2 + b^2$$

qed.

Beweis 70

Ausgangsfigur ist △ ABC mit dem Thaleskreis und den Kathetenquadraten GC und CD. Der Schnittpunkt der Verlängerungen von GF und DE sei P. Ergänze PC und verlängere PC zu N. Verlängere PN zu L mit NL = PC und zeichne AH und BK jeweils parallel zu NL mit AH = BK = NL. Ergänze HK, verlängere HA zu M und KB zu O.

Variiere diese Figur um △ ABC (Abb. 1) nun auf zwei Arten: Erstens um das stumpfwinklige △ ABC' (Abb. 2), dessen Punkt C' innerhalb des Thaleskreises liegt, und zweitens um das spitzwinklige Dreieck △ ABC" (Abb. 3), dessen Punkt C" außerhalb des Thaleskreises liegt.

Dann gilt: Die Summe der Flächeninhalte der beiden Quadrate CG und CD, CG' und CD' bzw. CG" und CD" ist kleiner, gleich oder größer als die Fläche des Hypotenusenquadrats AK. ◀

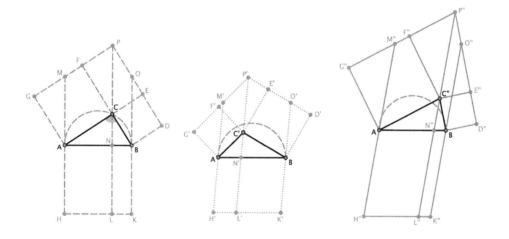

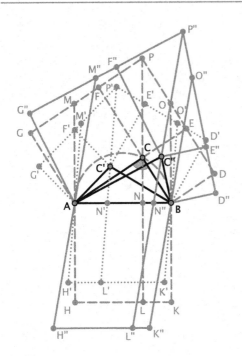

Für jedes stumpfwinklige $\triangle$ ABC′ gilt: P′C′ = AH′ < AH
$\Rightarrow$ Pgm. AH′K′B < $\square$ AK

Für jedes spitzwinklige $\triangle$ ABC″ gilt: P″C″ = AH″ > AH
$\Rightarrow$ Pgm. AH″K″B > $\square$ AK

Außerdem gilt für $\triangle$ ABC′:

$$\square\, C′G′ + \square\, C′D′ = Pgm.C′P′M′A + Pgm.C′BO′P′$$
$$= Pgm.AH′L′N′ + Pgm.N′L′K′B = Pgm.AH′K′B$$
$$\Rightarrow \square\, C′G′ + \square\, C′D′ < \square\, AK$$

Analog gilt für $\triangle$ ABC′:

$$\square\, C″G″ + \square\, C″D″ = Pgm.C″P″M″A + Pgm.C″BO″P″$$
$$= Pgm.AH″L″N″ + Pgm.N″L″K″B = Pgm.AH″K″B$$
$$\Rightarrow \square\, C″G″ + \square\, C″D″ > \square\, AK$$

Insgesamt folgt, dass für jedes stumpf– und spitzwinklige $\triangle$ ABC′ bzw. $\triangle$ ABC″ gilt:

$$\square\, AK \neq \square\, C′G′ + \square\, C′D′ \neq \square\, C″G″ + \square\, C″D″$$

Im rechtwinkligen $\triangle$ ABC gilt daher: $\square$ AK = $\square$ CD + $\square$ CG

$$\Rightarrow c^2 = a^2 + b^2$$

qed.

3.2   c² nach innen konstruiert

Die Grundfigur für die Beweise in diesem Kapitel besteht aus dem rechtwinkligen Dreieck ABC sowie den drei Quadraten über den Dreiecksseiten, wobei die Kathetenquadrate (a^2 und b^2) „außen" liegen und das Hypotenusenquadrat (c^2) „innen" liegt. Ausgangsdreieck und Kathetenquadrate werden also vom Hypotenusenquadrat teilweise überlagert. Hierdurch ergeben sich neue (Schnitt-)Punkte, mit deren Hilfe weitere Zusatzlinien und Figuren konstruiert werden können, was zu zahlreichen neuen, geometrischen Beweisen führt.

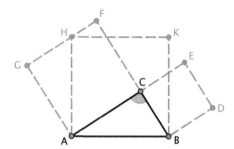

Die folgenden Konstruktionsbeschreibungen der einzelnen Beweisskizzen gehen stets von dieser Grundfigur aus, wobei in den Skizzen selbst die Bezeichnungen einiger Punkte variieren können. In den jeweiligen Beschreibungen werden nur zusätzlich zu konstruierende Strecken und Punkte erwähnt.

Beweis 71

Das Dreieck ABC sei gleichschenklig. Verlängere AC zu H und BC zu D. Zeichne BL und HL senkrecht bzw. parallel zu BC sowie AK und DK senkrecht bzw. parallel zu AC. ◀

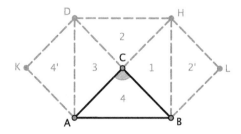

$\triangle$ BHC (1), $\triangle$ CHD (2), $\triangle$ CDA (3) und $\triangle$ ABC (4) sind kongruent.
Außerdem ist $\triangle$ 2 = $\triangle$ 2' und $\triangle$ 4 = $\triangle$ 4'.
Daher gilt:
$\square$ AH = $\triangle$ 1 + $\triangle$ 2 + $\triangle$ 3 + $\triangle$ 4 = $\triangle$ 1 + $\triangle$ 2' + $\triangle$ 3 + $\triangle$ 4' = $\square$ CL + $\square$ KC

$$\Rightarrow c^2 = a^2 + b^2$$

qed.

Beweis 72

Konstruiere ML parallel zu CB mit AL = HP und ergänze HN parallel zu CB. ◀

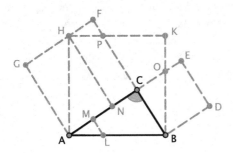

Es gilt:

4−Eck HACP = 4−Eck KHNO. Beide enthalten 4−Eck HNCP, daher ist 4−Eck PCOK

$$= \triangle \text{ HAN} = \triangle \text{ HGA.}$$

Es folgt:

□ AK = △ ALM + 4−Eck LBCM + △ OCB + 4−Eck PCOK + 4−Eck HACP

$\qquad$ = △ HPF + 4−Eck OBDE + △ OCB + △ HGA + 4−Eck HACP = □ CD + □ GC

$$\Rightarrow c^2 = a^2 + b^2$$

qed.

Beweis 73

Ergänze GD, die Schnittpunkte mit HA und KB seien L und M. ◀

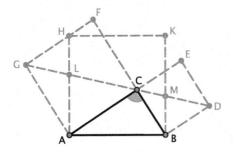

□ AK = Tr. ABML + Tr. LMKH = 2 · Tr. ABML = 2 · (△ ACL + △ ABC + △ CBM)

$\qquad$ = 2 · (△ ACL + △ AHG + △ CBM) = 2 · (△ ACL + △ ALG + △ LHG + △ CBM)

$\qquad$ = 2 · (△ ACL + △ ALG + △ BDM + △ CBM) = □ GC + □ CD

$$\Rightarrow c^2 = a^2 + b^2$$

qed.

Zeichne MN parallel zu CB mit CM = CB. Fälle das Lot durch K auf BF mit dem Lotfußpunkt L. ◄

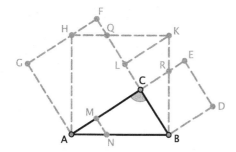

Da △ ANM = △ HQF, Tr. MNBC = Tr. RBDE, △ BKL = △ AHG und △ KQL = △ BRC folgt:

$$\square\, AK = \triangle\, ANM + \text{Tr. } MNBC + \triangle\, BKL + \triangle\, KQL + 4-\text{Eck } HACQ$$
$$= \triangle\, HQF + \triangle\, AHG + 4-\text{Eck } HACQ + \text{Tr. } RBDE + \triangle\, BRC$$
$$= \square\, GC + \square\, CD$$

$$\Rightarrow c^2 = a^2 + b^2$$

qed.

Zeichne GN und DO jeweils parallel zu AB. Die Schnittpunkte von GN mit HA und FC seien L und M, die von DO mit KB und CA seien Q und P. ◄

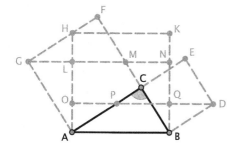

$$\square \text{ AK} = \text{Re. AQ} + \text{Re. OK} = \text{Pgm. ABDP} + \text{Re. AN}$$
$$= \square \text{ CD} + \text{Pgm. ABMG} = \square \text{ CD} + \square \text{ CG}$$

$$\Rightarrow c^2 = a^2 + b^2$$

qed.

Beweis 76

Zeichne GN und DR jeweils parallel zu AB. Die Schnittpunkte von GN mit HA und FC seien seien L und M, die von DR mit KB, CB, CA und HA seien Q, P, T und O. Ergänze KM. ◄

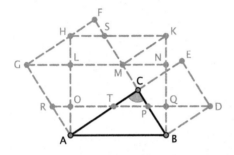

$$\square \text{ AK} = \text{Re. AQ} + \text{Re. ON} + \text{Re. LK}$$
$$= \text{Pgm. ABDT} + \text{Pgm. RPMG} + \text{Pgm. GMKH}$$
$$= \square \text{ CD} + 5-\text{Eck RTCMG} + \triangle \text{ HSF} + \text{Tr. GMSH} + \triangle \text{ TRA}$$
$$= \square \text{ CD} + \square \text{ GC}$$
$$\Rightarrow c^2 = a^2 + b^2$$

qed.

Beweis 77

Fälle das Lot durch C auf AB mit dem Lotfußpunkt M und verlängere MC zu L. Ergänze CH und CK. ◄

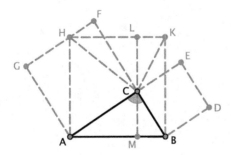

$$\square \, AK = Re. \, LB + Re. \, LA = 2 \cdot \triangle \, KCB + 2 \cdot \triangle \, ACH = \square \, CD + \square \, GC$$

$$\Rightarrow c^2 = a^2 + b^2$$

qed.

Beweis 78

Zeichne EN und CS jeweils parallel zu BK und KM parallel zu CA. Der Schnittpunkt von KM und CS sei Q. Ergänze KC und EB. ◄

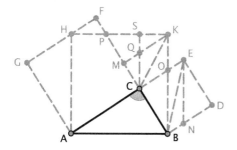

Es gilt: $\triangle \, KPM = \triangle \, END$. Wegen $\triangle \, KCB = \triangle \, ECB$ gilt außerdem:

$$Pgm. \, QCOK = 2 \cdot \triangle \, COK = 2 \cdot (\triangle \, KCB - \triangle \, OCB)$$
$$= 2 \cdot (\triangle \, ECB - \triangle \, OCB) = Pgm. \, OBNE$$

Es folgt:

$$\square \, AK = \triangle \, ABC + 4{-}Eck \, ACPH + \triangle \, CQM + \triangle \, KPM + Pgm. \, QCOK + \triangle \, OCB$$
$$= \triangle \, AHG + 4{-}Eck \, ACPH + \triangle \, HPF + \triangle \, END + Pgm. \, OBNE + \triangle \, OCB$$
$$= \square \, CG + \square \, CD$$

$$\Rightarrow c^2 = a^2 + b^2$$

qed.

Beweis 79

Zeichne KM parallel zu CA und ergänze EK. ◄

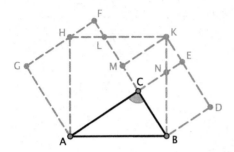

Es gilt: $\triangle\,ABC = \triangle\,AHG$, $\triangle\,KLM = \triangle\,BNC$, $\triangle\,BKM = \triangle\,BKD$ und $\triangle\,NEK = \triangle$ HLF

Daraus folgt:

$$\square\,AK = \triangle\,ABC + 4\text{–Eck}\,ACLH + \triangle\,KLM + \triangle\,BKM$$
$$= \triangle\,AHG + 4\text{–Eck}\,ACLH + \triangle\,BNC + \triangle\,BKD$$
$$= \triangle\,AHG + 4\text{–Eck}\,ACLH + \triangle\,BNC + \text{Tr. BDEN} + \triangle\,NEK$$
$$= \triangle\,AHG + 4\text{–Eck}\,ACLH + \triangle\,HLF + \triangle\,BNC + \text{Tr. BDEN}$$
$$= \square\,CG + \square\,CD$$

$$\Rightarrow c^2 = a^2 + b^2$$

qed.

Beweis 80

Verlängere GF zu L, so dass FL $=$ BC. Ergänze KL und zeichne KM parallel zu AC.

◄

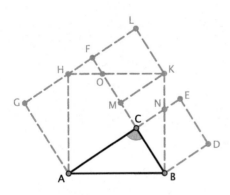

$$\square\,AK = \triangle\,ABC + \triangle\,BKM + \triangle\,KOM + 4\text{–Eck}\,ACOH$$
$$= \triangle\,HKL + \triangle\,AHG + \triangle\,BNC + 4\text{–Eck}\,ACOH$$
$$= \text{Tr. BDEN} + \triangle\,HOF + 4\text{–Eck}\,ACOH + \triangle\,AHG + \triangle\,BNC$$
$$= \square\,CG + \square\,CD$$

$$\Rightarrow c^2 = a^2 + b^2$$

qed.

Ergänze EK und verlängere DK zu L, so dass KL = CN. Ergänze ML. ◀

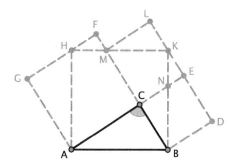

$\square$ AK $= \triangle$ ABC $+ \triangle$ BKM $+$ 4$-$Eck ACMH

$\qquad = \triangle$ AHG $+ \dfrac{1}{2}$Re. BDLM $+$ 4$-$Eck ACMH

$\qquad = \triangle$ AHG $+ \triangle$ BDK $+ \triangle$ MKL $+$ 4$-$Eck ACMH

$\qquad = \triangle$ AHG $+$ Tr. BDEN $+ \triangle$ NKE $+ \triangle$ BNC $+$ 4$-$Eck ACMH

$\qquad = \triangle$ AHG $+$ 4$-$Eck ACMH $+ \triangle$ HMF $+$ Tr. BDEN $+ \triangle$ BNC

$\qquad = \square$ CG $+ \square$ CD

$$\Rightarrow c^2 = a^2 + b^2$$

qed.

Ergänze EK. Der Schnittpunkt der Verlängerungen von GF und DK sei L. Ergänze LC. ◀

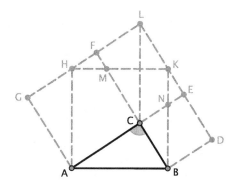

$\square$ AK = 6−Eck ACBKLH = Pgm. CBKL + Pgm. CLHA = $\square$ CD + $\square$ CG

$$\Rightarrow c^2 = a^2 + b^2$$

qed.

Beweis 83

Ergänze EK. Der Schnittpunkt der Verlängerungen von GF und DK sei L. ◄

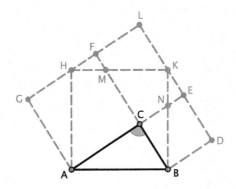

$\square$ AK = 5−Eck ABDLG − $\triangle$ BDK − $\triangle$ HKL − $\triangle$ AHG

$ = $ 5−Eck ABDLG − 3 · $\triangle$ ABC

$ = $ 5−Eck ABDLG − $\triangle$ ABC − Re. LFCE

$ = \square$ CD + $\square$ CG

$$\Rightarrow c^2 = a^2 + b^2$$

qed.

Beweis 84

Fälle das Lot durch C auf AB mit dem Lotfußpunkt M und verlängere MC zu L. Ergänze CH und CK. ◄

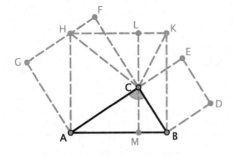

$$\square \, AK = Re. \, LMBK + Re. \, LHAM = 2 \cdot \triangle \, CBK + 2 \cdot \triangle \, ACH = \square \, CD + \square \, CG$$

$$\Rightarrow c^2 = a^2 + b^2$$

qed.

Beweis 85

Ergänze EK. Der Schnittpunkt der Verlängerungen von GF und DK sei L. Fälle das Lot durch L auf AB mit dem Lotfußpunkt N. Der Schnittpunkt von LN und HK sei M. ◀

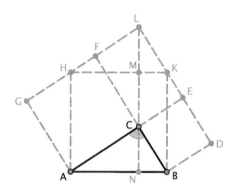

$$\square \, AK = Re. \, MB + Re. \, MA = Pgm. \, CBKL + Pgm. \, CLHA = \square \, CD + \square \, CG$$

$$\Rightarrow c^2 = a^2 + b^2$$

qed.

Beweis 86

Ergänze EK. Der Schnittpunkt der Verlängerungen von GF und DK sei L. Fälle das Lot durch L auf AB mit dem Lotfußpunkt N. Der Schnittpunkt von LN und HK sei M. ◀

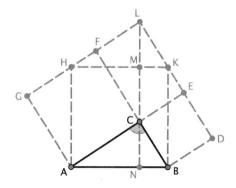

$$\square\, AK = 6-\text{Eck ABDKHG} - \triangle\, BDK - \triangle\, AHG$$
$$= 6-\text{Eck ABDKHG} - 2 \cdot \triangle\, BDK$$
$$= 6-\text{Eck ACBKLH} = \text{Pgm. KLCB} + \text{Pgm. CLHA}$$
$$= \text{Re. KMNB} + \text{Re. NMHA}$$
$$= \square\, CD + \square\, CG$$

$$\Rightarrow c^2 = a^2 + b^2$$

qed.

Beweis 87

Ergänze EF, die Schnittpunkte mit KB und KH seien L bzw. N. Zeichne KM parallel zu AC. ◄

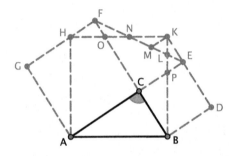

$$\square\, AK = \triangle\, ABC + 4 - \text{Eck ACOH} + \triangle\, BPC + 4 - \text{Eck OCPK}$$
$$= \triangle\, AHG + 4 - \text{Eck ACOH} + \triangle\, BPC + 5 - \text{Eck OCPLN} + \triangle\, LKM + \triangle\, MKN$$
$$= \triangle\, AHG + 4 - \text{Eck ACOH} + \triangle\, BPC + 5 - \text{Eck OCPLN} + \triangle\, PEL + \triangle\, ONF$$
$$= \triangle\, AHG + 4 - \text{Eck ACOH} + \triangle\, BPC + \triangle\, CEF$$
$$= \triangle\, AHG + 4 - \text{Eck ACOH} + \triangle\, BPC + \triangle\, BDK$$
$$= \triangle\, AHG + 4 - \text{Eck ACOH} + \triangle\, BPC + \text{Tr. BDEP} + \triangle\, PEK$$
$$= \triangle\, AHG + 4 - \text{Eck ACOH} + \triangle\, HOF + \triangle\, BPC + \text{Tr. BDEP}$$
$$= \square\, CD + \square\, CG$$

$$\Rightarrow c^2 = a^2 + b^2$$

qed.

Beweis 88

Der Schnittpunkt der Verlängerungen von GF und BK sei L. Zeichne KM parallel zu BC und fälle das Lot durch M auf AB mit dem Lotfußpunkt N. ◄

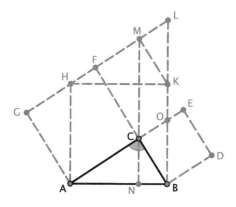

$$\square\, AK = Pgm.\ AOLH = Pgm.\ CL + Pgm.\ CH$$
$$= Pgm.\ CK + Pgm.\ CH = \square\, CD + \square\, CG$$

$$\Rightarrow c^2 = a^2 + b^2$$

qed.

Beweis 89

Ergänze EK. Der Schnittpunkt der Verlängerungen von GF und DK sei L. Zeichne HO parallel zu BC und KM parallel zu AC, der Schnittpunkt von KM und CF sei N. ◄

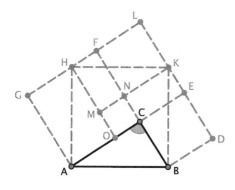

Da $\triangle$ NBK $=$ $\triangle$ HKL gilt: 5$-$Eck MNBKH = Re. ML = Re. MF $+\ \square$ NL

Es folgt:

$$\square\, AK = \triangle\, ABC + \triangle\, AOH + \square\, MC + 5\!-\!Eck\ MNBKH$$
$$= \triangle\, AHG + \triangle\, AOH + \square\, MC + Re.\ MF + \square\, NL = \square\, CG + \square\, CD$$

$$\Rightarrow c^2 = a^2 + b^2$$

qed.

Beweis 90

Ergänze EK. Der Schnittpunkt der Verlängerungen von GF und DK sei L, der Schnitt-punkt der Verlängerungen von GA und DB sei M. ◄

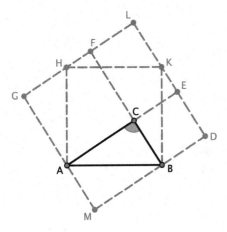

$$\Box \, AK + \triangle \, AMB + \triangle \, BDK + \triangle \, HKL + \triangle \, AHG = \Box \, AK + 4 \cdot \triangle \, ABC$$

$$= \Box \, GD = \Box \, CD + \Box \, CG + \text{Re. CM} + \text{Re. CL}$$

$$= \Box \, CD + \Box \, CG + 4 \cdot \triangle \, ABC$$

$$\Rightarrow \Box \, AK + 4 \cdot \triangle \, ABC = \Box \, CD + \Box \, CG + 4 \cdot \triangle \, ABC$$

$$\Rightarrow \Box \, AK = \Box \, CD + \Box \, CG$$

$$\Rightarrow c^2 = a^2 + b^2$$

qed.

Beweis 91

Ergänze EK. Der Schnittpunkt der Verlängerungen von GF und DK sei L, der Schnitt-punkt der Verlängerungen von DB und GA sei M. Ergänze EF. ◄

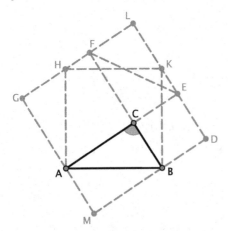

Die Dreiecke $\triangle$ ABC, $\triangle$ AMB, $\triangle$ KBD, $\triangle$ HKL, $\triangle$ AHG, $\triangle$ EFC und $\triangle$ FEL sind kongruent. Daher gilt: $\square$ AK = $\square$ DG – 4 · $\triangle$ ABC = $\square$ CD + $\square$ CG + 2 · Re. MC – 4 · $\triangle$ ABC = $\square$ CD + $\square$ CG

$$\Rightarrow c^2 = a^2 + b^2$$

qed.

Beweis 92

Fälle das Lot durch C auf AB mit dem Lotfußpunkt M. Der Schnittpunkt der Ver-längerungen von MC und GF sei L. Ergänze LK, LB, HC und AD. ◄

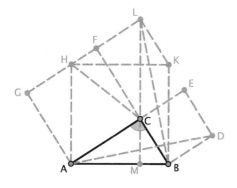

$$\square \text{ AK} = \text{Re. MK} + \text{Re. MH} = \text{Pgm. CBKL} + \text{Pgm. ACLH}$$
$$= 2 \cdot \triangle \text{ BKL} + 2 \cdot \triangle \text{ ACH} = 2 \cdot \triangle \text{ ABD} + \square \text{ CG}$$
$$= \square \text{ CD} + \square \text{ CG}$$
$$\Rightarrow c^2 = a^2 + b^2$$

qed.

3.3   b² nach innen konstruiert

Die Grundfigur für die Beweise in diesem Kapitel besteht aus dem rechtwinkligen Dreieck ABC sowie den drei Quadraten über den Dreiecksseiten, wobei das kleinere Kathetenquadrat (a^2) und das Hypotenusenquadrat (c^2) „außen" liegen, das größere Kathetenquadrat (b^2) jedoch „innen" liegt. Ausgangsdreieck und Hypotenusenquadrat werden also von diesem Kathetenquadrat teilweise überlagert. Hierdurch ergeben sich neue (Schnitt-)Punkte, mit deren Hilfe weitere Zusatzlinien und Figuren konstruiert werden können, was zu zahlreichen neuen, geometrischen Beweisen für den Satz des Pythagoras führt.

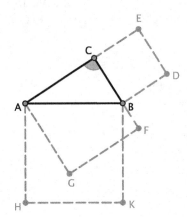

Die folgenden Konstruktionsbeschreibungen der einzelnen Beweisskizzen gehen stets von dieser Grundfigur aus, wobei in den Skizzen selbst die Bezeichnungen einiger Punkte variieren können. In den jeweiligen Beschreibungen werden nur zusätzlich zu konstruierende Strecken und Punkte erwähnt.

Beweis 93

Verlängere KB zu L. Ergänze GH und zeichne MN parallel zu FG mit GN = BC. ◄

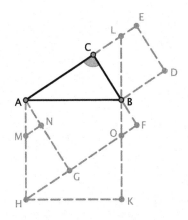

$$\square\ AK = 4\text{-Eck AGOB} + \triangle\ HKO + \text{Tr. HGNM} + \triangle\ AMN$$
$$= 4\text{-Eck AGOB} + \triangle\ ABC + \triangle\ BOF + \triangle\ BLC + \text{Tr. BDEL}$$
$$= \square\ CG + \square\ CD$$

$$\Rightarrow c^2 = a^2 + b^2$$

qed.

Beweis 94

Zeichne DL parallel zu AB, der Schnittpunkt mit BC sei S. Fälle das Lot durch L auf AB mit dem Lotfußpunkt M. Zeichne PQ durch G parallel zu AB und ergänze NO parallel zu AC mit GN = BC. Ergänze WV senkrecht zu AB mit DV = QG. ◄

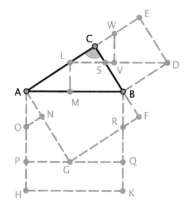

$\Box$ AK = 4–Eck AGRB + $\triangle$ AON + 4–Eck OPGN + Re. PK + $\triangle$ GQR

$\quad$ = 4–Eck AGRB + $\triangle$ BRF + 4–Eck EWVD + Pgm. ABDL + $\triangle$ LVW

$\quad$ = $\Box$ CG + $\Box$ CD

$$\Rightarrow c^2 = a^2 + b^2$$

qed.

Beweis 95

Zeichne DL parallel zu AB. Zeichne MN durch G parallel zu AB und ergänze GB. Fälle das Lot durch B auf AG mit dem Lotfußpunkt P. ◄

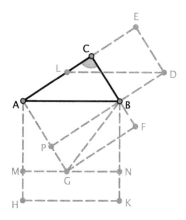

Es gilt: $\triangle$ PGB $= \triangle$GFB und $\triangle$ APB $= \triangle$ LDE.

Daher folgt:

$$\square \text{ AK} = \text{Re. MK} + \text{Re. MB} = \text{Pgm. ABDL} + 2 \cdot \triangle \text{ AGB}$$

$$= \text{Pgm. ABDL} + \triangle \text{ AGB} + \triangle \text{ GFB} + \triangle \text{ LDE} = \square \text{ CG} + \square \text{ CD}$$

$$\Rightarrow c^2 = a^2 + b^2$$

qed.

Beweis 96

Zeichne CN durch G, der Schnittpunkt mit AB sei M. Ergänze GH und EB und zeichne DL parallel zu AB. ◄

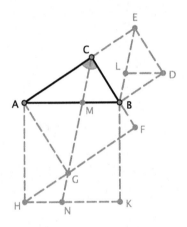

$$\square \text{ AK} = 2 \cdot 4\text{--Eck AHNM} = 2 \cdot (\triangle \text{ HNG} + \triangle \text{ AGM} + \triangle \text{ AHG})$$

$$= 2 \cdot (\triangle \text{ LBD} + \triangle \text{ AGM} + \triangle \text{ ABC}) = 2 \cdot (\triangle \text{ LBD} + \triangle \text{ AGM} + \triangle \text{ AMC} + \triangle \text{ ELD})$$

$$= 2 \cdot \triangle \text{ AGC} + 2 \cdot \triangle \text{ BDE} = \square \text{ CG} + \square \text{ CD}$$

$$\Rightarrow c^2 = a^2 + b^2$$

qed.

Beweis 97

Fälle das Lot durch C auf HK mit dem Lotfußpunkt L. Der Schnittpunkt von FG und CL sei M. Ergänze CK, GH und DA. ◄

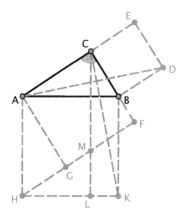

$$\square\, AK = \text{Re. BL} + \text{Re. AL} = 2 \cdot \triangle\, KBC + \text{Pgm. AHMC}$$
$$= 2 \cdot \triangle\, ABD + \square\, CG = \square\, CD + \square\, CG$$

$$\Rightarrow c^2 = a^2 + b^2$$

qed.

Beweis 98

Fälle das Lot durch C auf HK mit dem Lotfußpunkt L. Zeichne MN durch G parallel zu AB. Ergänze CK, GB und DA. Verlängere DB zu P und zeichne DS parallel zu AB. ◄

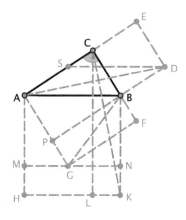

$$\square\, AK = \text{Re. MK} + \text{Re. AN} = \text{Re. BL} + 2 \cdot \triangle\, AGB$$
$$= 2 \cdot \triangle\, KBC + \triangle\, AGB + \triangle\, APB + \triangle\, PGB$$
$$= 2 \cdot \triangle\, ABD + \triangle\, AGB + \triangle\, DES + \triangle\, GFB$$
$$= \text{Pgm. ABDS} + \triangle\, AGB + \triangle\, GFB + \triangle\, DES$$
$$= \square\, CD + \square\, CG$$

$$\Rightarrow c^2 = a^2 + b^2$$

qed.

Fälle das Lot durch K auf FG mit dem Lotfußpunkt L. Ergänze CL, GH und EF. Der Schnittpunkt von EF und BD sei N. ◄

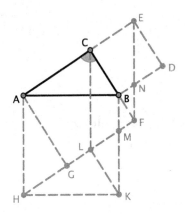

$$\Box \, AK = 4-\text{Eck AGMB} + \triangle \, AHG + \triangle \, HKL + \triangle \, KML$$
$$= 4-\text{Eck AGMB} + \triangle \, ABC + \text{Tr. ECBN} + \triangle \, BFN + \triangle \, END$$
$$= 4-\text{Eck AGMB} + \triangle \, ABC + \triangle \, BMF + \Box \, CD = \Box \, CG + \Box \, CD$$

$$\Rightarrow c^2 = a^2 + b^2$$

qed.

Zeichne FL parallel zu AB, die Schnittpunkte mit BK und AG seien N bzw. M. Ergänze EB, FK und GH. ◄

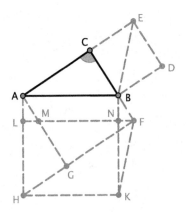

$\square\,\mathrm{AK} = \mathrm{Re.\ LK} + \mathrm{Re.\ AN} = 2 \cdot \triangle\,\mathrm{HKF} + \mathrm{Pgm.\ MFBA} = 2 \cdot \triangle\,\mathrm{ABE} + \mathrm{Pgm.\ MFBA}$

$\quad = 2 \cdot \triangle\,\mathrm{ABC} + 2 \cdot \triangle\,\mathrm{CBE} + \mathrm{Pgm.\ MFBA} = \triangle\,\mathrm{ABC} + \triangle\,\mathrm{FMG} + \square\,\mathrm{CD} + \mathrm{Pgm.\ MFBA}$

$\quad = \square\,\mathrm{CG} + \square\,\mathrm{CD}$

$$\Rightarrow c^2 = a^2 + b^2$$

qed.

Beweis 101

Ergänze GH. Verlängere CF zu L mit FL = BC und ergänze LK. Fälle das Lot von K auf FG mit dem Lotfußpunkt N. Zeichne OP parallel zu BC mit NO = BC. ◀

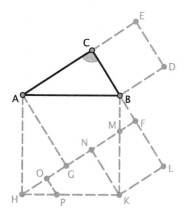

$\square\,\mathrm{AK} = 4\text{--Eck AGMB} + \triangle\,\mathrm{AHG} + \triangle\,\mathrm{HPO} + \mathrm{Tr.\ OPKN} + \triangle\,\mathrm{MNK}$

$\quad = 4\text{--Eck AGMB} + \triangle\,\mathrm{ABC} + \triangle\,\mathrm{BMF} + \mathrm{Tr.\ FMKL} + \triangle\,\mathrm{MNK}$

$\quad = \square\,\mathrm{CG} + \square\,\mathrm{NL} = \square\,\mathrm{CG} + \square\,\mathrm{CD}$

$$\Rightarrow c^2 = a^2 + b^2$$

qed.

Beweis 102

Ergänze GH, CH und CK. Verlängere CF zu L mit FL = BC und ergänze LK. Fälle die Lote durch K auf FG und durch C auf HK mit den Lotfußpunkten N bzw. M. ◀

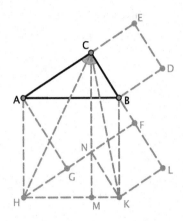

$$\Box \, AK = Re. \, BM + Re. \, AM = 2 \cdot \Delta \, BCK + 2 \cdot \Delta \, AHC = \Box \, CD + \Box \, CG$$

$$\Rightarrow c^2 = a^2 + b^2$$

qed.

Beweis 103

Verlängere KB zu L. Zeichne CM parallel zu AH und ergänze GH, EF, FD und MB. ◄

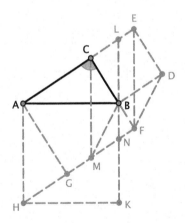

$$\Box \, AK = Pgm. \, AHNL = Pgm. \, CMNL + Pgm. \, CAHM$$
$$= 2 \cdot \Delta \, BCM + \Box \, CG$$
$$= 2 \cdot \Delta \, DEF + \Box \, CG$$
$$= \Box \, CD + \Box \, CG$$

$$\Rightarrow c^2 = a^2 + b^2$$

qed.

Beweis 104

Fälle das Lot durch K auf FG mit dem Lotfußpunkt N. Ergänze KF, BE und GH. Zeichne ML parallel zu BC mit NM = BC und ergänze KM. ◀

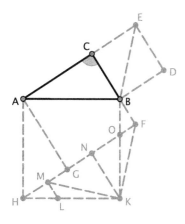

$$\Box\, AK = 4\text{–Eck } AGOB + \triangle\, AHG + \triangle\, HLM + \triangle\, LKM + \triangle\, KON + \triangle\, MKN$$
$$= 4\text{–Eck } AGOB + \triangle\, ABC + \triangle\, BOF + \triangle\, KFO + \triangle\, KON + \triangle\, EBD$$
$$= \Box\, CG + \triangle\, BEC + \triangle\, EBD = \Box\, CG + \Box\, CD$$

$$\Rightarrow c^2 = a^2 + b^2$$

qed.

Beweis 105

Fälle das Lot durch K auf FG mit dem Lotfußpunkt L. Ergänze KG, GH, LC, LB, FD und FE. ◀

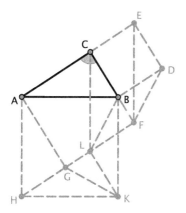

$$\square \text{ AK} = 4\text{--Eck AGLB} + \triangle \text{ AHG} + \triangle \text{ HKG} + \triangle \text{ GKL} + \triangle \text{ BLK}$$

$$= 4\text{--Eck AGLB} + \triangle \text{ ABC} + \triangle \text{ EFD} + \triangle \text{ BLF} + \frac{1}{2} \cdot \text{Pgm. BCLK}$$

$$= 4\text{--Eck AGLB} + \triangle \text{ ABC} + \triangle \text{ BLF} + \triangle \text{ EFD} + \frac{1}{2} \cdot \square \text{ CD}$$

$$= \square \text{ CG} + \triangle \text{ EFD} + \frac{1}{2} \cdot \square \text{ CD} = \square \text{ CG} + \square \text{ CD}$$

$$\Rightarrow c^2 = a^2 + b^2$$

qed.

Beweis 106

Der Schnittpunkt der Verlängerungen von GF und ED sei N. Verlängere KB zu O und zeichne CL parallel zu AH. Ergänze BE, FD, EF und GH. ◄

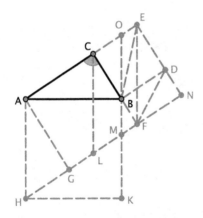

$$\square \text{ AK} = \text{Pgm. AHMO} = \text{Pgm. CLMO} + \text{Pgm. CAHL}$$

$$= \text{Pgm. ECLF} - \text{Pgm. EOMF} + \square \text{ CG}$$

$$= \text{Re. ECFN} - 2 \cdot \triangle \text{ EBF} + \square \text{ CG}$$

$$= \text{Re. ECFN} - 2 \cdot \triangle \text{ DBF} + \square \text{ CG}$$

$$= \text{Re. ECFN} - \text{Re. DBFN} + \square \text{ CG}$$

$$= \square \text{ CD} + \square \text{ CG}$$

$$\Rightarrow c^2 = a^2 + b^2$$

qed.

Beweis 107

Verlängere ED zu M mit DM = AC. Zeichne MK und verlängere MK zu P mit KP = AC. Verlängere EA zu N mit AN = CB. Zeichne FL und GQ jeweils parallel zu CB. Ergänze NP und GH. ◄

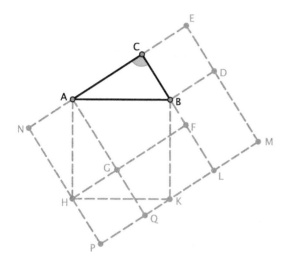

$\triangle$ ABC, $\triangle$ BKL, $\triangle$ KHP und $\triangle$ ANH sind kongruent.
   Es folgt:

$$\square \, AK + Re. \, CM + 4 \cdot \triangle \, ABC = Re. \, NM$$
$$= \square \, CD + \square \, CG + Re. \, NQ + Re. \, GL + Re. \, BM$$
$$= \square \, CD + \square \, CG + Re. \, CM + 2 \cdot \triangle \, ABC + 2 \cdot \triangle \, ABC$$
$$\Rightarrow \square \, AK = \square \, CD + \square \, CG$$

$$\Rightarrow c^2 = a^2 + b^2$$

qed.

Beweis 108

Zeichne CL parallel zu AB. Fälle das Lot durch K auf FG mit dem Lotfußpunkt O, ergänze GH und zeichne MN parallel zu CB mit OM = CB. ◄

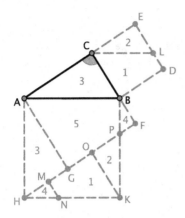

$$\square\, AK = 1 + 2 + 3 + 4 + 5$$

$$\square\, CD = 1 + 2$$

$$\square\, CG = 3 + 4 + 5$$

$$\Rightarrow\ \square\, AK = \square\, CD + \square\, CG$$

$$\Rightarrow c^2 = a^2 + b^2$$

qed.

3.4 a^2 nach innen konstruiert

Die Grundfigur für die Beweise in diesem Kapitel besteht aus dem rechtwinkligen Dreieck ABC sowie den drei Quadraten über den Dreiecksseiten, wobei das größere Kathetenquadrat (b^2) und das Hypotenusenquadrat (c^2) „außen" liegen, das kleinere Kathetenquadrat (a^2) jedoch „innen" liegt. Ausgangsdreieck und Hypotenusenquadrat werden also von diesem Kathetenquadrat teilweise überlagert. Hierdurch ergeben sich neue (Schnitt-)Punkte, mit deren Hilfe weitere Zusatzlinien und Figuren konstruiert werden können, was zu zahlreichen neuen, geometrischen Beweisen für den Satz des Pythagoras führt.

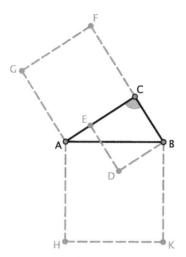

Die folgenden Konstruktionsbeschreibungen der einzelnen Beweisskizzen gehen stets von dieser Grundfigur aus, wobei in den Skizzen selbst die Bezeichnungen einiger Punkte variieren können. In den jeweiligen Beschreibungen werden nur zusätzlich zu konstruierende Strecken und Punkte erwähnt.

Beweis 109

Fälle das Lot durch C auf HK mit dem Lotfußpunkt L. Ergänze CH, GB, CK und DK.
◀

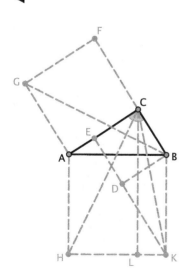

$$\square \, AK = \text{Re. BL} + \text{Re. AL} = 2 \cdot \triangle \, BCK + 2 \cdot \triangle \, CAH$$
$$= \square \, CD + 2 \cdot \triangle \, GAB = \square \, CD + \square \, CG$$

$$\Rightarrow c^2 = a^2 + b^2$$

qed.

Zeichne FE parallel zu AH und EM parallel zu AB. Ergänze DK und fälle das Lot durch H auf DK mit dem Lotfußpunkt L. ◀

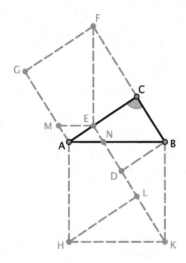

$$\square\, AK = 4{-}Eck\ AHLN + \triangle\, HKL + \triangle\, KBD + \triangle\, BND$$
$$= 4{-}Eck\ EFGM + \triangle\, ABC + \triangle\, FEC + \triangle\, BND$$
$$= 4{-}Eck\ EFGM + \triangle\, EMA + \triangle\, FEC + Tr.\ BCEN + \triangle\, BND$$
$$= \square\, CG + \square\, CD$$

$$\Rightarrow c^2 = a^2 + b^2$$

qed.

Verlängere FB zu L mit BL = AC und FG zu M mit GM = BC. Zeichne LO parallel zu FM mit LO = FM, ergänze MO und DK und verlängere CA zu N. ◀

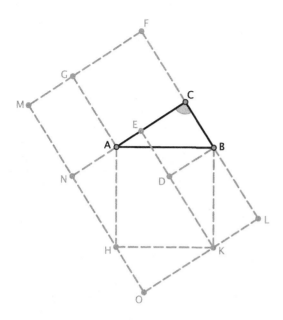

$\triangle$ ABC, $\triangle$ BKL, $\triangle$ HOK und $\triangle$ ANH sind kongruent.
Daher gilt:

$$\square \text{ AK} + \text{Re. MC} + 4 \cdot \triangle \text{ ABC}$$
$$= \text{Re. FO}$$
$$= \square \text{ CG} + \square \text{ CD} + \text{Re. NK} + \text{Re. MA} + \text{Re. DL}$$
$$= \square \text{ CG} + \square \text{ CD} + \text{Re. MC} + 2 \cdot \triangle \text{ ABC} + 2 \cdot \triangle \text{ ABC}$$

$$\Rightarrow \square \text{ AK} = \square \text{ CG} + \square \text{ CD}$$

$$\Rightarrow c^2 = a^2 + b^2$$

qed.

Beweis 112

Fälle das Lot durch C auf HK mit dem Lotfußpunkt L. Ergänze DK und fälle das Lot durch H auf DK mit dem Lotfußpunkt M. ◄

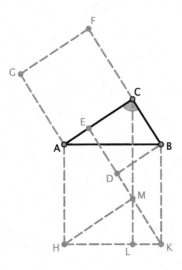

$$\square\; AK = \text{Re. } BL + \text{Re. } AL = \text{Pgm. } CMKB + \text{Pgm. } CAHM = \square\; CD + \square\; CG$$

$$\Rightarrow c^2 = a^2 + b^2$$

qed.

Beweis 113

*Verlängere DE zu Q, ergänze EF und DK. Fälle die Lote durch H auf DK und durch
A auf HL mit den Lotfußpunkten L und M. Zeichne NO parallel zu LH mit MN = BC.*
◄

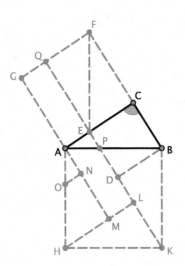

$$\square \, AK = \triangle \, HKL + \triangle \, KBD + Tr. \, AMLP + \triangle \, AON + \triangle \, BPD + Tr. \, HMNO$$
$$= \triangle \, FEC + \triangle \, EFQ + Tr. \, AMLP + \triangle \, APE + \triangle \, BPD + Tr. \, BCEP$$
$$= Re. \, FE + Re. \, GE + \square \, CD = \square \, CG + \square \, CD$$

$$\Rightarrow c^2 = a^2 + b^2$$

qed.

Beweis 114

Verlängere DE zu Q, ergänze EF und DK. Fälle das Lot von H auf DK mit dem Lotfußpunkt L und das Lot von A auf HL mit dem Lotfußpunkt M. Zeichne NO parallel zu LH mit MN = BC. ◀

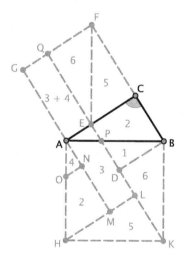

Es gilt:

$$\square \, AK = 1 + 2 + 3 + 4 + 5 + 6$$
$$\square \, CD = 1 + 2$$
$$\square \, CG = 3 + 4 + 5 + 6$$

$$\Rightarrow \square \, AK = \square \, CD + \square \, CG$$

$$\Rightarrow c^2 = a^2 + b^2$$

qed.

Beweis 115

Verlängere CA zu O mit AO = CB und ergänze OH. Ergänze DK, verlängere BD zu P und ergänze PE, der Schnittpunkt mit AH sei N. ◄

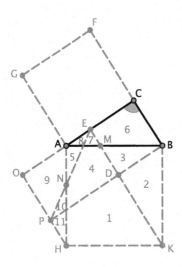

Es gilt:

$$\text{Tr. } EPHK = \frac{EK + PH}{2} \cdot PD = KD \cdot PD = AC \cdot AG$$

$$= \square\, CG = 1 + 4 + 7 + 10 + 11$$

$$\text{und } \square\, CD = 3 + 6$$

$$
\begin{aligned}
\Rightarrow \square\, AK &= 1 + 2 + 3 + 4 + 5 = 1 + 6 + 7 + 8 + 3 + 4 + 5 &&(\text{da } 2 = 6 + 7 + 8)\\
&= \square\, CD + 1 + 11 + 4 + 5 &&(\text{da } 7 + 8 = 11 \text{ und } 6 + 3 = \square\, CD)\\
&= \square\, CD + 1 + 11 + 4 + 2 - 4 &&(\text{da } 5 + 4 + 3 = 2 + 3, \text{ also } 5 = 2 - 4)\\
&= \square\, CD + 1 + 11 + 4 + 7 + 4 + 10 - 4 &&(\text{da } 2 = 7 + 4 + 10)\\
&= \square\, CD + 1 + 11 + 4 + 7 + 10 \\
&= \square\, CD + 7 + 4 + 10 + 11 + 1 = \square\, CD + \square\, CG &&(\text{da } 7 + 4 + 10 + 11 + 1 = \square\, CG)
\end{aligned}
$$

$$\Rightarrow c^2 = a^2 + b^2$$

qed.

Beweis 116

Zeichne MN durch D parallel zu AB. Der Schnittpunkt der Verlängerungen von CA und NM sei L. Ergänze DH und DK und fälle das Lot durch H auf DK mit dem Lotfußpunkt O. ◀

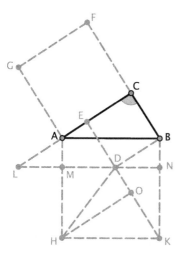

Es gilt: $HO = DK = AC$.

Daher folgt:

$\square\,AK = $ Re. AN + Re. MK = Pgm. ALDB + 2 · $\triangle$ DHK = $\square$ CD + $\square$ CG

$$\Rightarrow c^2 = a^2 + b^2$$

qed.

3.5   c² und b² nach innen konstruiert

Die Grundfigur für die Beweise in diesem Kapitel besteht aus dem rechtwinkligen Dreieck ABC sowie den drei Quadraten über den Dreiecksseiten, wobei das größere Kathetenquadrat (b^2) und das Hypotenusenquadrat (c^2) „innen" liegen, das kleinere Kathetenquadrat (a^2) jedoch „außen" liegt. Dadurch entstehen zahlreiche Überlagerungen, wodurch sich wiederum neue (Schnitt-)Punkte ergeben, mit deren Hilfe weitere Zusatzlinien und Figuren konstruiert werden können. Dies führt schließlich zu neuen, geometrischen Beweisen für den Satz des Pythagoras.

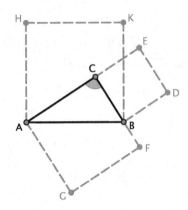

Die folgenden Konstruktionsbeschreibungen der einzelnen Beweisskizzen gehen stets von dieser Grundfigur aus, wobei in den Skizzen selbst die Bezeichnungen einiger Punkte variieren können. In den jeweiligen Beschreibungen werden nur zusätzlich zu konstruierende Strecken und Punkte erwähnt.

Beweis 117

Fälle das Lot durch C auf AB mit dem Lotfußpunkt M und verlängere MC zu L. Ergänze CH, CK und GB. ◄

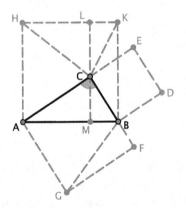

$$\square\, AK = \text{Re. } BL + \text{Re. } AL = 2 \cdot \triangle\, CBK + 2 \cdot \triangle\, HAC$$

$$= \square\, CD + 2 \cdot \triangle\, BAG = \square\, CD + \square\, CG$$

$$\Rightarrow c^2 = a^2 + b^2$$

qed.

Beweis 118

Zeichne DL parallel zu AB, die Schnittpunkte mit KB und CA seien N bzw. M. Verlängere KB zu P und ergänze EK und HM. ◀

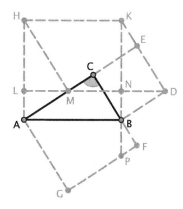

$$\square\ AK = \text{Re. LB} + \text{Re. LK} = \text{Pgm. ABDM} + \text{Pgm. HMDK}$$
$$= \square\ CD + \text{Tr. HMEK} + \triangle\ MDE$$
$$= \square\ CD + \text{Tr. AGFB} + \triangle\ ABC$$
$$= \square\ CD + \square\ CG$$

$$\Rightarrow c^2 = a^2 + b^2$$

qed.

Beweis 119

Verlängere KB zu P. Fälle das Lot von H auf AC mit dem Lotfußpunkt N und zeichne ML parallel zu AC mit NM = BC. ◀

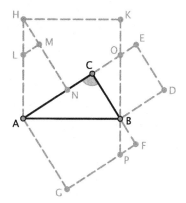

$$\square\, AK = 4\text{-Eck NOKH} + \triangle\, HLM + \text{Tr. ANML} + \triangle\, ABC + \triangle\, BOC$$
$$= 4\text{-Eck GPBA} + \triangle\, BPF + \text{Tr. BDEO} + \triangle\, ABC + \triangle\, BOC$$
$$= \square\, CD + \square\, CG$$

$$\Rightarrow c^2 = a^2 + b^2$$

qed.

Beweis 120

Zeichne DM durch C, der Schnittpunkt mit KB sei N. Der Schnittpunkt der Verlängerungen von DM und GA sei L. Ergänze GC, HL und EK. ◀

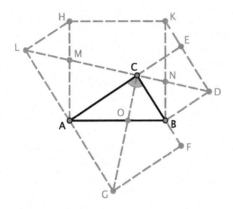

$$\square\, AK = 2 \cdot \text{Tr. ABNM} = 2 \cdot (\triangle\, AOC + \triangle\, ACM + \triangle\, CBN + \triangle\, BCO)$$
$$= 2 \cdot (\triangle\, AOC + \triangle\, AGO + \triangle\, CBN + \triangle\, BDN)$$
$$= \square\, CG + \square\, CD$$

$$\Rightarrow c^2 = a^2 + b^2$$

qed.

Beweis 121

Der Schnittpunkt der Verlängerungen von GF und ED sei O. Ergänze EK und verlängere EK zu L mit KL = BC. Ergänze LH. Der Schnittpunkt der Verlängerungen von LH und GA sei M. Verlängere DB zu N. ◀

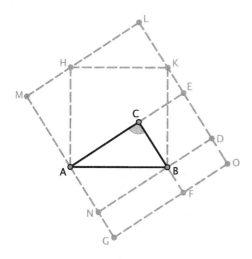

$\triangle$ ABC, $\triangle$ AHM, $\triangle$ HKL, $\triangle$ KBD und $\triangle$ ANB sind kongruent und es gilt:

Re. AB = 2 $\cdot$ $\triangle$ ABC, Re.AB + Re. NF = $\square$ CG und $\square$ CD + Re. BO = 2 $\cdot$ $\triangle$ ABC.

Daher folgt:

$$\square\, AK = \text{Re.MO} - (4 \cdot \triangle\, \text{ABC} + \text{Re.NO})$$
$$= \text{Re.AL} + \text{Re.AO} - (4 \cdot \triangle\, \text{ABC} + \text{Re.NO})$$
$$= 2 \cdot \text{Re.AO} - (4 \cdot \triangle\, \text{ABC} + \text{Re.NO})$$
$$= 2 \cdot (\text{Re.AD} + \text{Re.NO}) - (4 \cdot \triangle\, \text{ABC} + \text{Re.NO})$$
$$= 2 \cdot \text{Re.AD} + 2 \cdot \text{Re.NO} - \text{Re.NO} - 4 \cdot \triangle\text{ABC}$$
$$= 2 \cdot \text{Re.AD} + \text{Re.NO} - 4 \cdot \triangle\, \text{ABC}$$
$$= 2 \cdot \text{Re.AB} + 2 \cdot \square\, \text{CD} + \text{Re.NF} + \text{Re.BO} - 4 \cdot \triangle\, \text{ABC}$$
$$= \text{Re.AB} + \text{Re.AB} + \text{Re.NF} + \square\, \text{CD} + \square\, \text{CD} + \text{Re.BO} - 4 \cdot \triangle\, \text{ABC}$$
$$= 2 \cdot \triangle\, \text{ABC} + \square\, \text{CG} + \square\, \text{CD} + 2 \cdot \triangle\, \text{ABC} - 4 \cdot \triangle\, \text{ABC} = \square\, \text{CG} + \square\, \text{CD}$$

$$\Rightarrow c^2 = a^2 + b^2$$

qed.

Beweis 122

Der Schnittpunkt der Verlängerungen von GF und ED sei O. Ergänze EK und ver-
längere EK zu L mit KL = BC. Ergänze LH. Der Schnittpunkt der Verlängerungen
von LH und GA sei M. Verlängere DB zu N und BC zu P. ◄

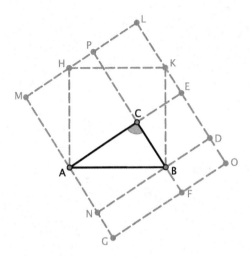

$\triangle$ ABC, $\triangle$ AHM, $\triangle$ HKL, $\triangle$ KBD und $\triangle$ ANB sind kongruent.

Daher gilt:

$$\square \, AK + Re. \, NO + 4 \cdot \triangle \, ABC = Re. \, MO$$
$$= \square \, CG + \square \, CD + Re. \, BO + Re. \, AL$$
$$= \square \, CG + \square \, CD + Re. \, BO + Re. \, CL + \square \, CM$$
$$= \square \, CG + \square \, CD + Re. \, BO + Re. \, CN + \square \, CG$$
$$= \square \, CG + \square \, CD + Re. \, BO + 2 \cdot \triangle \, ABC + 2 \cdot \triangle \, ABC + Re. \, NF$$
$$= \square \, CG + \square \, CD + Re. \, NO + 4 \cdot \triangle \, ABC$$

$$\Rightarrow \square \, AK = \square \, CG + \square \, CD$$

$$\Rightarrow c^2 = a^2 + b^2$$

qed.

Beweis 123

Ergänze EK und verlängere EK zu L mit KL = BC. Ergänze LH und fälle das Lot durch L auf AB mit dem Lotfußpunkt P. ◄

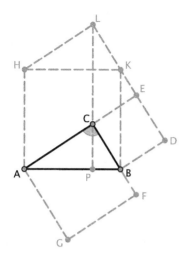

$$\square \text{ AK} = 6\text{-Eck ACBKLH} = \text{Pgm. LB} + \text{Pgm. LA} = \square \text{ CD} + \square \text{ CG}$$

$$\Rightarrow c^2 = a^2 + b^2$$

qed.

Beweis 124

Verlängere BF zu N mit BN = AC. Ergänze NG und ND. Der Schnittpunkt der Verlängerungen von NG und HA sei M, der Schnittpunkt der Verlängerungen von ND und HK sei L. Ergänze KE und KB. Der Schnittpunkt von KB und CE sei P. Fälle das Lot durch H auf AC mit dem Lotfußpunkt O. ◄

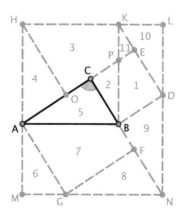

Es ist $\square$ CG $= 5 + 7$, $\square$ CD $= 1 + 2$ und $\square$ AK $= 2 + 3 + 4 + 5$.

Außerdem ist $3 + 11 = 7$ und $1 + 11 = 4 \Rightarrow 3 + 4 = 1 + 7$

Nun gilt:

Re. LM $= 1+2+3+4+5+6+7+8+9+10+11 = 1+\square\,\mathrm{AK}+6+7+8+9+10+11$

Ebenso gilt:

$$\mathrm{Re.\ LM} = 1+2+3+4+5+6+7+8+9+10+11$$
$$= \square\,\mathrm{CD}+1+7+\square\,\mathrm{CG}+6+8+9+10+11$$

Also folgt:

$$1+\square\,\mathrm{AK}+6+7+8+9+10+11 = \square\,\mathrm{CD}+1+7+\square\,\mathrm{CG}+6+8+9+10+11$$

$$\Rightarrow \square\,\mathrm{AK} = \square\,\mathrm{CD}+\square\,\mathrm{CG}$$

$$\Rightarrow c^2 = a^2 + b^2$$

qed.

Beweis 125

Verlängere BF zu N mit BN = AC. Ergänze NG und ND. Der Schnittpunkt der Verlängerungen von NG und HA sei M, der Schnittpunkt der Verlängerungen von ND und HK sei L. Ergänze KE und KB. Der Schnittpunkt von KB und CE sei P. Fälle das Lot von H auf AC mit dem Lotfußpunkt O. ◄

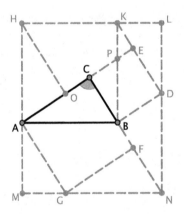

△ AMG und △ KDL sowie △ GNF, △ BND, △ HAO und △ KBD sind kongruent. Daher gilt:

(1) Re. HN $= \square\,\mathrm{AK} + \triangle\,\mathrm{AMG} + \triangle\,\mathrm{KDL} + \triangle\mathrm{GNF} + \triangle\mathrm{BND} + \triangle\mathrm{KBD} + \mathrm{Tr.\ AGFB}$

$ = \square\,\mathrm{AK} + 2\cdot\triangle\,\mathrm{AMG} + 3\cdot\triangle\,\mathrm{GNF} + \mathrm{Tr.\ AGFB}$

(2) Re. HN $= \square$ CD $+ \square$ CG $+ \Delta$ AMG $+ \Delta$ KLD $+ \Delta$ GNF $+ \Delta$ BND $+ \Delta$ HAO

$\qquad = \square$ CD $+ \square$ CG $+ 2 \cdot \Delta$ AGM $+ 3 \cdot \Delta$ GNF $+$ Tr. HOEK

Wegen Tr. AGFB $=$ Tr. HOEK folgt:

$\qquad \square$ AK $+ 2 \cdot \Delta$ AMG $+ 3 \cdot \Delta$ GNF $+$ Tr. AGFB

$\qquad\qquad = \square$ CD $+ \square$ CG $+ 2 \cdot \Delta$ AGM $+ 3 \cdot \Delta$ GNF $+$ Tr. HOEK

$\qquad\qquad\qquad \Rightarrow \square$ AK $= \square$ CD $+ \square$ CG

$\qquad\qquad\qquad\qquad \Rightarrow c^2 = a^2 + b^2$

qed.

Beweis 126

Verlängere KB zu O mit BO $=$ KB und HA zu N mit AN $=$ HA. Zeichne LM durch C und senkrecht zu AB und ergänze NG und OM. ◄

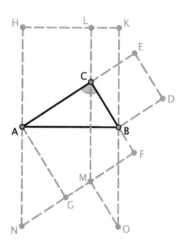

$\square$ AK $=$ Re. LB $+$ Re. LA $=$ Pgm. BCMO $+$ Pgm. CANM $= \square$ CD $+ \square$ CG

$$\Rightarrow c^2 = a^2 + b^2$$

qed.

3.6   c² und a² nach innen konstruiert

Die Grundfigur für die Beweise in diesem Kapitel besteht aus dem rechtwinkligen Dreieck ABC sowie den drei Quadraten über den Dreiecksseiten, wobei das kleinere Kathetenquadrat (a^2) und das Hypotenusenquadrat (c^2) „innen" liegen, das größere Kathetenquadrat (b^2) jedoch „außen" liegt. Dadurch entstehen zahlreiche Überlagerungen, wodurch sich wiederum neue (Schnitt-)Punkte ergeben, mit deren Hilfe weitere Zusatzlinien und Figuren konstruiert werden können. Dies führt schließlich zu neuen, geometrischen Beweisen für den Satz des Pythagoras.

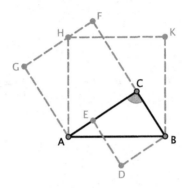

Die folgenden Konstruktionsbeschreibungen der einzelnen Beweisskizzen gehen stets von dieser Grundfigur aus, wobei in den Skizzen selbst die Bezeichnungen einiger Punkte variieren können. In den jeweiligen Beschreibungen werden nur zusätzlich zu konstruierende Strecken und Punkte erwähnt.

Beweis 127

Fälle das Lot durch K auf FC mit dem Lotfußpunkt M. ◀

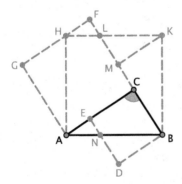

$$\square\,AK = \triangle\,BKM + \triangle\,KLM + 4\text{−Eck }ACLH + \triangle\,ANE + Tr.\,NBCE$$
$$= \triangle\,AHG + \triangle\,BND + 4\text{−Eck }ACLH + \triangle\,HLF + Tr.\,NBCE$$
$$= \square\,CG + \square\,CD$$

$$\Rightarrow c^2 = a^2 + b^2$$

qed.

Beweis 128

Fälle das Lot von C auf AB mit dem Lotfußpunkt M und verlängere MC zu L. Ergänze CH und CK. Verlängere AC zu N mit CN = CE und ergänze NB. ◀

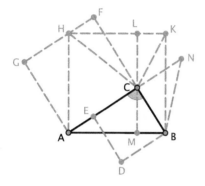

$$\square\,AK = Re.\,LB + Re.\,LA = 2\cdot\triangle\,CBK + 2\cdot\triangle\,HAC$$
$$= 2\cdot\triangle\,CBN + \square\,CG = \square\,CD + \square\,CG$$

$$\Rightarrow c^2 = a^2 + b^2$$

qed.

Beweis 129

Fälle das Lot von C auf AB mit dem Lotfußpunkt P und verlängere PC zu L. Der Schnittpunkt der Verlängerungen von LP und ED sei M. Ergänze MB, CK und CH. ◀

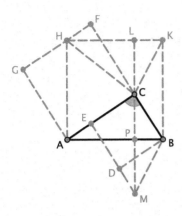

$$\square \text{ AK} = \text{Re. LB} + \text{Re. LA} = \text{Pgm. CMBK} + 2 \cdot \triangle \text{ HAC}$$

$$= 2 \cdot \triangle \text{ MBC} + \square \text{ CG} = \square \text{ CD} + \square \text{ CG}$$

$$\Rightarrow c^2 = a^2 + b^2$$

qed.

Beweis 130

Der Schnittpunkt der Verlängerungen von GA und BD sei M. Verlängere GF zu L, so dass HL = AC. Ergänze LK und verlängere LK zu N, so dass KN = AC. Verlängere AC zu O – der Schnittpunkt mit KB sei P – und ergänze NB. ◀

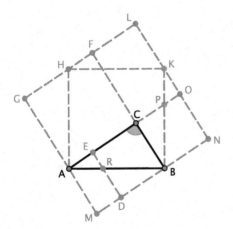

Es gilt: $\triangle$ ABC, $\triangle$ AMB, $\triangle$ BNK, $\triangle$ KLH, $\triangle$ HGA, $\triangle$ LFC und $\triangle$ COL sind kongruent. Außerdem ist $\triangle$ CBP + 4 – Eck AMDR = $\triangle$ ABC, weil $\triangle$ CBP = $\triangle$ RDB.

Es folgt:

(1) $\square$ LM $= \square$ AK $+ 4 \cdot \triangle$ ABC

(2) $\square$ LM $= \square$ CD $+ \square$ CG$+ \triangle$ LFC $+ \triangle$ COL $+ \triangle$ CBP $+ 4-$Eck AMDR

$\qquad\qquad\qquad$ $+$Tr. BNOP $+ \triangle$ ARE $= \square$ CD $+ \square$ CG $+ 4 \cdot$ ABC

Also gilt: $\square$ AK $+ 4 \cdot \triangle$ ABC $= \square$ CD $+ \square$ CG $+ 4 \cdot \triangle$ ABC

$$\square \text{ AK} = \square \text{ CD} + \square \text{ CG}$$

$$\Rightarrow c^2 = a^2 + b^2$$

qed.

3.7   a² und b² nach innen konstruiert

Die Grundfigur für die Beweise in diesem Kapitel besteht aus dem rechtwinkligen Dreieck ABC sowie den drei Quadraten über den Dreiecksseiten, wobei beide Kathetenquadrate (a² und b²) „innen" liegen, das Hypotenusenquadrat (c²) jedoch „außen" liegt. Dadurch entstehen zahlreiche Überlagerungen, wodurch sich wiederum neue (Schnitt-) Punkte ergeben, mit deren Hilfe weitere Zusatzlinien und Figuren konstruiert werden können. Dies führt schließlich zu neuen, geometrischen Beweisen für den Satz des Pythagoras.

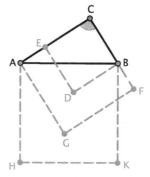

Die folgenden Konstruktionsbeschreibungen der einzelnen Beweisskizzen gehen stets von dieser Grundfigur aus, wobei in den Skizzen selbst die Bezeichnungen einiger Punkte variieren können. In den jeweiligen Beschreibungen werden nur zusätzlich zu konstruierende Strecken und Punkte erwähnt.

Beweis 131

Ergänze GH und DK. Der Schnittpunkt von DK und FG sei L, der von FG und BK sei M, der von ED und AB sei N. ◄

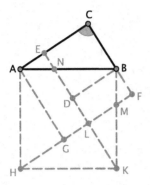

$$\square\,AK = 4-\text{Eck AGMB} + \triangle\,AHG + \triangle\,HKL + \triangle\,KML$$

$$= 4-\text{Eck AGMB} + \triangle\,ABC + \text{Tr. NBCE} + \triangle\,BMF + \triangle\,BND$$

$$= \square\,CG + \square\,CD$$

$$\Rightarrow c^2 = a^2 + b^2$$

qed.

Beweis 132

Ergänze GH und DK. Der Schnittpunkt von DK und FG sei L, der von FG und BK sei M, der von ED und AB sei N. ◄

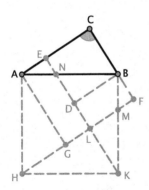

$$\square\,AK = \triangle\,AHG + \triangle\,HKL + \triangle\,KBD + 5-\text{Eck AGLDB}$$

$$= \triangle\,ABC + \text{Tr. NBCE} + \triangle\,BMF + \triangle\,BND$$

$$+ \text{Tr. BDLM} + 5-\text{Eck AGLDB}$$

$$= \square\,CG + \square\,CD$$

$$\Rightarrow c^2 = a^2 + b^2$$

qed.

Beweis 133

Ergänze GH und DK und verlängere BD zu L sowie AG zu M. ◄

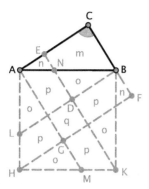

Es gilt: m + n = o + p, außerdem sind △ ABC und △ AHG kongruent.
Dann folgt:

$$\square\, AK = 4o + 4p + q = 2 \cdot (o + p) + 2 \cdot (o + p) + q$$
$$= 2 \cdot (m + n) + 2 \cdot (o + p) + q = (m + o) + (m + 2n + o + 2p + q)$$
$$= \square\, CD + \square\, CG$$

$$\Rightarrow c^2 = a^2 + b^2$$

qed.

Beweis 134

Ergänze GH und verlängere AG zu L. Zeichne KN parallel zu LG. ◄

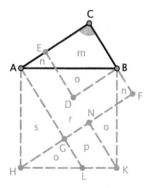

Es gilt:

$$s = o + p = m + n$$

Daher folgt:

$$\square \, AK = 3o + p + s + r = (3o + p) + o + p + r$$
$$= 2(o + p) + 2o + r = 2(m + n) + 2o + r$$
$$= (m + o) + (m + 2n + o + r)$$
$$= \square \, CD + \square \, CG$$

$$\Rightarrow c^2 = a^2 + b^2$$

qed.

Beweis 135

Zeichne CL durch D und G. Ergänze GH und fälle das Lot durch K auf FG mit dem Lotfußpunkt N. ◀

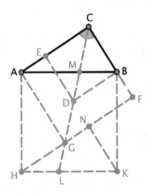

$$\square \, AK = 2 \cdot Tr.AHLM = 2 \cdot (\triangle \, GMA + \triangle \, AHG + \triangle \, HLG)$$
$$= 2 \cdot (\triangle \, GMA + \triangle \, AMC + \triangle \, CMB + \triangle \, BMD)$$
$$= 2 \cdot (\triangle \, GMA + \triangle \, AMC) + 2 \cdot (\triangle \, CMB + \triangle \, BMD)$$
$$= \square \, CG + \square \, CD$$

$$\Rightarrow c^2 = a^2 + b^2$$

qed.

Beweis 136

Zeichne HL parallel zu CB mit HL = CB. Ergänze LK, GH und CL. ◄

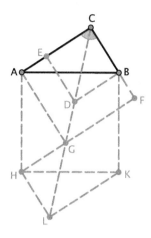

△ ABC, △ AHG und △ HLK sowie △ HLG und △ EDC sind kongruent.
Daher gilt:

$$\square \, AK = 6\text{–Eck } AHLKBC - 2 \cdot \triangle ABC = 2 \cdot 4\text{–Eck } AHLC - 2 \cdot \triangle ABC$$

$$= 2 \cdot \triangle AHG + 2 \cdot \triangle HLG + 2 \cdot \triangle AGC - 2 \cdot \triangle ABC$$

$$= 2 \cdot \triangle AHG + \square \, CD + \square \, CG - 2 \cdot \triangle ABC = \square \, CD + \square \, CG$$

$$\Rightarrow c^2 = a^2 + b^2$$

qed.

Beweis 137

Fälle das Lot durch C auf HK mit dem Lotfußpunkt L. Der Schnittpunkt von CL und FG sei M. Ergänze GH und MK. ◄

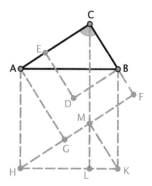

$\square$ AK = Re. BL + Re. AL = Pgm. MKBC + Pgm. MCAH = $\square$ CD + $\square$ CG

$$\Rightarrow c^2 = a^2 + b^2$$

qed.

Fälle das Lot durch C auf HK mit dem Lotfußpunkt L. Der Schnittpunkt von CL mit AB sei P, der mit BD sei S, der mit FG sei M. Ergänze GH und DK. Zeichne ON parallel zu CA mit KO = MS. Fälle das Lot von D auf AB mit dem Lotfußpunkt T. ◄

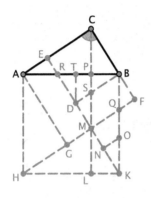

$\square$ AK = Re. BL + Re. AL

$\qquad$ = $\triangle$ MLK + Tr. BPMK + $\triangle$ HLM + $\triangle$ HGA + 4−Eck AGMP

$\qquad$ = $\triangle$ MLK + $\triangle$ BDK + $\triangle$ APC + $\triangle$ MFC + 4−Eck AGMP

$\qquad$ = $\triangle$ MLK + $\triangle$ BDK − $\triangle$ SDM + $\triangle$ PSB + $\square$ CG

$\qquad$ = $\triangle$ MLK + $\triangle$ BDK − $\triangle$ ONK + $\triangle$ RDT + $\square$ CG

$\qquad$ = $\triangle$ MLK + 4−Eck BDNO + $\triangle$ RDT + $\square$ CG

$\qquad$ = $\triangle$ TDB + $\triangle$ RDT + 4−Eck RBCE + $\square$ CG

$\qquad$ = $\square$ CD + $\square$ CG

$$\Rightarrow c^2 = a^2 + b^2$$

qed.

Verlängere ED zu K. Der Schnittpunkt von ED und AB sei O, der von EK und GF sei Q. Ergänze GH. Verlängere AG zu M und BD zu L, der Schnittpunkt von DL und AG sei P. ◄

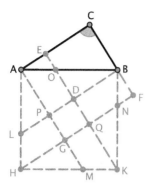

Es gilt: $\triangle$ AOE $= \triangle$ BNF und $\triangle$ AHG $= \triangle$ ABC $= \triangle$ ALP $+$ 4– Eck LHGP
Daher folgt:

$$\square \, AK = 4 \cdot \triangle \, ALP + 4 \cdot 4\text{–Eck LHGP} + \square \, PQ + \triangle \, BNF - \triangle \, AEO$$

$$= 2 \cdot \triangle \, ALP + 3 \cdot 4\text{–Eck LHGP} + \square \, PQ + \triangle \, BNF$$

$$+ \, 2 \cdot \triangle \, ALP + 4\text{–Eck LHGP} - \triangle \, AEO$$

$$= \square \, CG + \square \, CD$$

$$\Rightarrow c^2 = a^2 + b^2$$

qed.

Beweis 140

*Fälle das Lot von C auf HK mit dem Lotfußpunkt L. Der Schnittpunkt von GF und CL
sei M. Ergänze GH, CH, DK und CK.* ◀

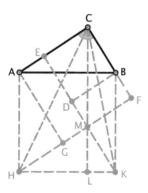

$$\square \, AK = \text{Re. BL} + \text{Re. AL} = \text{Pgm. MKBC} + \text{Pgm. MCAH}$$

$$= 2 \cdot \triangle \, KBC + 2 \cdot \triangle \, AHC = \square \, CD + \square \, CG$$

$$\Rightarrow c^2 = a^2 + b^2$$

qed.

Beweis 141

Verlängere CF zu L mit FL = CB. Ergänze LK und GH. Fälle das Lot durch K auf GF mit dem Lotfußpunkt M. Der Schnittpunkt von GF und BK sei N. ◄

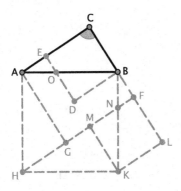

$\square$ AK = $\triangle$ HKM + $\triangle$ KNM + $\triangle$ AHG + $\triangle$ BOD + 6−Eck AGNBDO

= $\triangle$ BKL + 2 · $\triangle$ BOD + $\triangle$ ABC + 6−Eck AGNBDO

= Tr. NKLF + $\triangle$ BNF + 2 · $\triangle$ BOD + $\triangle$ ABC + 6−Eck AGNBDO

= Tr. BCEO + $\triangle$ BOD + $\triangle$ ABC + $\triangle$ BOD + 6−Eck AGNBDO + $\triangle$ BNF

= $\square$ CD + $\square$ CG

$$\Rightarrow c^2 = a^2 + b^2$$

qed.

Beweis 142

Verlängere CF zu N und CA zu L mit AL = FN = CB. Ergänze GH, NK und LH. Die Verlängerungen von NK und LH schneiden sich in M. Zeichne KO parallel zu MH. ◄

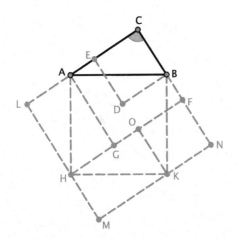

$$\square\,AK = \square\,CM - 4 \cdot \triangle\,ABC$$
$$= \square\,FK + \square\,CG + Re.\,LG + Re.\,OM - 4 \cdot \triangle\,ABC$$
$$= \square\,CD + \square\,CG + 2 \cdot \triangle\,ABC + 2 \cdot \triangle\,ABC - 4 \cdot \triangle\,ABC$$
$$= \square\,CD + \square\,CG$$

$$\Rightarrow c^2 = a^2 + b^2$$

qed.

Beweis 143

Zeichne FL parallel zu AB. Die Schnittpunkte mit BK und AG seien N und M. Ergänze FK, GH, CG und DK. Der Schnittpunkt von DK und FG sei O. ◄

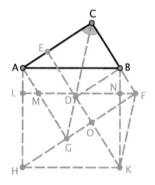

$$\square\,AK = Re.\,AN + Re.\,LK$$
$$= Pgm.\,AMFB + 2 \cdot \triangle\,HKF$$
$$= Pgm.\,AMFB + 2 \cdot \triangle\,HKO + 2 \cdot \triangle\,OKF$$
$$= Pgm.\,AMFB + \triangle\,FMG + \triangle\,ABC + 2 \cdot \triangle\,DBC$$
$$= \square\,CD + \square\,CG$$

$$\Rightarrow c^2 = a^2 + b^2$$

qed.

Beweis 144

Zeichne LM durch D und NO durch G jeweils parallel zu AB. Ergänze GH, AD und BG. ◄

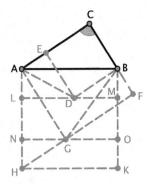

Da Re. NK = Re. AM gilt:

$$\square \, AK = \text{Re. NK} + \text{Re. AO}$$
$$= \text{Re. AM} + 2 \cdot \triangle \, GBA$$
$$= 2 \cdot \triangle \, ADB + \square \, CG$$
$$= \square \, CD + \square \, CG$$

$$\Rightarrow c^2 = a^2 + b^2$$

qed.

Beweis 145

Verlängere AG zu O und ergänze GH und DK. Der Schnittpunkt von DK und FG sei P. Die Verlängerungen von CF und HK schneiden sich in L. Ergänze KM und ON jeweils parallel zu AC. ◄

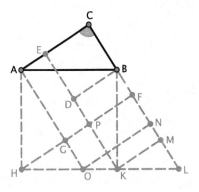

$$\square \text{ AK} = \text{Pgm. AOLB} = \text{Tr. AGFB} + \triangle \text{ OLN} + \text{Re. GN}$$

$$= \text{Tr. AGFB} + \triangle \text{ ABC} + \triangle \text{ HLF} - \triangle \text{ HOG} - \triangle \text{ OLN}$$

$$= \square \text{ CG} + \triangle \text{ HLF} - \triangle \text{ KLM} - \triangle \text{ HKP}$$

$$= \square \text{ CG} + \square \text{ FK} = \square \text{ CG} + \square \text{ CD}$$

$$\Rightarrow c^2 = a^2 + b^2$$

qed.

Beweis 146

Verlängere AG zu O mit GO = CB. Der Schnittpunkt von GO und HK sei L. Ergänze OK, GH und DK. Die Verlängerungen von CF und HK schneiden sich in M. Verlängere OK zu N, ergänze GN und zeichne PQ parallel zu CB mit NQ = KO. ◀

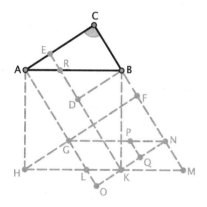

$$\square \text{ AK} = \text{Pgm. ALMB} = \text{Pgm. GLMN} + \text{Pgm. AGNB}$$

$$= \triangle \text{ NGO} - \triangle \text{ NPQ} + \triangle \text{ KMN} + \square \text{ CG}$$

$$= \text{Tr. PGOQ} + \triangle \text{ KMN} + \square \text{ CG}$$

$$= \text{Tr. RBCE} + \triangle \text{ BRD} + \square \text{ CG} = \square \text{ CD} + \square \text{ CG}$$

$$\Rightarrow c^2 = a^2 + b^2$$

qed.

Beweis 147

Zeichne ON durch G und RQ durch D jeweils parallel zu AB. Die Verlängerungen von CF und NO treffen sich in P, die von CA und RQ in M. Fälle das Lot durch C auf AB mit dem Lotfußpunkt L. ◀

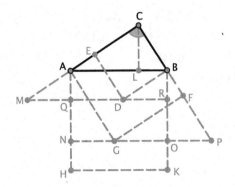

$$\square \, AK = Re. \, NK + Re. \, AO = Re. \, AR + Re. \, AO$$
$$= Pgm. \, AMDB + Pgm. \, AGPB = \square \, CD + \square \, CG$$

$$\Rightarrow c^2 = a^2 + b^2$$

qed.

Beweis 148

Verlängere CA zu O und CB zu N mit AO = BC bzw. BN = AC. Ergänze OH und NK und verlängere beide Strecken zu L. Ergänze GH und GN und verlängere AG zu M. ◄

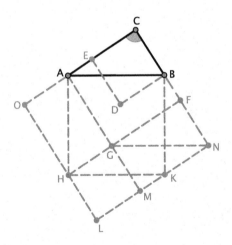

$\triangle$ ABC, $\triangle$ AOH, $\triangle$ AHG, $\triangle$ HLK, $\triangle$ KNB, $\triangle$ FGN und $\triangle$ GMN sind kongruent.
Es folgt:

$$\square \, AK = \square \, CL - 4 \cdot \triangle \, ABC = \square \, CL - Re. \, OG - Re. \, NG$$
$$= \square \, GL + \square \, CG = \square \, CD + \square \, CG$$

$$\Rightarrow c^2 = a^2 + b^2$$

qed.

Beweis 149

Verlängere AG zu M und ergänze GH und DK. Der Schnittpunkt von DK und FG sei P. Die Verlängerungen von CF und HK schneiden sich in L. Ergänze KO und MN jeweils parallel zu AC. ◄

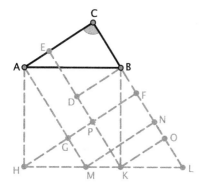

$$\square\, AK = Pgm.\ AMLB = 4-Eck\ AGFB + Re.\ GN + \triangle\ MLN$$
$$= 4-Eck\ AGFB + Re.\ GN + \triangle\ ABC$$
$$= \square\, CG + Re.\ GN = \square\, CG + \square\, PO$$
$$= \square\, CG + \square\, CD$$

$$\Rightarrow c^2 = a^2 + b^2$$

qed.

3.8   a², b² und c² nach innen konstruiert

Die Grundfigur für die Beweise in diesem Kapitel besteht aus dem rechtwinkligen Dreieck ABC sowie den drei Quadraten über den Dreiecksseiten, wobei alle drei Quadrate „innen" liegen und damit das Ausgangsdreieck überlagern. Dadurch ergeben sich neue (Schnitt-)Punkte, mit deren Hilfe weitere Zusatzlinien und Figuren konstruiert werden können. Dies führt schließlich zu neuen, geometrischen Beweisen für den Satz des Pythagoras.

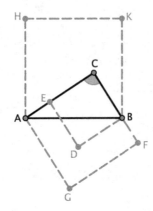

Die folgenden Konstruktionsbeschreibungen der einzelnen Beweisskizzen gehen stets von dieser Grundfigur aus, wobei in den Skizzen selbst die Bezeichnungen einiger Punkte variieren können. In den jeweiligen Beschreibungen werden nur zusätzlich zu konstruierende Strecken und Punkte erwähnt.

Beweis 150

Fälle das Lot durch C auf AB mit dem Lotfußpunkt M, verlängere CM zu N und MC zu L. Ergänze CH, CK, AN und BN. ◀

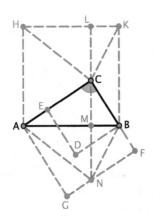

$$\square \, \text{AK} = \text{Re. LB} + \text{Re. LA} = \text{Pgm. KCNB} + \text{Pgm. HANC}$$
$$= 2 \cdot \triangle \, \text{KCB} + 2 \cdot \triangle \, \text{NCA} = \square \, \text{CD} + \square \, \text{CG}$$

$$\Rightarrow c^2 = a^2 + b^2$$

qed.

Beweis 151

Fälle das Lot durch C auf AB mit dem Lotfußpunkt M und verlängere MC zu L. Verlängere BC zu O mit BO = FC. Der Schnittpunkt von ED und AB sei N. Ergänze OK, NC, CK, HC und GB. ◀

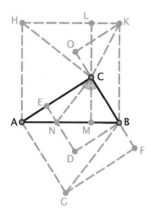

$HA = AB$, $AC = AG$ und $\angle CAH = \angle GAB \Rightarrow \triangle\,HAC$ und $\triangle\,AGB$ sind kongruent. Ebenso sind $\triangle\,ABC$ und $\triangle\,BKO$ kongruent $\Rightarrow KO = BC$.

$$\text{Also folgt: } \square\,AK = \text{Re. } LB + \text{Re. } LA = 2 \cdot \triangle\,KCB + 2 \cdot \triangle\,HAC$$
$$= 2 \cdot \triangle\,AGB + 2 \cdot \triangle\,HAC$$
$$= AG \cdot GF + BC \cdot KO = \square\,CG + \square\,BE$$

$$\Rightarrow c^2 = a^2 + b^2$$

qed.

Beweis 152

Zeichne LO durch C und senkrecht zu AB. Fälle das Lot durch H auf AC mit dem Lotfußpunkt M. Ergänze CK, CH, DO, BO und AO. ◀

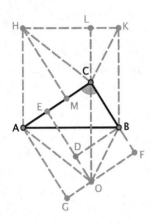

$$\square \, AK = \text{Re. } LB + \text{Re. } LA = \text{Pgm. COBK} + \text{Pgm. HAOC}$$

$$= 2 \cdot \triangle \, OBC + 2 \cdot \triangle \, OCA = \square \, CD + \square \, CG$$

$$\Rightarrow c^2 = a^2 + b^2$$

qed.

Beweis 153

Zeichne LM durch C senkrecht zu AB. Ergänze CH, CK, GB und MB. ◄

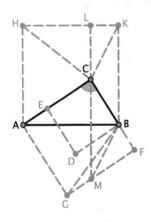

$$\square \, AK = \text{Re. } LB + \text{Re. } LA$$

$$= \text{Pgm. KCMB} + 2 \cdot \triangle \, ACH$$

$$= 2 \cdot \triangle \, MBC + 2 \cdot \triangle \, AGB$$

$$= \square \, CD + \square \, CG$$

$$\Rightarrow c^2 = a^2 + b^2$$

qed.

Beweis 154

Fälle die Lote durch C auf AB, durch H auf AC und durch K auf HN mit den Lotfußpunkten S, N und M. Verlängere CS zu Q, der Schnittpunkt mit BD sei P. Verlängere BC zu L und ergänze DQ und DR. ◄

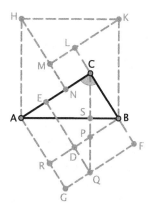

Es gilt: $\triangle$ BKL = Tr. CEDP + $\triangle$ QPD und $\triangle$ HAN = Tr. QFBP + $\triangle$ PBC
Daher folgt:

$$\square\, AK = \triangle\, ABC + \triangle\, BKL + \triangle\, KHM + \triangle\, HAN + \square\, MC$$
$$= \triangle\, ABC + \text{Tr. CEDP} + \triangle\, QPD + \triangle\, BAR$$
$$+ \text{Tr. QFBP} + \triangle\, PBC + \square\, RQ$$
$$= \square\, CD + \square\, CG$$

$$\Rightarrow c^2 = a^2 + b^2$$

qed.

Beweis 155

Fälle das Lot durch H auf AC mit dem Lotfußpunkt M und das Lot durch K auf HM mit dem Lotfußpunkt L. Verlängere AC zu O und ED zu P. Ergänze CP. ◄

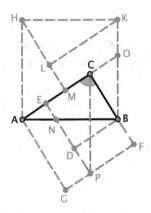

$$\Box \, AK = \triangle \, ANE + Tr. \, ENBC + \triangle \, BOC + Tr. \, KLMO + \triangle \, KHL + \triangle \, HAM$$
$$= \triangle \, ANE + Tr. \, ENBC + \triangle \, BND + Tr. \, AGPN + \triangle \, PCE + \triangle \, CPF$$
$$= \Box \, CD + \Box \, CG$$

$$\Rightarrow c^2 = a^2 + b^2$$

qed.

Beweis 156

Verlängere GA zu M mit AM = AC. Ergänze MH und verlängere MH zu L mit HL = AC. Ergänze LK. Die Verlängerungen von LK und GF schneiden sich in N. Zeichne CR senkrecht zu AC sowie CP und BO senkrecht zu BC. ◄

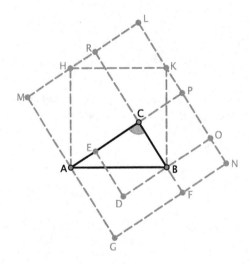

Da $\triangle$ ABC, $\triangle$ BOK, $\triangle$ KLH und $\triangle$ HMA kongruent sind folgt:

(1) Re. MN = $\square$ AK + Re. BN + 3 · $\triangle$ ABC + Tr. AGFB

(2) Re. MN = $\square$ CO + $\square$ CG + Re. BN + Re. AL

$\qquad\quad$ = $\square$ CD + $\square$ CG + Re. BN + Re. CL + $\square$ AR

$\qquad\quad$ = $\square$ CD + $\square$ CG + Re. BN + 2 · $\triangle$ ABC + $\triangle$ ABC + Tr. ACRH

$\qquad\quad$ = $\square$ CD + $\square$ CG + Re. BN + 3 · $\triangle$ ABC + Tr. AGFB

Aus (1) und (2) folgt direkt: $\square$ AK = $\square$ CD + $\square$ CG

$$\Rightarrow c^2 = a^2 + b^2$$

qed.

Beweis 157

Verlängere KB zu P und AC zu O. Fälle das Lot durch H auf AC mit Lotfußpunkt M. Zeichne LN parallel zu CA mit HL = BF. ◀

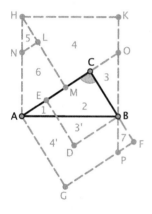

Mit 4' = 4–Eck AGPB folgt:

$$\square\, AK = 1 + 2 + 3 + 4 + 5 + 6$$

$$\square\, CD = 2 + 3' = 2 + 3$$

$$\square\, CG = 1 + 2 + 4' + 7 = 1 + 6 + 4 + 5$$

Also: $\square$ AK = $1 + 2 + 3 + 4 + 5 + 6 = (2 + 3) + (1 + 6 + 4 + 5) = \square$ CD + $\square$ CG

$$\Rightarrow c^2 = a^2 + b^2$$

qed.

3.9　　Mindestens ein Quadrat verschoben

Die Beweise in diesem Kapitel haben keine gemeinsame Grundfigur, die über das recht-winklige Dreieck ABC hinausgeht. Dennoch gibt es eine Gemeinsamkeit: Allen Figuren ist gemein, dass ein oder mehrere Quadrate aus ihrer ursprünglichen Position („innen" oder „außen") heraus verschoben worden sind. Insgesamt sind sieben unterschiedliche Verschiebungen möglich. In drei Fällen wiederum gibt es jeweils vier, in drei Fällen zwei verschiedene Arrangements der drei Quadrate. In einem Fall ist nur eine Anordnung möglich. Die folgende Tabelle gibt einen Überblick.

	Verschiebungen	Anordnungen	Beweise
1	c^2 verschoben	a^2 und b^2 außen	158
		a^2 außen, b^2 innen	159
		a^2 innen, b^2 außen	160, 161
		a^2 und b^2 innen	162
2	a^2 verschoben	c^2 und b^2 außen	163, 164
		c^2 außen, b^2 innen	165–173
		c^2 innen, b^2 außen	174–176
		c^2 und b^2 innen	177, 178
3	b^2 verschoben	c^2 und a^2 außen	179
		c^2 außen, a^2 innen	180–184
		c^2 innen, a^2 außen	185–187
		c^2 und a^2 innen	188–190
4	c^2 und a^2 verschoben	b^2 außen	191
		b^2 innen	192
5	c^2 und b^2 verschoben	a^2 außen	193, 194
		a^2 innen	195
6	a^2 und b^2 verschoben	c^2 außen	196–205
		c^2 innen	206–207
7	a^2, b^2 und c^2 verschoben	–	208

Loomis fand bei seiner Untersuchung nur zu acht der 19 genannten Fälle Beweise, so dass er zu den übrigen elf Fällen jeweils selbst neue Beweise entwickelte: „From the scources of proofs consulted, I discovered that only 8 out of the possible 19 cases had received consideration. To complete the gap of the 11 missing ones I have devised a proof for each missing case" (Loomis 1968, S. 190).

Beweis 158

Konstruiere über den Seiten AC und BC die Quadrate CG und CD. Verlängere CF zu H und CE zu L mit CH = CL = AB. Zeichne LK und HK parallel zu BC bzw. AC. P seit Mittelpunkt von AB. Ergänze PC und verlängere PC zu M mit CM = AC. Zeichne RQ durch M parallel zu KL. Ergänze HM, KM und LM. Konstruiere KN parallel zu CM mit KN = LM. Ergänze NM und fälle das Lot durch H auf CM mit dem Lotfußpunkt O. ◄

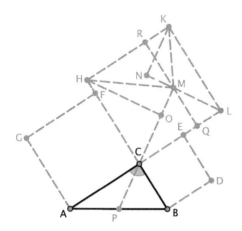

Da $\triangle$ ABC, $\triangle$ HCO, $\triangle$ CLM unc $\triangle$ LKN kongruent sind, ist CM = HO = AC und LM = KN = BC.

$$\text{Daher gilt: } \square\, CK = \text{Re. } CR + \text{Re. } LR = 2 \cdot \triangle\, CMH + 2 \cdot \triangle\, KML$$

$$= CM \cdot HO + LM \cdot KN = \square\, CG + \square\, CD$$

$$\Rightarrow c^2 = a^2 + b^2$$

qed.

Beweis 159

Konstruiere über den Seiten AC und BC die Quadrate CG und CD, wobei CG das Dreieck ABC überdecken soll. Verlängere BD zu Q und BF zu H mit BQ = BH = AB und ergänze QK und HK parallel zu BC bzw. AC. Zeichne MP durch B senkrecht zu AB. Konstruiere L mit KL = BP und ergänze LH. Fälle die Lote durch B und K auf HL mit den Lotfusspunkten N und O. Ergänze RT parallel zu HL mit BR = FT. ◄

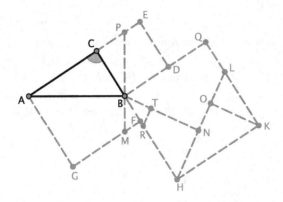

$$\square\, BK = \triangle\, BRT + Tr.\ RHNT + \triangle\, HKO + \triangle\, KLO + 4{-}Eck\ BNLQ$$
$$= \triangle\, BMF + Tr.\ PBDE + \triangle\, ABC + \triangle\, BPC + 4{-}Eck\ AGMB$$
$$= \square\, CD + \square\, CG$$

$$\Rightarrow c^2 = a^2 + b^2$$

qed.

Beweis 160

Konstruiere über den Seiten AC und BC die Quadrate CG und CD, wobei CD das Dreieck ABC teilweise überdecken soll. Verlängere CA zu H mit AH = BP. Zeichne HR senkrecht und RK parallel zu HA mit HR = RK = AB und zeichne KS senkrecht zu AC. Ergänze RA und verlängere RA zu Q. Zeichne QT, HO, KN und LM jeweils senkrecht zu RQ mit RL = AP. ◀

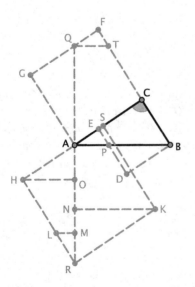

$$\square \text{ HK} = \triangle \text{ HOA} + \text{Tr. HLMO} + \triangle \text{ RKN} + 4-\text{Eck NKSA} + \triangle \text{ RML}$$
$$= \triangle \text{ PDB} + \text{Tr. EPBC} + \triangle \text{ AQG} + \text{Tr. ACTQ} + \triangle \text{ QTF}$$
$$= \square \text{ CD} + \square \text{ CG}$$

$$\Rightarrow c^2 = a^2 + b^2$$

qed.

Beweis 161

Konstruiere über den Seiten AC und BC die Quadrate CG und CD, wobei CD das Dreieck ABC teilweise überdecken soll. Verlängere CA zu P mit AP = BC. Ergänze PD und zeichne BL senkrecht zu AB, wobei L der Schnittpunkt mit der Verlängerung von PD sei. Verlängere LB zu M und zeichne NO durch A senkrecht zu AB mit LM = NO = AB. Ergänze OG und OM, der Schnittpunkt von OM mit CF sei H. ◄

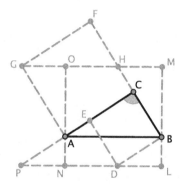

$$\square \text{ OL} = \text{Re. AL} + \text{Re. AM} = \text{Pgm. PDBA} + \text{Pgm. ABHG} = \square \text{ CD} + \square \text{ CG}$$

$$\Rightarrow c^2 = a^2 + b^2$$

qed.

Beweis 162

Konstruiere über den Seiten AC und BC die Quadrate CG und CD, wobei beide Quadrate das Dreieck ABC überdecken sollen. Verlängere CA zu H und CB zu K mit CH = CK = AB. Ergänze HL und KL parallel zu CB bzw. CA. Zeichne DQ parallel zu EA und DR parallel zu BK. Ergänze KP parallel zu AB, der Schnittpunkt mit DR sei M. Zeichne HN parallel zu AB mit HN = KP. Der Schnittpunkt mit ED sei T. Konstruiere CW senkrecht zu AB, der Schnittpunkt mit BQ sei O. Ergänze EF, die Schnittpunkte mit AB und BQ seien X und V. ◄

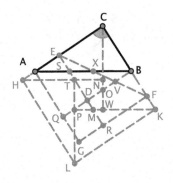

$\square$ HK $= \triangle$ LKP $+ \triangle$ CWK $+ \triangle$ HNC $+ \triangle$ HLT $+ \square$ TW

$\quad = \triangle$ ABC $+ \triangle$ EFC $+ \triangle$ ERF $+ \triangle$ AQB $+ \square$ QR

$\quad =$ Tr. ESBC $+ \triangle$ ASE $+ \triangle$ EFC $+ \triangle$ ERF $+$ Tr. AQDS $+ \triangle$ SDB $+ \square$ QR

$\quad =$ Tr. ESBC $+ \triangle$ SDB $+ \triangle$ EFC $+ \triangle$ ERF $+ \triangle$ ASE $+$ Tr. AQDS $+ \square$ QR

$\quad = \square$ CD $+ \square$ CG

$$\Rightarrow c^2 = a^2 + b^2$$

qed.

Beweis 163

Konstruiere über den Seiten AC und AB die Quadrate CG und AK. Verlängere AB zu
E mit BE = BC und zeichne MD parallel zu BE mit BM = MD = BC. Ergänze
DE. Fälle das Lot durch C auf HK mit dem Lotfußpunkt L. Zeichne KN parallel zu BC
mit KN = AC, der Schnittpunkt mit CL sei O. Ergänze HO und BN. ◄

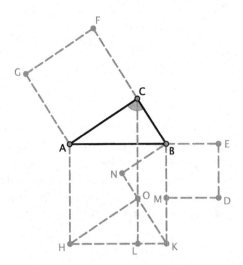

$$\square\, AK = Re.\ BL + Re.\ AL = Pgm.\ OKBC + Pgm.\ OCAH = \square\, BD + \square\, CG$$

$$\Rightarrow c^2 = a^2 + b^2$$

qed.

Beweis 164

*Konstruiere über den Seiten AC und AB die Quadrate CG und AK. Verlängere AC zu
D mit CD = BC und zeichne UE parallel zu CD mit UC = UE = CD. Ergänze
DE. Verlängere HA zu T, fälle das Lot durch T auf AC mit dem Lotfußpunkt W, ver-
längere EU zu R und ergänze DR, der Schnittpunkt von DR und UC sei S. Fälle das
Lot durch K auf AC mit dem Lotfußpunkt V, der Schnittpunkt mit AB sei X. Zeichne AL
parallel zu BC mit AL = AC und HM, BO und YQ parallel zu AC, wobei KY = AX.
Der Schnittpunkt von BO und VK sei N.* ◀

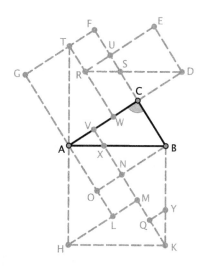

$$\square\, AK = \triangle\, XNB + Tr.\ NQYB + \triangle\, QKY + \square\, OM + Tr.\ AONX$$
$$+ \triangle\, AHL + \triangle\, HKM$$
$$= \triangle\, SCD + Tr.\ USDE + \triangle\, URS + \square\, TU + Tr.\ RWCS$$
$$+ \triangle\, TAW + \triangle\, ATG$$
$$= \square\, CD + \square\, CG$$

$$\Rightarrow c^2 = a^2 + b^2$$

qed.

Beweis 165

Konstruiere über den Seiten AC und AB die Quadrate AF und AK, wobei AF das Drei-eck ABC überdecken soll. Verlängere CF zu D mit FD = BC. Ergänze KD und HS und zeichne KM parallel zu CB. ◄

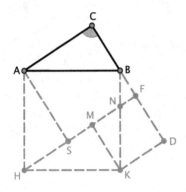

$$\Box \, AK = 4{-}\text{Eck ASNB} + \triangle \, \text{HKM} + \triangle \, \text{AHS} + \triangle \, \text{KNM}$$
$$= 4{-}\text{Eck ASNB} + \triangle \, \text{ABC} + \triangle \, \text{BKD} + \triangle \, \text{KNM}$$
$$= 4{-}\text{Eck ASNB} + \triangle \, \text{ABC} + \triangle \, \text{BNF} + \text{Tr. NKDF} + \triangle \, \text{KNM}$$
$$= \Box \, \text{AF} + \Box \, \text{MD}$$

$$\Rightarrow c^2 = a^2 + b^2$$

qed.

Beweis 166

Konstruiere über den Seiten AC und AB die Quadrate AF und AK, wobei AF das Drei-eck ABC überdecken soll. Zeichne KD und KL parallel zu BC bzw. AC mit KL = BC. Verlängere FG zu H und zeichne LE parallel zu KD, der Schnittpunkt mit HK sei M. ◄

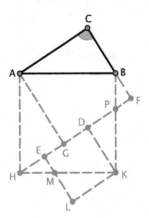

$$\Box \text{ AK} = 4-\text{Eck AGPB} + \triangle \text{ AHG} + \triangle \text{ HME} + \text{Tr. EMKD} + \triangle \text{ KPD}$$
$$= 4-\text{Eck AGPB} + \triangle \text{ ABC} + \triangle \text{ BPF} + \text{Tr. EMKD} + \triangle \text{ MLK}$$
$$= \Box \text{ AF} + \Box \text{ EK}$$

$$\Rightarrow c^2 = a^2 + b^2$$

qed.

Beweis 167

Konstruiere über den Seiten AC und AB die Quadrate AF und AK, wobei AF das Dreieck ABC überdecken soll. Ergänze GH. Zeichne KL und KD parallel zu BC bzw. AC mit KD = BC. Zeichne DE parallel zu KL. Verlängere KL zu N und fälle das Lot durch B auf KN mit dem Lotfußpunkt M. ◄

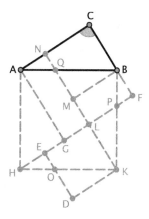

$$\Box \text{ AK} = \triangle \text{ AHG} + \triangle \text{ HOE} + \text{Tr. EOKL} + \triangle \text{ KPL} + \triangle \text{ BQM} + 6-\text{Eck AGPBMQ}$$
$$= \triangle \text{ ABC} + \triangle \text{ BPF} + \triangle \text{ BQM} + 6-\text{Eck AGPBMQ} + \text{Tr. EOKL} + \triangle \text{ KOD}$$
$$= \Box \text{ AF} + \Box \text{ EK}$$

$$\Rightarrow c^2 = a^2 + b^2$$

qed.

Beweis 168

Konstruiere über den Seiten AC und AB die Quadrate AF und AK, wobei AF das Dreieck ABC überdecken soll. Ergänze GH und zeichne KM parallel zu BC. Zeichne GD parallel zu MK mit GD = MK. Der Schnittpunkt von GD und HK sei L. Ergänze KD und verlängere KD zu E mit DE = BC. Ergänze HE. ◄

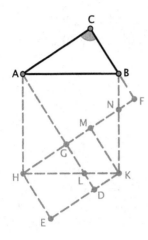

$$\square\, AK = 4\text{--Eck AGNB} + \triangle\, AHG + \triangle\, HKM + \triangle\, KNM$$
$$= 4\text{--Eck AGNB} + \triangle\, ABC + \text{Tr. HEDL} + \triangle\, LDK + \triangle\, HLG$$
$$= 4\text{--Eck AGNB} + \triangle\, ABC + \triangle\, BNF + \text{Tr. HEDL} + \triangle\, HLG$$
$$= \square\, AF + \square\, HD$$

$$\Rightarrow c^2 = a^2 + b^2$$

qed.

Beweis 169

Konstruiere über den Seiten AC und AB die Quadrate AF und AK, wobei AF das Dreieck ABC überdecken soll. Ergänze GH und zeichne KP parallel zu BC. Verlängere CA zu E mit AE = BC und ergänze HE. Zeichne DL parallel zu AE mit ED = EA = DL. Der Schnittpunkt von DL und AH sei M. ◀

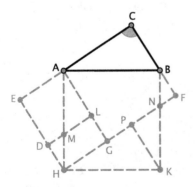

$$\Box \, AK = 4\text{–Eck AGNB} + \triangle \text{ AHG} + \triangle \text{ HKP} + \triangle \text{ PKN}$$
$$= 4\text{–Eck AGNB} + \triangle \text{ AEH} + \triangle \text{ ABC} + \triangle \text{ AML}$$
$$= 4\text{–Eck AGNB} + \text{Tr. AEDM} + \triangle \text{ DHM} + \triangle \text{ ABC} + \triangle \text{ AML}$$
$$= 4\text{–Eck AGNB} + \triangle \text{ ABC} + \triangle \text{ BNF} + \text{Tr. AEDM} + \triangle \text{ AML}$$
$$= \Box \, \text{AF} + \Box \, \text{AD}$$

$$\Rightarrow c^2 = a^2 + b^2$$

qed.

Beweis 170

Konstruiere über den Seiten AC und AB die Quadrate AF und AK, wobei AF das Dreieck ABC überdecken soll. Ergänze GH, verlängere CA zu E mit AE = BC und ergänze HE. Zeichne DN parallel zu AE mit ED = EA = DN. Verlängere DN zu B und zeichne EO parallel zu AB. Der Schnittpunkt von EO und DB sei L. Ergänze LK. ◄

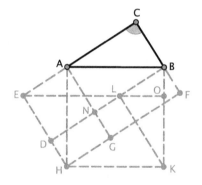

$$\Box \, AK = \text{Re. AO} + \text{Re. HO} = \text{Pgm. AELB} + \text{Pgm. HKLE} = \Box \, \text{AD} + \Box \, \text{AF}$$

$$\Rightarrow c^2 = a^2 + b^2$$

qed.

Beweis 171

Konstruiere über den Seiten AC und AB die Quadrate AF und AK, wobei AF das Dreieck ABC überdecken soll. Ergänze GH, verlängere CA zu M mit AM = BC und ergänze HM. Verlängere MH zu E mit HE = CB. Zeichne EL durch K mit KL = BC, ergänze FL und verlängere AG zu D. ◄

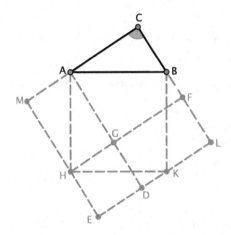

$\triangle$ ABC, $\triangle$ AMH, $\triangle$ HEK und $\triangle$ BKL sind kongruent. Daher gilt:

(1)
$$\square\, CE = \square\, AK + \triangle\, ABC + \triangle\, HAM + \triangle\, KHE + \triangle\, BKL$$
$$= \square\, AK + 4 \cdot \triangle\, ABC$$

(2)
$$(2)\ \square\, CE = \square\, GE + \square\, CG + Re.\ GL + Re.\ GM$$
$$= \square\, GE + \square\, CG + 4 \cdot \triangle\, ABC$$

$$\Rightarrow \square\, AK = \square\, GE + \square\, CG$$

$$\Rightarrow c^2 = a^2 + b^2$$

qed.

Beweis 172

Konstruiere über den Seiten AC und AB die Quadrate AF und AK, wobei AF das Dreieck ABC überdecken soll. Ergänze GH, verlängere CA zu E mit AE = CB und ergänze HE. Zeichne DL parallel zu AE mit ED = EA = DL und verlängere DL zu B. Fälle das Lot durch C auf HK mit dem Lotfußpunkt N, der Schnittpunkt von CN und HF sei M. Ergänze MK. ◀

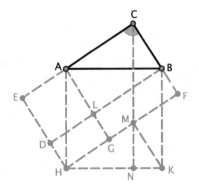

$$\square \text{ AK} = \text{Re. BN} + \text{Re. AN}$$
$$= \text{Pgm. CMKB} + \text{Pgm. CAHM} = \square \text{ AD} + \square \text{ AF}$$

$$\Rightarrow c^2 = a^2 + b^2$$

qed.

Beweis 173

Konstruiere über den Seiten AC und AB die Quadrate AF und AK, wobei AF das Dreieck ABC überdecken soll. Ergänze GH und verlängere GA zu D mit AD = BC. Zeichne LE parallel zu AD mit AL = LE = BC und ergänze DE. Zeichne LQ parallel zu AB sowie KN und PM parallel zu BC mit HM = BF. ◀

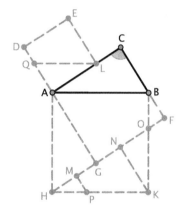

$$\square \text{ AK} = 4\text{-Eck AGOB} + \triangle \text{ AHG} + \triangle \text{ HPM} + \text{Tr. MPKN} + \triangle \text{ NKO}$$
$$= 4\text{-Eck AGOB} + \triangle \text{ ABC} + \triangle \text{ BOF} + \text{Tr. LEDQ} + \triangle \text{ LQA}$$
$$= \square \text{ AF} + \square \text{ AE}$$

$$\Rightarrow c^2 = a^2 + b^2$$

qed.

Beweis 174

Konstruiere über den Seiten AC und AB die Quadrate AF und AK, wobei AK das Dreieck ABC überdecken soll. Fälle das Lot durch K auf CF mit dem Lotfußpunkt D. Verlängere GF zu E mit FE = DK und ergänze KE. ◀

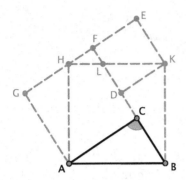

$$\Box \text{ AK} = 4-\text{Eck ACLH} + \triangle \text{ ABC} + \triangle \text{ BKD} + \triangle \text{ KLD}$$
$$= 4-\text{Eck ACLH} + \triangle \text{ HKE} + \triangle \text{ AHG} + \triangle \text{ KLD}$$
$$= 4-\text{Eck ACLH} + \triangle \text{ AHG} + \triangle \text{ LFH} + \text{Tr. KEFL} + \triangle \text{ KLD}$$
$$= \Box \text{ AF} + \Box \text{ DE}$$

$$\Rightarrow c^2 = a^2 + b^2$$

qed.

Beweis 175

Konstruiere über den Seiten AC und AB die Quadrate AF und AK, wobei AK das Dreieck ABC überdecken soll. Ergänze CH und CK. Fälle das Lot durch C auf AB mit dem Lotfußpunkt M und verlängere MC zu L. Zeichne NE parallel zu AC mit CN = NE = CB und ergänze ED parallel zu NC. ◀

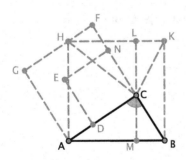

$$\Box \text{ AK} = \text{Re. LB} + \text{Re. LA} = 2 \cdot \triangle \text{ KCB} + 2 \cdot \triangle \text{ ACH} = \Box \text{ DN} + \Box \text{ AF}$$

$$\Rightarrow c^2 = a^2 + b^2$$

qed.

Beweis 176

Konstruiere über den Seiten AC und AB die Quadrate AF und AS, wobei AS das Dreieck ABC überdecken soll. Fälle das Lot durch S auf CF mit dem Lotfußpunkt H. Verlängere GA zu E mit AE = CB. Zeichne EM parallel zu AC mit EM = AE = BC und ergänze MD parallel zu EA. Zeichne KL parallel zu SH mit BK = TU. ◄

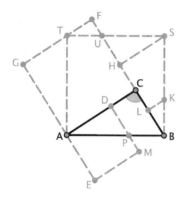

$$\square \, AK = 4\text{–Eck ACUT} + \triangle \, ABC + \triangle \, BKL + \text{Tr. LKSH} + \triangle \, SUH$$
$$= 4\text{–Eck ACUT} + \triangle \, ATG + \triangle \, UFT + \text{Tr. AEMP} + \triangle \, APD$$
$$= \square \, AF + \square \, AM$$

$$\Rightarrow c^2 = a^2 + b^2$$

qed.

Beweis 177

Konstruiere über den Seiten AC und AB die Quadrate AF und AK, wobei beide Quadrate das Dreieck ABC überdecken sollen. Verlängere FC zu L und fälle das Lot durch K auf CL mit dem Lotfußpunkt M. Verlängere CA zu E mit AE = BC. Zeichne ED parallel zu CB mit ED = CB und ergänze DQ parallel zu EA. Verlängere HA zu R und KB zu P. Zeichne ON parallel zu FP mit BO = BP. ◄

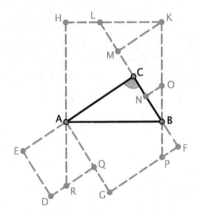

$$\Box\ AK = \triangle\ ABC + \triangle\ BON + 4\text{--Eck } ACLH + \triangle\ KLM + \text{Tr. } NOKM$$
$$= \triangle\ ABC + \triangle\ BPF + 4\text{--Eck } AGPB + \triangle\ ARQ + \text{Tr. } AEDR$$
$$= \Box\ AF + \Box\ AD$$

$$\Rightarrow c^2 = a^2 + b^2$$

qed.

Beweis 178

Konstruiere über den Seiten AC und AB die Quadrate AF und AK, wobei beide Quadrate das Dreieck ABC überdecken sollen. Fälle das Lot von C auf AB mit dem Lotfußpunkt O und verlängere OC zu P mit CP = BK. Ergänze PH und PK. Zeichne HN senkrecht zu AC, KM parallel zu AC und ML senkrecht zu AB. Verlängere CA zu E mit AE = CB und zeichne LD parallel zu AE mit LD = AE. Ergänze DE. ◄

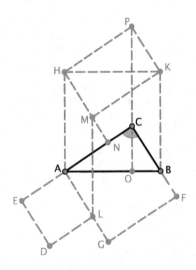

$$\square \text{ AK} = \text{Re. KO} + \text{Re. HO} = \text{Pgm. KPCB} + \text{Pgm. HACP}$$
$$= \text{Pgm. MHAL} + \square \text{ AF} = \square \text{ AD} + \square \text{ AF}$$

$$\Rightarrow c^2 = a^2 + b^2$$

qed.

Beweis 179

Konstruiere über den Seiten AB und BC die Quadrate AK und CD. Der Schnittpunkt der Verlängerungen von ED und AB sei L. Verlängere BL zu V mit BV = AC und zeichne VF senkrecht zu BV mit VF = BV. Ergänze FG parallel zu VB, verlängere CB zu T und zeichne TW senkrecht zu BT. Verlängere KB zu M und DB zu S. Zeichne AO, KP und RQ parallel zu CB mit BR = TW und verlängere DS zu N mit SN = WF. Ergänze NH. ◀

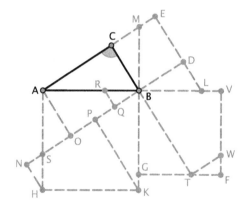

$$\square \text{ AK} = 4{-}\text{Eck ASQR} + \triangle \text{ RQB} + \triangle \text{ BPK} + 4{-}\text{Eck KPSH}$$
$$= 4{-}\text{Eck MBLE} + \triangle \text{ BGT} + \text{Tr. NHKP}$$
$$= \text{Tr. MBDE} + \triangle \text{ CBM} + \triangle \text{ BGT} + \text{Tr. BTFV}$$
$$= \square \text{ CD} + \square \text{ BF}$$

$$\Rightarrow c^2 = a^2 + b^2$$

qed.

Beweis 180

Konstruiere über den Seiten AB und BC die Quadrate AK und CD, wobei CD das Dreieck ABC teilweise überdecken soll. Verlängere ED zu K und CA zu G mit AG = BC. Ergänze GH. Zeichne GM parallel zu AB, der Schnittpunkt mit AH sei L. Fälle das Lot durch H auf DK mit dem Lotfußpunkt F. ◀

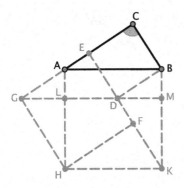

$$\square \text{ AK} = \text{Re. AM} + \text{Re. HM} = \text{Pgm. AGDB} + \text{Pgm. HKDG} = \square \text{ CD} + \square \text{ GF}$$

$$\Rightarrow c^2 = a^2 + b^2$$

qed.

Beweis 181

Konstruiere über den Seiten AB und BC die Quadrate AK und CD, wobei CD das Dreieck ABC teilweise überdecken soll. Verlängere ED zu K und CA zu G mit AG = BC. Ergänze GH und verlängere GH zu L mit HL = CB. Ergänze LK. Der Schnittpunkt der Verlängerungen von LK und CB sei M. Fälle das Lot durch H auf DK mit dem Lotfußpunkt F. ◄

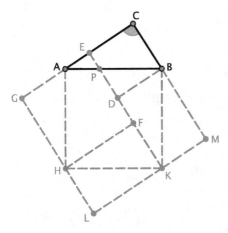

$$\square \text{ AK} = \triangle \text{ BPD} + 4\text{-Eck AHFP} + \triangle \text{ HKF} + \triangle \text{ KBD}$$
$$= \triangle \text{ BPD} + 4\text{-Eck AHFP} + \triangle \text{ ABC} + \triangle \text{ AGH}$$
$$= \triangle \text{ BPD} + \text{Tr. BCEP} + \triangle \text{ APE} + 4\text{-Eck AHFP} + \triangle \text{ AGH}$$
$$= \square \text{ DC} + \square \text{ BH}$$

$$\Rightarrow c^2 = a^2 + b^2$$

qed.

Beweis 182

Konstruiere über den Seiten AB und BC die Quadrate AK und CD, wobei CD das Dreieck ABC teilweise überdecken soll. Verlängere ED zu K und CA zu G mit AG = BC. Ergänze GH. Fälle die Lote durch H auf DK und durch C auf HK mit den Lotfußpunkten F und L. ◄

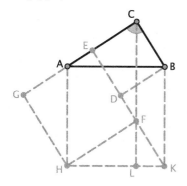

$$\square \text{ AK} = \text{Re. BL} + \text{Re. AL} = \text{Pgm. BCFK} + \text{Pgm. AHFC} = \square \text{ CD} + \square \text{ EH}$$

$$\Rightarrow c^2 = a^2 + b^2$$

qed.

Beweis 183

Konstruiere über den Seiten AB und BC die Quadrate AK und CD, wobei CD das Dreieck ABC teilweise überdecken soll. Verlängere ED zu K und CA zu G mit AG = BC. Ergänze GH. Fälle das Lot durch H auf DK mit dem Lotfußpunkt F. ◄

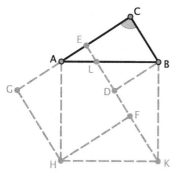

$$\square \text{ AK} = \text{4--Eck AHFL} + \triangle \text{ HKF} + \triangle \text{ KBD} + \triangle \text{ BLD}$$

$$= \text{4--Eck AHFL} + \triangle \text{ ABC} + \triangle \text{ AGH} + \triangle \text{ BLD}$$

$$= \text{4--Eck AHFL} + \triangle \text{ ALE} + \triangle \text{ AGH} + \text{Tr. BCEL} + \triangle \text{ BLD}$$

$$= \square \text{ GF} + \square \text{ DC}$$

$$\Rightarrow c^2 = a^2 + b^2$$

qed.

Beweis 184

Konstruiere über den Seiten AB und BC die Quadrate AK und CD, wobei CD das Dreieck ABC teilweise überdecken soll. Verlängere ED zu K und AC zu T mit CT = AE. Zeichne TR parallel zu BC mit TR = AC. Ergänze RH, der Schnittpunkt mit DK sei Q. Verlängere CB zu F und zeichne AG und NO parallel zu CB, wobei HN = AE. Zeichne CS parallel zu AB und ML parallel zu AC mit AL = CS. ◄

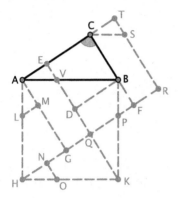

Da $\triangle$ KPQ = $\triangle$ BVD und Tr. LHGM = Tr. NOKQ folgt:

$$\square \, \text{AK} = \triangle \, \text{ALM} + \text{Tr. VAGQ} + \text{Tr. LHGM} + \triangle \, \text{HON} + \text{Tr. NOKQ} + \triangle \, \text{KPQ}$$
$$+ \text{Tr. PBDQ} + \triangle \, \text{BVD}$$
$$= \triangle \, \text{CST} + \text{Tr. CFRS} + 2 \cdot \text{Tr. EVBC} + \triangle \, \text{BPF} + \text{Tr. PBDQ} + 2 \cdot \triangle \, \text{BVD}$$
$$= \square \, \text{TQ} + \square \, \text{CD}$$

$$\Rightarrow c^2 = a^2 + b^2$$

qed.

Beweis 185

Konstruiere über den Seiten AB und BC die Quadrate AK und CD, wobei AK das Dreieck ABC überdecken soll. Zeichne HF parallel zu AC mit HF = AC und ergänze FE. Fälle das Lot durch H auf AC mit dem Lotfußpunkt G und durch K auf HG mit dem Lotfußpunkt L. Verlängere BC zu M. ◄

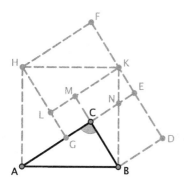

$$\square\, AK = \triangle\, ABC + \triangle\, BNC + 4 - Eck\ HGNK + \triangle\, HAG$$
$$= \triangle\, HKF + \triangle\, BNC + 4 - Eck\ HGNK + \triangle\, KBD$$
$$= \triangle\, HKF + 4 - Eck\ HGNK + \triangle\, NEK + \triangle\, BNC + Tr.\ NBDE$$
$$= \square\, GF + \square\, CD$$

$$\Rightarrow c^2 = a^2 + b^2$$

qed.

Beweis 186

Konstruiere über den Seiten AB und BC die Quadrate AK und CD, wobei AK das Dreieck ABC überdecken soll. Zeichne HF parallel zu AC mit HF = AC und ergänze FE. Fälle das Lot durch H auf AC mit dem Lotfußpunkt G. ◀

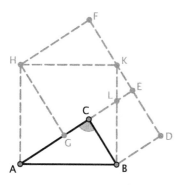

$$\square\, AK = 4-Eck\ GLKH + \triangle\, HAG + \triangle\, ABC + \triangle\, BLC$$
$$= 4-Eck\ GLKH + \triangle\, BDK + \triangle\, HKF + \triangle\, BLC$$
$$= 4-Eck\ GLKH + \triangle\, HKF + \triangle\, LEK + Tr.\ BDEL + \triangle\, BLC$$
$$= \square\, GF + \square\, CD$$

$$\Rightarrow c^2 = a^2 + b^2$$

qed.

Beweis 187

Konstruiere über den Seiten AB und BC die Quadrate AK und CD, wobei AK das Dreieck ABC überdecken soll. Verlängere CE zu T mit CT = AC. Zeichne TF parallel zu CB und FG parallel zu CT mit TF = FG = AC. Ergänze BG, verlängere BD zu W und ergänze CW, der Schnittpunkt mit BK sei X, der mit ED sei U. Fälle das Lot durch H auf AC mit dem Lotfußpunkt P sowie das Lot durch K auf HP mit dem Lotfußpunkt N und verlängere BC zu O. Zeichne ML parallel zu AC mit HL = KY. ◄

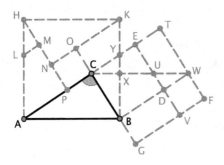

$$\square \, AK = \triangle \, HNK + \triangle \, HLM + \text{Tr. OCYK}$$
$$+ \triangle \, ABC + \square \, CN + \text{Tr. APML} + \triangle \, CBY$$
$$= \triangle \, CBW + \text{Re. BV} + \triangle \, CWT + \square \, DF$$
$$+ \text{Tr. BDEY} + \triangle \, CBY$$
$$= \square \, CF + \square \, CD$$

$$\Rightarrow c^2 = a^2 + b^2$$

qed.

Beweis 188

Konstruiere über den Seiten AB und CB die Quadrate AK und CD, wobei beide Quadrate das Dreieck ABC überdecken sollen. Fälle das Lot durch H auf AC mit dem Lotfußpunkt N und verlängere AC zu O. Verlängere HA zu G mit AG = HA und CA zu L mit AL = BC. Ergänze LG und zeichne GF parallel zu LE mit GF = LE. Ergänze DF. ◄

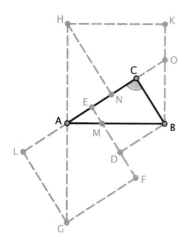

$$\square\ AK = \text{Tr. EMBC} + \triangle\ \text{BOC} + 4-\text{Eck NOKH} + \triangle\ \text{HAN} + \triangle\ \text{AME}$$
$$= \text{Tr. EMBC} + \triangle\ \text{BMD} + 4-\text{Eck AGFM} + \triangle\ \text{ALG} + \triangle\ \text{AME}$$
$$= \square\ \text{CD} + \square\ \text{EG}$$

$$\Rightarrow c^2 = a^2 + b^2$$

qed.

Beweis 189

Konstruiere über den Seiten AB und CB die Quadrate AK und CD, wobei beide Quadrate das Dreieck ABC überdecken sollen. Verlängere BC zu Q und fälle das Lot durch K auf CQ mit dem Lofußpunkt N. Verlängere HA zu G mit AG = HA und CA zu L mit AL = BC. Ergänze LG und zeichne GF parallel zu LE mit GF = LE. Ergänze DF. ◄

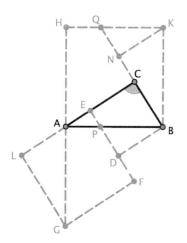

$$\square \, AK = \triangle \, APE + 4\text{-Eck}\, ACQH + \triangle \, BKN + Tr.\, PBCE + \triangle \, NKQ$$
$$= \triangle \, APE + 4\text{-Eck}\, GFPA + \triangle \, ALG + Tr.\, PBCE + \triangle \, PDB$$
$$= \square \, EG + \square \, CD$$

$$\Rightarrow c^2 = a^2 + b^2$$

qed.

Beweis 190

Konstruiere über den Seiten AB und CB die Quadrate AK und CD, wobei beide Quadrate das Dreieck ABC überdecken sollen. Verlängere CA zu N mit AN = BC. Zeichne NG parallel zu BC und GF parallel zu NE mit NG = GF = AC. Ergänze DF. Fälle das Lot durch C auf AB mit dem Lotfußpunkt M und verlängere MC zu L mit CL = AB. Ergänze LH und LK. ◀

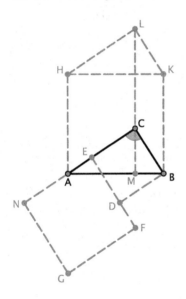

$$\square \, AK = Re.\, KM + Re.\, HM = Pgm.\, KLCB + Pgm.\, HACL = \square \, CD + \square \, EG$$

$$\Rightarrow c^2 = a^2 + b^2$$

qed.

Beweis 191

*Konstruiere über der Seite AC das Quadrat AF. Verlängere GF zu K mit FK =
AB. Verlängere FC zu H und zeichne KM senkrecht zu GK mit FH = KM = AB.
Ergänze HM. Verlängere HB zu L mit HL = CB und zeichne LD senkrecht zu HL
mit LD = HL. Zeichne DE senkrecht zu LD und verlängere DL zu V mit DV = AC.
Ergänze EV, der Schnittpunkt mit CB sei W. Zeichne KT parallel zu EV sowie FR und
MN senkrecht zu KT. Zeichne CS parallel zu AB, SQ senkrecht zu SC und PO senk-
recht zu KT mit KP = SQ. ◄*

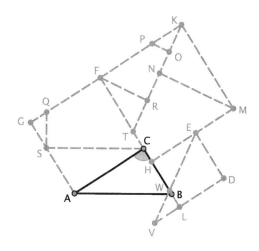

$$\square \text{ HK} = \triangle \text{ FTR} + \text{Tr. FROP} + \triangle \text{ POK} + \triangle \text{ KNM} + 4-\text{Eck NTHM}$$
$$= \triangle \text{ HBW} + \text{Tr. WLDE} + \triangle \text{ GSQ} + 4-\text{Eck QSCF} + \triangle \text{ SAC}$$
$$= \square \text{ HD} + \square \text{ GC}$$

$$\Rightarrow c^2 = a^2 + b^2$$

qed.

Beweis 192

*Konstruiere über der Seite AC das Quadrat AF, welches das Dreieck ABC überdecken
soll. Verlängere CA zu H mit AH = AB. Zeichne HK parallel zu CB und KL parallel
zu AH mit HK = KL = AB. Ergänze GL und verlängere GL zu E mit GE = BC.
Zeichne ED parallel zu AC mit ED = BC. Ergänze DT parallel zu EG. Zeichne GP
parallel und BR senkrecht zu AB. Zeichne SK mit LS = GP und ergänze LO, HN und
QM jeweils senkrecht zu SK, wobei KQ = BR. ◄*

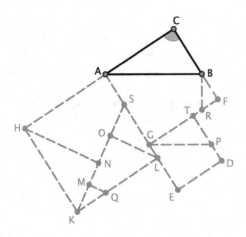

$$\square \, AK = \triangle \, HKN + \triangle \, KQM + 4\text{--Eck } HNSA + Tr. \, QLOM + \triangle \, SOL$$

$$= \triangle \, ABC + \triangle \, FBR + 4\text{--Eck } AGRB + Tr. \, PGED + \triangle \, GPT$$

$$= \square \, CG + \square \, GD$$

$$\Rightarrow c^2 = a^2 + b^2$$

qed.

Beweis 193

Konstruiere über der Seite CB das Quadrat CD. Zeichne AG und BO senkrecht und GF und ON parallel zu AB mit AG = GF = BO = ON = AC. Zeichne MN und PF senkrecht zu AB, MJ parallel zu BC und JZ senkrecht zu MJ. Verlängere OB zu Q und CE zu S mit CS = BQ. Zeichne SW und EK jeweils parallel zu BC mit SW = EK = AB und ergänze WC. Ergänze XY und ST parallel zu AB mit WY = JZ. Verlängere EC zu L und SC zu R mit EL = SR = AB und konstruiere RU und LH jeweils senkrecht zu AC mit RU = LH = AB. Zeichne UV senkrecht zu CW und ergänze HW. ◄

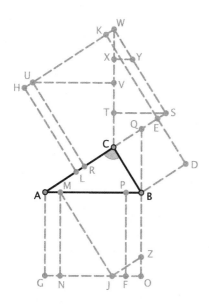

Es gilt: $\square$ MO $= \square$ AF und $\square$ US $= \square$ HE. Daher folgt:

$$\square \, \text{HE} = \square \, \text{US} = 4-\text{Eck URCV} + \triangle \, \text{WXY} + \triangle \, \text{UVW} + \triangle \, \text{CST} + \text{Tr. TSYX}$$

$$= 4-\text{Eck MJZB} + \triangle \, \text{JOZ} + \triangle \, \text{MNJ} + \triangle \, \text{BQC} + \text{Tr. BDEQ}$$

$$= \square \, \text{MO} + \square \, \text{CD}$$

$$= \square \, \text{AF} + \square \, \text{CD}$$

$$\Rightarrow c^2 = a^2 + b^2$$

qed.

Beweis 194

Konstruiere über der Seite AB das Quadrat AK. Zeichne KF parallel zu BC, der Schnittpunkt mit AB sei Y. Verlängere CA zu G mit FG = CA, ergänze GH und zeichne HP senkrecht zu FK. Verlängere HP zu E mit PE = BC, der Schnittpunkt mit BK sei W. Verlängere CB zu D mit ED = BC und ergänze KD. Fälle das Lot durch B auf FK mit dem Lotfußpunkt X. ◄

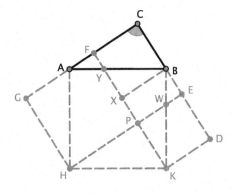

$$\Box\, AK = 4\text{--Eck AHPY} + \triangle\, HKP + \triangle\, KBX + \triangle\, BYX$$
$$= 4\text{--Eck AHPY} + \triangle\, AGH + \triangle\, ABC + \triangle\, BYX$$
$$= 4\text{--Eck AHPY} + \triangle\, AGH + \triangle\, AYF + \text{Tr. FYBC} + \triangle\, BYX$$
$$= \Box\, GP + \text{Tr. EWKD} + \triangle\, KWP$$
$$= \Box\, GP + \Box\, PD$$

$$\Rightarrow c^2 = a^2 + b^2$$

qed.

Konstruiere über der Seite CB das Quadrat CD, welches das Dreieck ABC teilweise überdecken soll. Verlängere BC zu M, ED zu G und DB zu H mit BM = BH = AB und DG = AC. Zeichne MK und GF parallel zu AC mit MK = AB und GF = AC. Ergänze HK und zeichne FR senkrecht zu BH sowie GL senkrecht zu AB. Zeichne MN, HO und PQ jeweils parallel zu AB, wobei PB = AS, und verlängere AB zu T. ◀

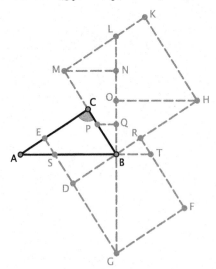

$$\square\, BK = \triangle\, HOB + 4-Eck\ OHKL + \triangle\, PBQ + \triangle\, LMN + Tr.\ NMPQ$$
$$= \triangle\, BDG + 4-Eck\ BGFT + \triangle\, BTR + \triangle\, SDB + Tr.\ CESB$$
$$= \square\, DF + \square\, CD$$

$$\Rightarrow c^2 = a^2 + b^2$$

qed.

Beweis 196

Konstruiere über der Seite AB das Quadrat AK. Verlängere CB zu F und CA zu L mit
BF = AC und AL = BC. Ergänze FK und LH. Der Schnittpunkt der Verlängerungen
von FK und LH sei M. Zeichne AG parallel und BE senkrecht zu CF. Der Schnittpunkt
von AG und BE sei D. Ergänze DM. ◀

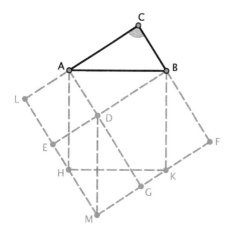

$\triangle$ ABC, $\triangle$ ALH, $\triangle$ HMK, $\triangle$ KFB, $\triangle$ ADB, $\triangle$ DEM und $\triangle$ DMG sind kongruent.Daher
gilt:

(1) $\square$ CM = $\square$ AK + $\triangle$ ABC + $\triangle$ ALH + $\triangle$ HMK + $\triangle$ KFB

$= \square$ AK + $4 \cdot \triangle$ ABC

(2) $\square$ CM = $\square$ AE + $\square$ BG + $\triangle$ ABC + $\triangle$ ADB + $\triangle$ DEM + $\triangle$ DMG

$= \square$ AE + $\square$ BG + $4 \cdot \triangle$ ABC

$$\Rightarrow \square\ AK = \square\ AE + \square\ BG$$
$$\Rightarrow c^2 = a^2 + b^2$$

qed.

Beweis 197

Konstruiere über der Seite AB das Quadrat AK. Verlängere CB zu F und CA zu E mit BF = AC und AE = BC. Ergänze FK und EH. Der Schnittpunkt der Verlängerungen von FK und EH sei M. Zeichne AG parallel und BD senkrecht zu CF. Der Schnittpunkt von AG und BD sei L. ◄

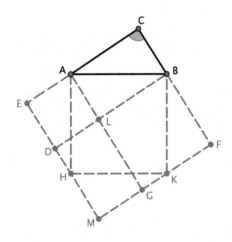

$$\square\, AK = \square\, CM - \triangle\, ABC - \triangle\, AEH - \triangle\, HMK - \triangle\, KFB$$
$$= \square\, CM - 4 \cdot \triangle\, ABC$$
$$= \square\, CM - 2 \cdot Re.\ CL$$
$$= \square\, AD + \square\, BG$$

$$\Rightarrow c^2 = a^2 + b^2$$

qed.

Beweis 198

Konstruiere über der Seite AB das Quadrat AK. Verlängere HK zu D und KH zu G mit KD = BC und HG = AC. Zeichne DE und GF jeweils senkrecht zu GD sowie ET und FS parallel zu AB mit DE = BC und GF = AC. Zeichne AM und DU jeweils parallel zu BC sowie HN, GR, QP und BO jeweils parallel zu AC, wobei NP = BC. Ergänze RV parallel zu BC. ◄

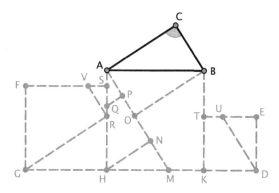

$$\square\ \text{AK} = \triangle\ \text{HMN} + \text{Tr. HNPQ} + 4-\text{Eck OMKB} + \triangle\ \text{AQP} + \triangle\ \text{AOB}$$
$$= \triangle\ \text{DEU} + \text{Tr. TKDU} + 4-\text{Eck FGRV} + \triangle\ \text{VRS} + \triangle\ \text{GHR}$$
$$= \square\ \text{TD} + \square\ \text{SG}$$
$$\Rightarrow c^2 = a^2 + b^2$$

qed.

Beweis 199

Konstruiere über der Seite AB das Quadrat AK. Verlängere CB zu E und CA zu F mit BE = CB und AF = AC. Zeichne ED und BM jeweils parallel zu AC mit ED = BM = BC und ergänze MD. Der Schnittpunkt von ED mit BK sei V. Zeichne AR parallel zu CB und verlängere BM zu N sowie ED zu U. Zeichne FG parallel zu AR mit FG = AC und ergänze GP senkrecht zu AR. Verlängere KH zu Q und zeichne TS mit BT = HQ. ◄

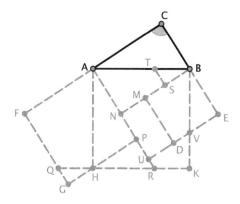

$$\square\ \text{AK} = \triangle\ \text{HRP} + \text{Tr. ANST} + 4-\text{Eck NRKB} + \triangle\ \text{TSB} + \triangle\ \text{AHP}$$
$$= \triangle\ \text{BVE} + \text{Tr. BMDV} + 4-\text{Eck FQHA} + \triangle\ \text{QGH} + \triangle\ \text{AHP}$$
$$= \square\ \text{BD} + \square\ \text{AG}$$
$$\Rightarrow c^2 = a^2 + b^2$$

qed.

Beweis 200

Konstruiere über der Seite AB das Quadrat AK. Zeichne HQ und BS parallel sowie AP und KR senkrecht zu AC mit HQ = BS = AP = KR = AC. Verlängere KH zu O mit HO = AC und zeichne OG senkrecht zu HO mit OG = AC. Ergänze GF parallel zu AB. Verlängere OG zu E und ergänze ED parallel zu AB mit GE = ED = BC. Zeichne DL parallel zu GE und verlängere DL zu M mit LM = LF. Zeichne NT durch M und parallel zu AB. Ergänze DT und TH. ◄

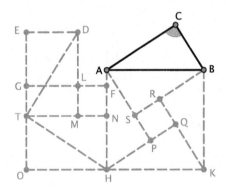

$$\square\, AK = \triangle\, AHP + \triangle\, HKQ + \triangle\, KBR + \triangle\, BAS + \square\, SQ$$
$$= \triangle\, DTM + \triangle\, TDE + \triangle\, TOH + \triangle\, THN + \square\, LN$$
$$= \square\, GH + \square\, GD$$

$$\Rightarrow c^2 = a^2 + b^2$$

qed.

Beweis 201

Konstruiere über der Seite AB das Quadrat AK. Zeichne LV und BT parallel sowie AU und KW senkrecht zu AC mit LV = BT = AU = KW = AC. Verlängere AL zu O und BK zu Q mit LO = KQ = AC. Zeichne LF und OG parallel zu AB mit LF = OG = BA und ergänze GF. Verlängere VL zu H und zeichne HP parallel zu AB. Zeichne MN parallel zu LO mit PM = MN = TW. Zeichne KS und QR parallel zu AB mit KS = QR = CB und ergänze RS sowie KR. Zeichne DE mit KD = DE = BC. ◄

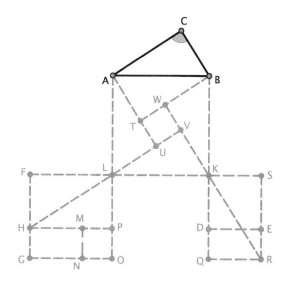

Es gilt: Re. DR $=$ Re. HN. Daher folgt:

$$\square\,\mathrm{AK} = \triangle\,\mathrm{LKV} + \triangle\,\mathrm{KBW} + \triangle\,\mathrm{BAT} + \triangle\,\mathrm{ALU} + \square\,\mathrm{TV}$$
$$= \triangle\,\mathrm{LFH} + \triangle\,\mathrm{HPL} + \triangle\,\mathrm{KQR} + \triangle\,\mathrm{RSK} + \square\,\mathrm{MO}$$
$$= \mathrm{Re.\ FP} + \square\,\mathrm{KE} + \mathrm{Re.\ DR} + \square\,\mathrm{MO}$$
$$= \mathrm{Re.\ FP} + \mathrm{Re.\ HN} + \square\,\mathrm{MO} + \square\,\mathrm{KE}$$
$$= \square\,\mathrm{FO} + \square\,\mathrm{KE}$$

$$\Rightarrow c^2 = a^2 + b^2$$

qed.

Beweis 202

Konstruiere über der Seite AB das Quadrat AK. Verlängere BA zu D und zeichne DE senkrecht zu DA mit $AD = DE = BC$. Ergänze ES parallel zu DA. Verlängere CA zu R und HK zu F mit $KF = AC$. Zeichne FG senkrecht und GM parallel zu KF mit $FG = GM = KF$. Zeichne FL und KQ parallel zu BC – der Schnittpunkt von KQ und AB sei V – und ergänze BO, HN und UT senkrecht zu MQ, wobei $KU = AV$. ◄

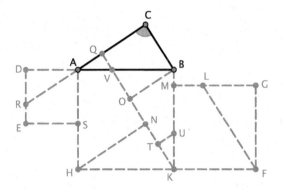

$$\square \, AK = \triangle \, HKN + Tr. \, OTUM + \triangle \, VOB + 4-Eck \, AHNV + \triangle \, TKU$$
$$= \triangle \, LFG + Tr. \, RESA + \triangle \, DRA + Tr. \, MKFL$$
$$= \square \, AE + \square \, MF$$

$$\Rightarrow c^2 = a^2 + b^2$$

qed.

Beweis 203

Konstruiere über der Seite AB das Quadrat AK. Zeichne AM und KO senkrecht sowie BL parallel zu AC mit AM = KO = BL = AC. Verlängere AM zu N und ergänze HM. Verlängere HA zu G und zeichne GF parallel zu AB mit AG = GF = AC. Zeichne FR und SD senkrecht sowie ET parallel zu AB, wobei GS = ET = BC. Der Schnittpunkt von SD und AC sei U. Ergänze RT und AS, der Schnittpunkt von RT und SD sei V. Zeichne PQ parallel zu BC mit BP = RD. ◀

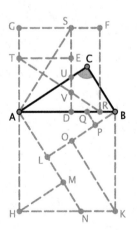

$$\square \text{ AK} = \triangle \text{ QPB} + \text{Tr. ALPQ} + \triangle \text{ HMA} + \triangle \text{ HNM} + \text{Tr. NKOL} + \triangle \text{ OKB}$$
$$= \triangle \text{ VDR} + \text{Tr. ETAU} + \triangle \text{ SGA} + \triangle \text{ UAD} + \text{Tr. VRFS} + \triangle \text{ DSA}$$
$$= \square \text{ AE} + \square \text{ AF}$$

$$\Rightarrow c^2 = a^2 + b^2$$

qed.

Beweis 204

Konstruiere über der Seite AB das Quadrat AK. Verlängere CB zu M und CA zu E mit BM = AC und AE = BC. Ergänze MK und EC. Der Schnittpunkt der Verlängerungen von MK und EC sei G. Zeichne BD parallel und AL senkrecht zu AC. Ergänze KF senkrecht zu BD. ◀

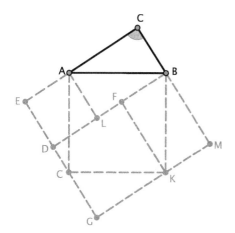

Da $\triangle$ AED und $\triangle$ ALB sowie $\triangle$ CGK und $\triangle$ BFK kongruent sind, folgt:

$$\square \text{ AK} = \square \text{ CG} - \triangle \text{ AEC} - \triangle \text{ CGK} - \triangle \text{ KMB} - \triangle \text{ ABC}$$
$$= \square \text{ CG} - \text{Re. CL} - \text{Re. BK}$$
$$= \square \text{ AD} + \square \text{ FG}$$

$$\Rightarrow c^2 = a^2 + b^2$$

qed.

Beweis 205

Konstruiere über der Seite AB das Quadrat AK. O sei Mittelpunkt der Strecke AB. Zeichne FS mit O als Mittelpunkt parallel zu BC mit FS = AB + BC. Konstruiere FG parallel und GV senkrecht zu AC mit FG = GV = AC. Ergänze VT parallel zu

AC – der Schnittpunkt mit AH sei P – und verlängere BA zu U sowie HA zu L. Zeichne SR parallel und RQ senkrecht zu AC mit SR = RQ = BC. Verlängere QR zu M und RS zu N. ◄

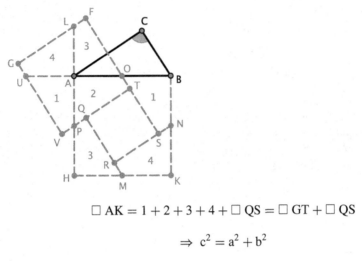

$$\square\, AK = 1 + 2 + 3 + 4 + \square\, QS = \square\, GT + \square\, QS$$

$$\Rightarrow\ c^2 = a^2 + b^2$$

qed.

Beweis 206

Konstruiere über der Seite AB das Quadrat AK, wobei es das Dreieck ABC überdecken soll. Verlängere AC zu F mit CF = BC, der Schnittpunkt mir BK sei O. Zeichne FE senkrecht zu AF mit FE = AC und ergänze EH. Zeichne HG und CM jeweils senkrecht zu AC sowie KL senkrecht zu CM. Der Schnittpunkt von CM und KH sei N. ◄

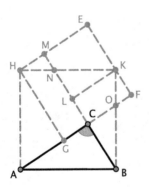

$$\square\, AK = \triangle\, ABC + \triangle\, BOC + 4\text{–Eck } GOKH + \triangle\, HAG$$
$$= \triangle\, HKE + \triangle\, KNL + 4\text{–Eck } GOKH + \triangle\, HKE$$
$$= \text{Tr. } MNKE + \triangle\, KNL + \triangle\, KOF + 4\text{–Eck } GOKH + \triangle\, HKE$$
$$= \square\, EL + \square\, EG$$

$$\Rightarrow c^2 = a^2 + b^2$$

qed.

Beweis 207

Konstruiere über der Seite AB das Quadrat AK, wobei es das Dreieck ABC überdecken soll. Verlängere BC zu O mit BO = AC und ergänze OK. Zeichne KL parallel zu BC mit KL = BC und ergänze LH. Fälle die Lote durch H auf AC und L auf AB mit den Lotfußpunkten N und M. Verlängere MB zu E und MA zu P mit ME = BC und MP = AC. Zeichne ED und PG jeweils senkrecht sowie GF und DQ jeweils parallel zu AB mit ED = DQ = ME und PG = GF = MP. Ergänze FM. ◄

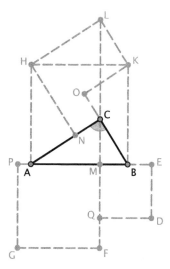

$$\square \text{ AK} = \text{Re. KM} + \text{Re. HM} = \text{Pgm. KBCL} + \text{Pgm. HACL}$$
$$= \text{CB} \cdot \text{KO} + \text{AC} \cdot \text{HN} = \square \text{ MD} + \square \text{ MG}$$

$$\Rightarrow c^2 = a^2 + b^2$$

qed.

Beweis 208

Verlängere CA zu W mit CW = AB und errichte über CW das Quadrat CH. Verlängere CB zu K mit BK = CB, zeichne BE und KD senkrecht zu BC mit BE = KD = BC und ergänze ED. Der Schnittpunkt der Verlängerungen von KD und AB sei M, der Schnittpunkt von BM und ED sei X. Zeichne WJ parallel und HV senkrecht zu AB. Ergänze YS senkrecht zu HV und fälle das Lot durch C auf YS mit dem Lotfußpunkt T, der Schnittpunkt von CT und WJ sei U. Verlängere CA zu G mit AG = AC, zeichne

AF und GL senkrecht zu AG und ergänze LF. Zeichne LZ senkrecht zu AB, ZN senkrecht zu AC sowie GR und PF parallel zu AB. Die Schnittpunkte von GR und PF mit ZN seien Q und O. ◀

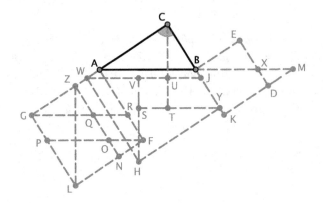

Es gilt:

△ CWU = △ GLZ und △ WHV = △ ZLN. Außerdem ist △ SHY = △ BKM = Tr. BKDX + △ XDM = Tr. BKDX + △ ONF und

□ VT = Pgm. QOFR, da □ VT = ST^2 = $(SY - TY)^2$ = $(b - a)^2$ und

Pgm. QOFR = RF · FN = (AF − AR) · AZ = (AF − AR) · (AG − ZG) = $(b - a)^2$

Schließlich ist △ TYC = Tr. UTYJ + △ CUJ = Tr. ZQRA + △ BXE
Insgesamt folgt:

$$□ \ CH = △ \ HYS + △ \ TYC + △ \ CWU + △ \ WHV + □ \ VT$$
$$= Tr. \ BKDX + △ \ ONF + Tr. \ ZQRA + △ \ BXE + △ \ GLZ$$
$$+ △ \ ZLN + Pgm. \ QOFR$$
$$= □ \ BD + □ \ GF$$

$$⇒ c^2 = a^2 + b^2$$

qed.

3.10 Mindestens ein Quadrat nicht abgebildet

Die Beweise in diesem Kapitel haben keine gemeinsame Grundfigur, aber dennoch eine Gemeinsamkeit: Allen Figuren ist gemein, dass ein oder mehrere Quadrate nicht abgebildet und die verbleibenden Quadrate „innen", „außen" oder in einer verschobenen Position konstruiert worden sind. Insgesamt sind sieben Varianten möglich. In drei Fällen wiederum gibt es jeweils vier, in drei Fällen drei verschiedene Arrangements der Quadrate. Hinzu kommt der Fall, bei dem keines der Quadrate abgebildet ist. Die folgende Tabelle gibt einen Überblick.

	Varianten	Anordnungen	Beweise
1	c^2 nicht abgebildet	a^2 und b^2 außen	209
		a^2 außen, b^2 innen	210, 211
		a^2 innen, b^2 außen	–
		a^2 und b^2 innen	–
2	a^2 nicht abgebildet	c^2 und b^2 außen	–
		c^2 außen, b^2 innen	212
		c^2 innen, b^2 außen	213
		c^2 und b^2 innen	–
3	b^2 nicht abgebildet	c^2 und a^2 außen	–
		c^2 außen, a^2 innen	–
		c^2 innen, a^2 außen	–
		c^2 und a^2 innen	–
4	c^2 und a^2 nicht abgebildet	b^2 außen	–
		b^2 innen	214, 215
		b^2 verschoben	–
5	c^2 und b^2 nicht abgebildet	a^2 außen	–
		a^2 innen	–
		a^2 verschoben	–
6	a^2 und b^2 nicht abgebildet	c^2 außen	216–220
		c^2 innen	221–224
		c^2 verschoben	225–229
7	a^2, b^2 und c^2 nicht abgebildet	–	230–247

Laut Loomis unterscheiden sich viele der möglichen Beweise nur in Details. Anders als im vorhergehenden Kapitel, in dem er Beweise, die er in der Literatur nicht hat finden können, selbst nachlieferte, gibt er daher hier nur eine Auswahl an, „leaving the remainder to the ingenuity of the interested student" (Loomis 1968, S. 217).

Beweis 209

Konstruiere über den Seiten AC und BC die Quadrate CG und CD. Der Schnittpunkt der Verlängerungen von DE und GF sei L. Ergänze LC und zeichne AM und BO jeweils senkrecht zu AB. Der Schnittpunkt von BO und CE sei P, der Schnittpunkt der Verlängerungen von BO und GL sei N. ◄

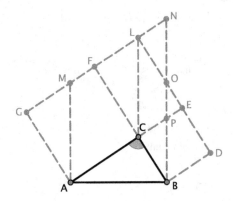

$$\square\, CD + \square\, CG = Pgm.\ CBOL + Pgm.\ MACL = Pgm.\ CPNL + Pgm.\ MACL$$

$$= Pgm.\ MAPN = AM \cdot AB = AB^2$$

$$\Rightarrow c^2 = a^2 + b^2$$

qed.

▶ **Anmerkung:** Bei dem folgenden Beweis handelt es sich um den Beweis eines Parallelogramm-Theorems, auf welches sich u. a. die Beweise 211 und 221 beziehen.

Beweis 210 (Parallelogramm-Theorem)

ABCD sei ein Parallelogramm. Verlängere DC zu einem beliebigen Punkt F. Ergänze FA und BF und zeichne BG senkrecht zu AF sowie AE parallel zu BF. Dann gilt: Flächeninhalt des Parallelogramms ABCD = FA · BG. ◀

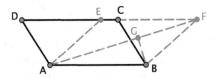

Es gilt: DE = CF, daher ist Pgm. ABCD = Pgm. ABFE.

$$\triangle\, ABF = \frac{1}{2} \cdot Pgm.\ ABFE,\ \text{außerdem ist}\ \triangle\, ABF = \frac{1}{2} \cdot FA \cdot BG$$

$$\Rightarrow Pgm.\ ABFE = FA \cdot BG$$

$$\Rightarrow Pgm.\ ABCD = FA \cdot BG$$

qed.

Beweis 211

Konstruiere über den Seiten AC und BC die Quadrate CG und CD, wobei CG das Dreieck ABC überdecken soll. Ergänze EF und verlängere AB zu M. Der Schnittpunkt der Verlängerungen von GF und ED sei L. ◄

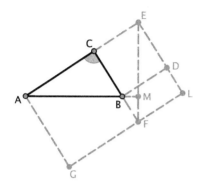

Nach dem Parallelogramm-Theorem (vgl. Beweis 210) gilt: $EF \cdot AM = AE \cdot AG$ und $EF \cdot BM = FL \cdot BF$. Durch Subtraktion beider Gleichungen erhält man:

$$EF \cdot AM - EF \cdot BM = AE \cdot AG - FL \cdot BF$$

$$\Rightarrow EF \cdot (AM - BM) = \text{Re. } AL - \text{Re. } BL$$

Da $AM - BM = AB$ und da wegen $\triangle\,ABC = \triangle\,EFL$ auch $EF = AB$ gilt, folgt:

$$\Rightarrow AB^2 = \square\,CD + \square\,CG$$

$$\Rightarrow c^2 = a^2 + b^2$$

qed.

Beweis 212

Konstruiere über den Seiten AC und AB die Quadrate CG und AK, wobei CG das Dreieck ABC überdecken soll. Fälle das Lot durch C auf HK mit dem Lotfußpunkt L und ergänze HC. ◄

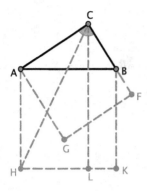

$\triangle \text{AHC} = \frac{1}{2} \cdot \square \text{ CG und } \triangle \text{AHC} = \frac{1}{2} \cdot \text{Re. AL}$

$$\Rightarrow \square \text{ CG} = \text{Re. AL}$$

Analog lässt sich zeigen: $\text{BC}^2 = \text{Re. BL}$.

Wegen Re. AL + Re. BL = $\square$ AK folgt:

$$\square \text{ AK} = \square \text{ CG} + \text{BC}^2$$

$$\Rightarrow c^2 = a^2 + b^2$$

qed.

Beweis 213

Konstruiere über den Seiten AC und AB die Quadrate AF und AK, wobei AK das Dreieck ABC überdecken soll. Zeichne KL parallel zu AC, der Schnittpunkt mit CF sei R. Fälle das Lot durch H auf AC mit dem Lotfußpunkt Q, der Schnittpunkt mir KL sei N. Zeichne AM und BM parallel bzw. senkrecht zu BC mit AM = BC und BM = AC.
◄

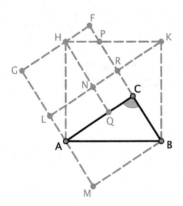

$$\square \, AK = \triangle \, ABC + \triangle \, BKR + \triangle \, KHN + \triangle \, HAQ + \square \, NC$$

$$= 4 \cdot \triangle \, ABC + \square \, NC$$

$$= 4 \cdot \frac{AC \cdot BC}{2} + (AC - BC)^2$$

$$= 2 \cdot AC \cdot BC + AC^2 - 2 \cdot AC \cdot BC + BC^2$$

$$= AC^2 + BC^2$$

$$\Rightarrow c^2 = a^2 + b^2$$

qed.

Beweis 214

Konstruiere über der Seite AC das Quadrat AF, so dass es das Dreieck ABC über-deckt. Zeichne AP senkrecht zu AB mit AP = AB und ergänze PG und PB. ◄

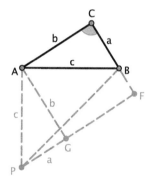

$$\square \, AF = b^2 = \triangle \, ABC + 4\text{--Eck } AGFB$$

$$= \triangle \, APG + 4\text{--Eck } AGFB$$

$$= \triangle \, APB + \triangle \, PFB$$

$$= \frac{1}{2}c^2 + \frac{1}{2}(b + a) \cdot (b - a)$$

$$= \frac{1}{2}c^2 + \frac{1}{2}b^2 - \frac{1}{2}a^2$$

$$\Rightarrow b^2 = \frac{1}{2}c^2 + \frac{1}{2}b^2 - \frac{1}{2}a^2$$

$$\Rightarrow c^2 = a^2 + b^2$$

qed.

Beweis 215

*Konstruiere über der Seite AC das Quadrat AF, so dass es das Dreieck ABC über-
deckt. Fälle das Lot durch G auf AB mit dem Lotfußpunkt L sowie die Lote durch F
auf GL und durch C auf FM mit den Lotfußpunkten M und N. Der Schnittpunkt von
CN und AB sei O.* ◄

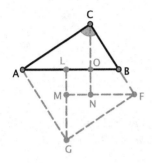

$$\Box\, AF = AC^2 = 4 \cdot \frac{AO \cdot CO}{2} + LO^2 = 4 \cdot \frac{AO \cdot CO}{2} + (AO - CO)^2$$
$$= 2 \cdot AO \cdot CO + AO^2 - 2 \cdot AO \cdot CO + CO^2 = AO^2 + CO^2$$

Da $\triangle\, ABC$ und $\triangle\, AOC$ ähnlich zueinander sind, folgt:

$$AB^2 = AC^2 + BC^2$$

$$\Rightarrow\ c^2 = a^2 + b^2$$

qed.

Beweis 216

*Konstruiere über der Seite AB das Quadrat AK. Zeichne HD und KD parallel zu
AC bzw. BC mit HD = AC und KD = BC und verlängere KD zu E mit KE = AC.
Ergänze EB, BD und AD und fälle das Lot durch A auf HD mit dem Lotfußpunkt F.* ◄

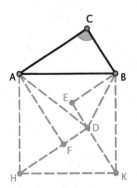

$$\square\, AK = 2 \cdot \triangle\, HDA + 2 \cdot \triangle\, BDK = HD \cdot AF + KD \cdot BE = HD^2 + KD^2$$

$$\Rightarrow c^2 = a^2 + b^2$$

qed.

Beweis 217

Konstruiere über der Seite AB das Quadrat AK. Verlängere AC zu E und BC zu F mit CE = CB und CF = AC. Zeichne EL und FL senkrecht bzw. parallel zu AC mit EL = AC und FL = BC. Fälle das Lot von L auf HK mit dem Lotfußpunkt N. Zeichne KM und HM parallel bzw. senkrecht zu BC und ergänze LB, LA, CK und CH. ◄

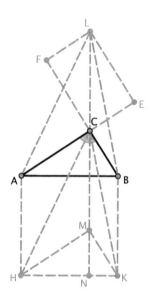

$$\square\, AK = \text{Re. } BN + \text{Re. } AN = \text{Pgm. } BCMK + \text{Pgm. } AHMC$$
$$= 2 \cdot \triangle\, CMK + 2 \cdot \triangle\, CHM = 2 \cdot \triangle\, LCB + 2 \cdot \triangle\, LAC$$
$$= CB \cdot CE + CA \cdot CF = CB^2 + CA^2$$

$$\Rightarrow c^2 = a^2 + b^2$$

qed.

Beweis 218

(1) *Konstruiere über der Seite AB das Quadrat AK. Verlängere CA zu E und CB zu G mit AE = CB und BG = AC. Ergänze EH und GK. Der Schnittpunkt der Verlängerungen von EH und GK sei F.*

(2) *Verlängere CA zu E und CB zu G mit AE = CB und BG = AC. Zeichne GF und*
   EF jeweils senkrecht zu CG bzw. CE. Zeichne AK parallel zu CG und BD parallel
   zu CE. Der Schnittpunkt von BD und AK sei H. Ergänze DK und CH. ◄

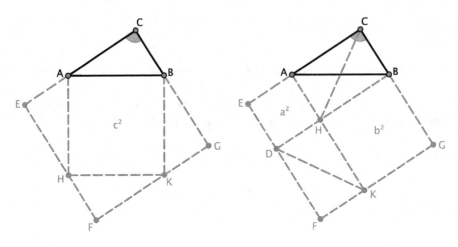

(1) □ CF − 4 · △ ABC = □ AK = c²
(2) □ CF − 4 · △ ABC = □ AD + □ BK = a² + b²

$$\Rightarrow c^2 = a^2 + b^2$$

qed.

Beweis 219

Konstruiere über der Seite AB das Quadrat AK. Verlängere CA zu L und CB zu
N mit AL = CB und BN = AC. Ergänze NK und LH. Der Schnittpunkt der Ver-
längerungen von NK und LH sei M. ◄

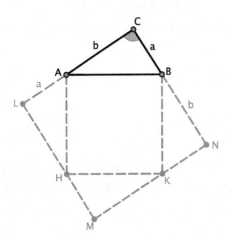

$$\square\, AK = \square\, CM - 4 \cdot \frac{CB \cdot CA}{2} = (LA + AC)^2 - 2 \cdot CB \cdot CA$$

$$= LA^2 + 2 \cdot LA \cdot AC + AC^2 - 2 \cdot CB \cdot CA$$

$$= LA^2 + AC^2, \text{da } LA = CB$$

$$\Rightarrow \square\, AK = CB^2 + AC^2$$

$$\Rightarrow c^2 = a^2 + b^2$$

qed.

Beweis 220

Konstruiere über der Seite AB das Quadrat AK. Verlängere CA zu L und CB zu N mit AL = CB und BN = AC. Ergänze NK und LH. Der Schnittpunkt der Verlängerungen von NK und LH sei M. ◀

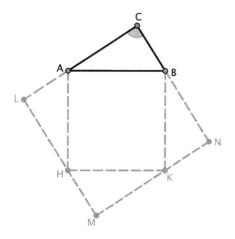

$$\square\, AK = \square\, LN - 4 \cdot \frac{CB \cdot CA}{2} = (CB + CA)^2 - 2 \cdot CB \cdot CA$$

$$= CB^2 + 2 \cdot CB \cdot CA + CA^2 - 2 \cdot CB \cdot CA$$

$$= CB^2 + CA^2$$

$$\Rightarrow c^2 = a^2 + b^2$$

qed.

Beweis 221

Konstruiere über der Seite AB das Quadrat AK, so dass es das Dreieck ABC überdeckt. Verlängere BC zu N, so dass BN = AC. Ergänze KN. Fälle das Lot durch C auf AB mit dem Lotfußpunkt M und verlängere MC zu L. Zeichne HO parallel zu NB. ◀

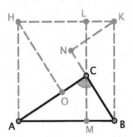

Nach dem Parallelogramm-Theorem (Beweis 210) gilt:

$$\square \text{ AK} = \text{Pgm. KLMB} + \text{Pgm. HAML} = \text{BC} \cdot \text{KN} + \text{AC} \cdot \text{HO} = \text{BC}^2 + \text{AC}^2$$

$$\Rightarrow c^2 = a^2 + b^2$$

qed.

Beweis 222

Konstruiere über der Seite AB das Quadrat AK, so dass es das Dreieck ABC über-deckt. Verlängere BC zu N, so dass BN = AC. Ergänze KN, KC und HC. Zeichne HL parallel zu NB. ◄

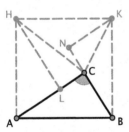

Wegen BN = HL und KN = BC gilt:

$$\frac{1}{2} \cdot \square \text{ BH} = \Delta \text{ KCB} + \Delta \text{ ACH} = \frac{1}{2} \cdot \text{BC} \cdot \text{KN} + \frac{1}{2} \cdot \text{AC} \cdot \text{HL} = \frac{1}{2} \cdot \text{BC}^2 + \frac{1}{2} \cdot \text{AC}^2$$

$$\Rightarrow c^2 = a^2 + b^2$$

qed.

Beweis 223

Konstruiere über der Seite AB das Quadrat AK, so dass es das Dreieck ABC über-deckt. Zeichne KL parallel zu BC mit KL = BC und HL parallel zu AC mit HL = AC. Fälle das Lot durch L auf AB mit dem Lotfußpunkt M und verlängere BC zu N. ◄

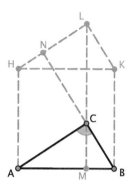

$$\square\ AK = \text{Re. } KM + \text{Re. } HM = \text{Pgm. } KLCB + \text{Pgm. } HACL$$
$$= BC \cdot NL + AC \cdot NC = BC^2 + AC^2$$

$$\Rightarrow c^2 = a^2 + b^2$$

qed.

Beweis 224

Konstruiere über der Seite AB das Quadrat AK, so dass es das Dreieck ABC über-deckt. Zeichne KL parallel zu BC mit KL = BC und HL parallel zu AC mit HL = AC. Fälle das Lot durch L auf AB mit dem Lotfußpunkt M und verlängere AC zu G mit CG = CB. Ergänze GK. ◄

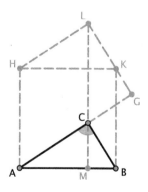

$$\square\ AK = \text{Re. } MK + \text{Re. } MH = \text{Pgm. } CBKL + \text{Pgm. } ACLH$$
$$= CB \cdot CG + CA \cdot LG = CB^2 + CA^2$$

$$\Rightarrow c^2 = a^2 + b^2$$

qed.

Beweis 225

(1) *Konstruiere über der Seite AB das Quadrat AK, so dass es das Dreieck ABC
    überdeckt. Verlängere BC zu L mit BL = AC und fälle das Lot durch H auf AC
    mit dem Lotfußpunkt N. Ergänze KL und verlängere KL zu M.*

(2) *Positioniere das Quadrat AF (Seitenlänge AC) und das Quadrat B'L (Seiten-
    länge BC) so nebeneinander, dass B', A und C' auf einer Linie liegen und A
    gemeinsamer Eckpunkt beider Quadrate ist. Zeichne OM senkrecht zu B'C',
    wobei C'O = AB' (= BC). Verlängere C"L zu N und ergänze C"O und MC'.* ◄

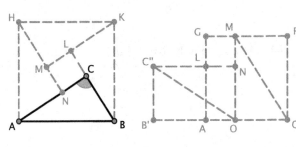

$$\square\,AK = \triangle\,ABC + \triangle\,BKL + \triangle\,KHM + \triangle\,HAN + \square\,MC$$
$$= 2 \cdot \triangle\,ABC + 2 \cdot \triangle\,ABC + \square\,MC$$
$$= \text{Re.}\;\, B'N + \text{Re.}\;\, OF + \square\,ML$$
$$= \square\,AF + \square\,B'L$$

$$\Rightarrow c^2 = a^2 + b^2$$

qed.

Beweis 226

*Konstruiere über der Seite AB das Quadrat AK, so dass es das Dreieck ABC über-
deckt. Verlängere BC zu R mit BR = AC und fälle das Lot durch H auf AC mit dem
Lotfußpunkt F. Ergänze KR und verlängere KR zu M, der Schnittpunkt mit HF sei L.
Zeichne HD parallel und DE senkrecht zu AC mit HD = DE = BC. Verlängere DH
zu G mit HG = AC und CA zu P mit AP = CF. Ergänze GP und GL. Verlängere KM
zu O und zeichne AN senkrecht zu AC.* ◄

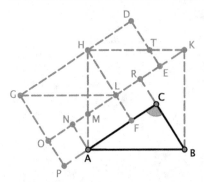

$$\square\, AK = \triangle\, ABC + \triangle\, BKR + \triangle\, TEK + Tr.\ HLET + \triangle HML + Tr.\ MAFL + \square\, LC$$
$$= Re.\ GL + \triangle\, MNA + Tr.\ HLET + \triangle\, HTD + Tr.\ MAFL + \square\, OA$$
$$= \square\, GF + \square\, HE$$

$$\Rightarrow c^2 = a^2 + b^2$$

qed.

Beweis 227

(1) *Konstruiere über der Seite AB das Quadrat AK, so dass es das Dreieck ABC überdeckt. Verlängere BC zu M mit BM = AC und fälle das Lot durch H auf AC mit dem Lotfußpunkt L. Ergänze KM und verlängere KM zu G.*

(2) *Konstruiere das Quadrat FM' mit FO = AC. Zeichne NG' und EH' senkrecht zu FO bzw. FD mit FN = FE = BC. Der Schnittpunkt von NG' und EH' sei L. Ergänze FG' und FH'.* ◀

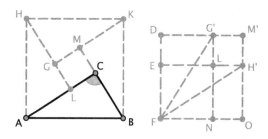

Da $FH' = FG' = AB$, sind $\triangle\, ABC$, $\triangle\, FG'D$, $\triangle\, FNG'$, $\triangle\, FH'E$ und $\triangle\, FOH'$ kongruent. Es folgt:

$$4 \cdot \triangle\, FG'D + \square\, G'H' = \square\, EN + \square\, DO$$

Ebenso gilt:

$$4 \cdot \triangle\, FG'D + \square\, G'H' = 4 \cdot \triangle\, ABC + \square\, GC = \square\, AK$$

Also: $\square\, AK = \square\, EN + \square\, DO$

$$\Rightarrow c^2 = a^2 + b^2$$

qed.

Beweis 228

Konstruiere über der Seite AB das Quadrat AK, so dass es das Dreieck ABC überdeckt. Verlängere BC zu F mit BF = AC und fälle das Lot durch H auf AC mit dem Lotfußpunkt P. Ergänze KF und verlängere KF zu D. Zeichne BM parallel zu AC mit BM = BC. Ergänze MK und verlängere MK zu N mit KN = BC. Verlängere MB zu L mit BL = AC. Ergänze LA und verlängere LA zu G mit AG = AC. Ergänze GN. ◀

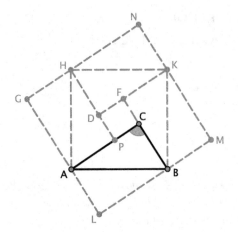

Sämtliche Dreiecke sind kongruent zu $\triangle$ ABC.

Daher gilt: $\square$ AK $= \square$ LN $- 4 \cdot \triangle$ ABC $= (b+a)^2 - 2ab$

Ebenso gilt: $\square$ AK $= \square$ DC $+ 4 \cdot \triangle$ ABC $= (b-a)^2 + 2ab$

Aus der Addition beider Gleichungen folgt:

$$2 \cdot \square \text{ AK} = 2 \cdot c^2 = (b+a)^2 - 2ab + (b-a)^2 + 2ab = 2 \cdot a^2 + 2 \cdot b^2$$

$$\Rightarrow c^2 = a^2 + b^2$$

qed.

Beweis 229

Konstruiere über der Seite AB das Quadrat AK, so dass es das Dreieck ABC über-
deckt. Verlängere BC zu L mit BL $=$ AC und fälle das Lot durch H auf AC mit dem
Lotfußpunkt N. Ergänze KL und verlängere KL zu M. ◄

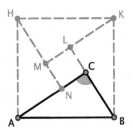

$$\square \text{ AK} = 4 \cdot \triangle \text{ ABC} + \square \text{ MC} = 4 \cdot \frac{\text{AC} \cdot \text{BC}}{2} + \square \text{ MC}$$

$$= 2 \cdot \text{AC} \cdot \text{BC} + (\text{AC} - \text{BC})^2$$

$$= 2 \cdot \text{AC} \cdot \text{BC} + \text{AC}^2 - 2 \cdot \text{AC} \cdot \text{BC} + \text{BC}^2$$

$$= \text{AC}^2 + \text{BC}^2$$

$$\Rightarrow c^2 = a^2 + b^2$$

qed.

Beweis 230

Fälle das Lot durch C auf AB mit dem Lotfusspunkt H. Die beiden entstehenden, rechtwinkligen Dreiecke seien m ($\triangle$ BCH) und n ($\triangle$ AHC). ◀

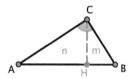

$\triangle$ ABC, m und n sind ähnlich zueinander. Außerdem ist   m + n = $\triangle$ ABC. Da die Flächen von drei ähnlich Dreiecken zueinander im selben Verhältnis stehen, wie die Flächen der über ihren jeweiligen Grundseiten errichteten Quadrate, gilt:

$\triangle$ ABC : m : n = c^2 : a^2 : b^2

$$\Rightarrow \frac{m}{a^2} = \frac{n}{b^2} = \frac{\triangle \text{ ABC}}{c^2}$$
$$\Rightarrow a^2 = k \cdot m, \, b^2 = k \cdot n, \, c^2 = k \cdot \triangle \text{ ABC}$$

Also: $a^2 + b^2 = k \cdot m + k \cdot n = k \cdot (m + n) = k \cdot \triangle$ ABC $= c^2$

$$\Rightarrow c^2 = a^2 + b^2$$

qed.

▶ **Anmerkung:** Da Beweis 230 nicht nur für Quadrate gilt, die über den Dreieckseiten errichtet werden, sondern für sämtliche ähnliche Figuren, stellt er gewissermaßen eine Verallgemeinerung des Satzes des Pythagoras dar. Auch in den Elementen Euklids findet sich der entsprechende Beweis (VI, 31), welcher im Wesentlichen dem hier dargestellten entspricht.

Beweis 231[5]

Verlängere CB zu D mit BD = AC. Zeichne DH parallel zu AC mit DH = BC. Ergänze AH und BH. ◀

---

[5]Dieser Beweis wird dem späteren 20. Präsidenten der Vereinigten Staaten von Amerika *James Garfield* (1831–1881) zugeschrieben.

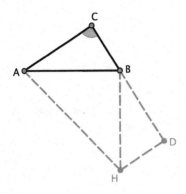

$$\text{Tr. AHDC} = \triangle\,\text{AHB} + \triangle\,\text{BHD} + \triangle\,\text{ABC} = \triangle\,\text{AHB} + 2 \cdot \triangle\,\text{ABC}$$

$$\Rightarrow \frac{1}{2} \cdot (\text{AC} + \text{HD}) \cdot \text{CD} = \frac{1}{2} \cdot \text{AB}^2 + 2 \cdot \left(\frac{1}{2} \cdot \text{AC} \cdot \text{BC} \right)$$

$$\Rightarrow \frac{1}{2} \cdot (\text{AC} + \text{BC}) \cdot (\text{AC} + \text{BC}) = \frac{1}{2} \cdot \text{AB}^2 + 2 \cdot \left(\frac{1}{2} \cdot \text{AC} \cdot \text{BC} \right)$$

$$\Rightarrow (\text{AC} + \text{BC})^2 = \text{AB}^2 + 2 \cdot \text{AC} \cdot \text{BC}$$

$$\Rightarrow \text{AC}^2 + 2 \cdot \text{AC} \cdot \text{BC} + \text{BC}^2 = \text{AB}^2 + 2 \cdot \text{AC} \cdot \text{BC}$$

$$\Rightarrow \text{AB}^2 = \text{AC}^2 + \text{BC}^2$$

$$\Rightarrow c^2 = a^2 + b^2$$

Alternativweg:

$$(\text{CB} + \text{BD})^2 = (\text{BC} + \text{AC})^2 = \text{AB}^2 + 4 \cdot \left(\frac{1}{2} \cdot \text{AC} \cdot \text{CB} \right) = \text{AB}^2 + 2 \cdot \text{AC} \cdot \text{CB}$$

$$\Rightarrow \text{AB}^2 = \text{AC}^2 + \text{BC}^2$$

$$\Rightarrow c^2 = a^2 + b^2$$

qed.

Beweis 232

Konstruiere den Mittelpunkt M der Strecke AB und ergänze MC. ◀

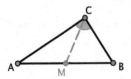

$$\text{AC}^2 + \text{BC}^2 = 2 \cdot \text{CM}^2 + 2 \cdot \text{AM}^2 \text{ (Satz des Apollonius)}$$

In einem rechtwinkligen Dreieck gilt jedoch $AM = CM$, da beides Radien des Thaleskreises sind.

$$\Rightarrow AC^2 + BC^2 = 2 \cdot AM^2 + 2 \cdot AM^2 = 4 \cdot AM^2 = 4 \cdot \left(\frac{AB}{2}\right)^2 = AB^2$$

$$\Rightarrow c^2 = a^2 + b^2$$

qed.

▶ **Anmerkung:** Der *Satz des Apollonius* wird üblicherweise mit dem Satz des Pythagoras bewiesen. Dadurch ergibt sich jedoch ein offensichtlicher Zirkelschluss. Beweis 232 würde erst zu einem gültigen Beweis, wenn der Beweis für den *Satz des Apollonius* ohne Pythagoras auskäme.

Ein möglicher Ausweg, durch den sich zwar der Zirkelschluss, aber leider auch der *Satz des Apollonius* vermeiden ließe, wäre ein Beweis mithilfe des Sekanten-Tangenten-Satzes. Ergänze dazu die Beweisskizze mit einem Halbkreis um A mit Radius AC und verlängere BA zu E (d. h. $AE = AC$), der Schnittpunkt des Halbkreises mit AB sei D. Dann gilt: $BC^2 = BD \cdot BE = (AB - AC)(AB + AC) = AB^2 - AC^2 \Rightarrow c^2 = a^2 + b^2$

Beweis 233

Verlängere BC zu A' mit $CA' = CA$ und ergänze AA'. Fälle das Lot durch A' auf AB mit dem Lotfußpunkt D, der Schnittpunkt mit AC sei H. Ergänze HB. ◀

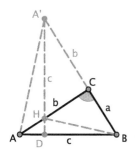

$\triangle\,ABC$ und $\triangle\,HCA'$ sind kongruent. Daher ist $CH = CB = a$.
Es gilt:

$$4\text{--Eck } AHBA' = \triangle\,AHA' + \triangle\,HBC + \triangle\,HCA' = \triangle\,ACA' + \triangle\,HBC = \frac{b^2}{2} + \frac{a^2}{2}$$

Ebenso gilt:

$$4\text{--Eck } AHBA' = \triangle\,AHA' + \triangle\,HBA' = \frac{c \cdot AD}{2} + \frac{c \cdot DB}{2} = \frac{c \cdot (AD + DB)}{2} = \frac{c^2}{2}$$

$$\Rightarrow \frac{c^2}{2} = \frac{b^2}{2} + \frac{a^2}{2}$$
$$\Rightarrow c^2 = a^2 + b^2$$

qed.

Beweis 234

Konstruiere über den Seiten AB, AC und BC die Quadrate AQ, AL und CN. H, E und D seien die Mittelpunkte dieser Quadrate. Ergänze EC, CD, DB, AE, CH, AH und BH und fälle die Lote durch B und A auf CH mit den Lotfußpunkten F und G. ◄

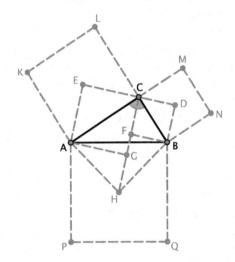

(1) □ AL hat den Mittelpunkt E, □ CN hat den Mittelpunkt D
    $\Rightarrow \angle BCD = \angle ECA = 45° \Rightarrow$ ED ist eine gerade Linie
(2) $\angle ACB = \angle BHA = 90°$
    $\Rightarrow$ 4–Eck AHBC hat einen Umkreis, Umkreismittelpunkt ist der Mittelpunkt von AB.
(3) $\angle HCB = \angle BCD = 45° \Rightarrow$ HC ∥ BD $\Rightarrow \angle HCD = \angle CDB = 90°$
(4) $\triangle$ AHG und $\triangle$ HBF sind kongruent $\Rightarrow$ HG = FB = DB und CG = AG = AE
    $\Rightarrow$ HC = EA + BD.
(5) 4–Eck AHBC $= \frac{1}{2} \cdot$ CH $\cdot$ (AG + FB) $= \frac{CH}{2} \cdot$ ED = Tr. ABDE

$$\Rightarrow \triangle AHB = \triangle BDC + \triangle CEA$$
$$\Rightarrow \square AQ = \square CN + \square AL$$
$$\Rightarrow c^2 = a^2 + b^2$$

qed.

Beweis 235

Konstruiere über den Seiten AB, AC und BC die Quadrate AQ, AL und CN. H, E und D seien die Mittelpunkte dieser Quadrate. Fälle das Lot durch C auf AB mit dem Lotfußpunkt F und ergänze EC, CD, DB, AE, CH, AH, BH, DF, HF und DH. ◄

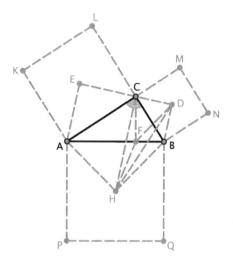

(1) □ AL hat den Mittelpunkt E, □ CN hat den Mittelpunkt D
   $\Rightarrow \angle\,BCD = \angle\,ECA = 45° \Longrightarrow$ ED ist eine gerade Linie
(2) $\angle\,ACB = \angle\,BHA = 90°$
   $\Rightarrow$ 4-Eck AHBC hat einen Umkreis, Umkreismittelpunkt ist Mittelpunkt von AB.
(3) $\angle\,HCB = \angle\,BCD = 45° \Rightarrow$ HC ∥ BD $\Rightarrow \angle\,HCD = \angle\,CDB = 90°$
   $\Rightarrow \triangle\,BDC = \triangle\,BDH$
(4) $\angle\,BFD = \angle\,DFC = \angle\,FBH = 45° \Rightarrow$ FD ∥ BH $\Rightarrow \triangle\,BDH = \triangle\,BFH \Rightarrow \triangle\,BFH = \triangle\,BDC$
(5) Ebenso kann gezeigt werden, dass $\triangle\,AHF = \triangle\,ACE$

$$\Rightarrow \triangle\,AHB = \triangle\,BDC + \triangle\,ACE$$
$$\Rightarrow \square\,AQ = \square\,CN + \square\,AL$$
$$\Rightarrow c^2 = a^2 + b^2$$

qed.

Beweis 236

Verlängere BC zu F mit CF = AC. Zeichne AG senkrecht zu AB mit AG = AB. Fälle das Lot durch G auf AC mit dem Lotfußpunkt E. Zeichne GD parallel zu AB und ergänze GF. ◄

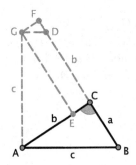

$\triangle$ ABC und $\triangle$ GDF sind ähnlich.

Da GF $=$ AC $-$ AE $=$ b $-$ a $\Rightarrow \frac{GD}{c} = \frac{GF}{b} = \frac{b-a}{b} = 1 - \frac{a}{b} \Rightarrow$ GD $= c \cdot \left(1 - \frac{a}{b}\right)$. Entsprechend gilt   FD $= a \cdot \left(1 - \frac{a}{b}\right)$

4$-$Eck ABFG $= \triangle$ ABC $+$ Tr. ACFG $=$ Tr. ABDG $+ \triangle$ GDF

$$\Rightarrow \frac{1}{2}ab + \frac{1}{2}b \cdot (b +(b - a)) = \frac{1}{2}c\left(c + c \cdot \left(1 - \frac{a}{b}\right)\right) + \frac{1}{2}a \cdot (b - a) \cdot \left(1 - \frac{a}{b}\right)$$

$$\Rightarrow b^2 = c^2 - \frac{1}{2} \cdot \frac{ac^2}{b} + \frac{1}{2}ab - a^2 + \frac{1}{2} \cdot \frac{a^3}{b}$$

$$\Rightarrow a^2 + b^2 - c^2 = -\frac{1}{2} \cdot \frac{ac^2}{b} + \frac{1}{2}ab + \frac{1}{2} \cdot \frac{a^3}{b}$$

$$\Rightarrow a^2 + b^2 - c^2 = \frac{-ac^2}{2b} + \frac{ab^2}{2b} + \frac{a^3}{2b}$$

$$\Rightarrow a^2 + b^2 - c^2 = \frac{a^3 + ab^2 - ac^2}{2b}$$

$$\Rightarrow a^2 + b^2 - c^2 = \frac{a \cdot \left(a^2 + b^2 - c^2\right)}{2b}$$

$$\Rightarrow a^2 + b^2 - c^2 = \frac{a}{2b} \cdot \left(a^2 + b^2 - c^2\right)$$

Die letzte Gleichung ist nur allgemeingültig, wenn $a^2 + b^2 - c^2 = 0$ ist

$$\Rightarrow c^2 = a^2 + b^2$$

qed.

Beweis 237

Verlängere CB zu F mit CF $=$ CA. Zeichne AH senkrecht zu AB mit AH $=$ AB und ergänze HF. Zeichne BD parallel zu AH, AG parallel zu CF und BE parallel zu AC. ◄

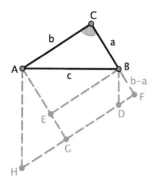

$\triangle$ ABC und $\triangle$ BDF sind ähnlich.

$$BF = CF - CB = AC - CB = b - a$$

$$Da \Rightarrow \frac{DF}{a} = \frac{BF}{b} = \frac{b-a}{b} = 1 - \frac{a}{b} \Rightarrow DF = a \cdot \left(1 - \frac{a}{b}\right).$$

Entsprechend gilt: $BD = c \cdot \left(1 - \frac{a}{b}\right)$

Tr. HFCA $= \triangle$ ABC $+ \triangle$ AHG $+$ Tr. AGFB $= \triangle$ ABC $+$ Tr. AHDB $+ \triangle$ BDF

$\Rightarrow \triangle$ AHG $+$ Tr. AGFB $=$ Tr. AHDB $+ \triangle$ BDF

$$\Rightarrow \frac{1}{2} \cdot a \cdot b + \frac{1}{2} \cdot b \cdot (b + (b - a)) = \frac{1}{2} \cdot c \cdot \left(c + c \cdot \left(1 - \frac{a}{b}\right)\right) + \frac{1}{2} \cdot a \cdot (b - a) \cdot \left(1 - \frac{a}{b}\right)$$

$$\Rightarrow b^2 = c^2 - \frac{1}{2} \cdot \frac{ac^2}{b} + \frac{1}{2}ab - a^2 + \frac{1}{2} \cdot \frac{a^3}{b}$$

$$\Rightarrow a^2 + b^2 - c^2 = -\frac{1}{2} \cdot \frac{ac^2}{b} + \frac{1}{2}ab + \frac{1}{2} \cdot \frac{a^3}{b}$$

$$\Rightarrow a^2 + b^2 - c^2 = \frac{-ac^2}{2b} + \frac{ab^2}{2b} + \frac{a^3}{2b}$$

$$\Rightarrow a^2 + b^2 - c^2 = \frac{a^3 + ab^2 - ac^2}{2b}$$

$$\Rightarrow a^2 + b^2 - c^2 = \frac{a \cdot \left(a^2 + b^2 - c^2\right)}{2b}$$

$$\Rightarrow a^2 + b^2 - c^2 = \frac{a}{2b} \cdot \left(a^2 + b^2 - c^2\right)$$

Die letzte Gleichung ist nur allgemeingültig, wenn $a^2 + b^2 - c^2 = 0$ ist

$$\Rightarrow c^2 = a^2 + b^2$$

qed.

Beweis 238

Verlängere CB zu N mit CN = AC. Zeichne AK senkrecht zu AB mit AK = AB.
Ergänze KN, KB und KC. Zeichne BL parallel zu AC und AM parallel zu CB. Verlängere
LB zu D mit BD = BC und MA zu G mit AG = AC. Ergänze GB, GC und DC. ◄

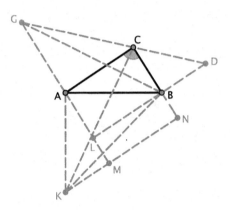

$$\triangle\,KBA + \triangle\,ABC = 4\text{–Eck BCAK} = \triangle\,CAK + \triangle\,CKB = \triangle\,GAB + \triangle\,DGB$$
$$= 4\text{–Eck ABDG} = \triangle\,CBD + \triangle\,GAC + \triangle\,ABC$$

$$\Rightarrow \triangle\,KBA = \triangle\,CBD + \triangle\,GAC$$
$$\Rightarrow AB^2 = BC^2 + AC^2$$
$$\Rightarrow c^2 = a^2 + b^2$$

qed.

Beweis 239

Konstruiere über den Seiten AB, AC und BC die gleichseitigen Dreiecke AFB, ACE
und CBD. Ergänze CF und EB, der Schnittpunkt von EB und AC sei K. Fälle das Lot
durch E auf AC mit dem Lotfußpunkt G und ergänze GB. ◄

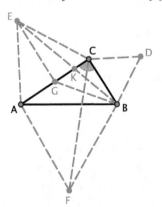

Es gilt: $\triangle$ AFC $=$ $\triangle$ ABE und, da G der Mittelpunkt von AC ist, $\triangle$ ABG $= \frac{1}{4}$ab .

Außerdem ist $\triangle$ EBC $=$ $\triangle$ GBC $=$ CB $\cdot$ CG $\Rightarrow$ $\triangle$ GBK $=$ $\triangle$ EKC

Es folgt:

$$\triangle \text{ AFC} = \triangle \text{ ABE} = \triangle \text{ EAK} + \triangle \text{ GBK} + \triangle \text{ ABG}$$

$$= \triangle \text{ EAK} + \triangle \text{ EKC} + \frac{1}{4}\text{ab} = \triangle \text{ EAC} + \frac{1}{4}\text{ab}$$

Analog zeigt man:

$$\triangle \text{ BCF} = \triangle \text{ BDC} + \frac{1}{4}\text{ab}$$

Nun folgt:

$$4-\text{Eck AFBC} = \triangle \text{ AFC} + \triangle \text{ BCF} = \triangle \text{ EAC} + \frac{1}{4}\text{ab} + \triangle \text{ BDC} + \frac{1}{4}\text{ab}$$

Da außerdem 4$-$Eck AFBC $=$ $\triangle$ AFB $+$ $\triangle$ ABC $=$ $\triangle$ AFB $+ \frac{1}{2}$ab ist, folgt :

$$\triangle \text{ AFB} + \frac{1}{2}\text{ab} = \triangle \text{ EAC} + \frac{1}{4}\text{ab} + \triangle \text{ BDC} + \frac{1}{4}\text{ab}$$

$$\Rightarrow \triangle \text{ AFB} = \triangle \text{ EAC} + \triangle \text{ BDC}$$

Da $\triangle$ AFB, $\triangle$ EAC und $\triangle$ BDC gleichseitig und damit ähnlich sind, folgt:

$$1 = \frac{\triangle \text{ AFB}}{\triangle \text{ AFB}} = \frac{\triangle \text{ EAC} + \triangle \text{ BDC}}{\triangle \text{ AFB}} = \frac{\triangle \text{ EAC}}{\triangle \text{ AFB}} + \frac{\triangle \text{ BDC}}{\triangle \text{ AFB}} = \frac{b^2}{c^2} + \frac{a^2}{c^2}$$

$$\Rightarrow c^2 = a^2 + b^2$$

qed.

Beweis 240

Ermittle die Mittelpunkte F, K und G der Seiten AB, AC und BC. Zeichne FE, KD und GH jeweils senkrecht zu AB, AC bzw. BC mit FE $= 2 \cdot$ AB, KD $= 2 \cdot$ AC und GH $= 2 \cdot$ BC. Ergänze AE, BE, DA, DC, HC, HB, KB, DB und CE. ◀

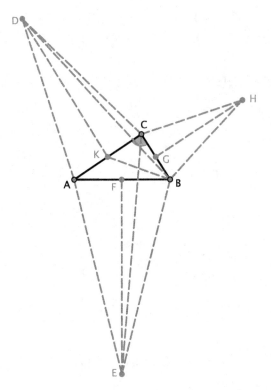

Da $\triangle$ AEB : $\triangle$ CBH : $\triangle$ ACD = c^2 : a^2 : b^2 folgt: $\triangle$ AEB : ($\triangle$ CBH + $\triangle$ ACD) = c^2 : ($a^2 + b^2$) Es ist daher ausreichend, $\triangle$ AEB = $\triangle$ CBH + $\triangle$ ACD zu zeigen. Dies wiederum folgt direkt aus Beweis 239.

$$\Rightarrow c^2 = a^2 + b^2$$

Beweis 241

F, K und G seien die Mittelpunkte der Dreiecksseiten AB, AC und BC. Konstruiere über den Seiten AB, AC und BC die gleichschenkligen Dreiecke HBA, EAC und DCB. FH, KE und GD seien die Höhen dieser Dreiecke. Verwandle die Dreiecke in die entsprechenden Parallelogramme AOQB, ACUW und BRTC. Die Verlängerungen von RT und WU schneiden sich in X. Zeichne XY senkrecht zu AB, der Schnittpunkt mit AB sei E'. Zeichne A'C' durch A und ZB' durch B parallel zu XY mit AA' = BZ = FL. Zeichne CD' parallel zu AB und vervollständige das Parallelogramm CF'. Ergänze XD' und E'Z, verlängere QO zu A' und zeichne E'G' parallel zu BQ. ◄

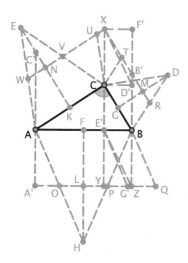

Es gilt YZ = CD′, ebenso sind die entsprechenden Winkel in $\triangle$ E′YZ und $\triangle$ XCD′ gleich

$\Rightarrow$ $\triangle$ E′YZ und $\triangle$ XCD′ sind kongruent.

Außerdem gilt: Pgm. E′G′QB = Pgm. E′YZB = Pgm. XCD′F′ = Pgm. CBB′X = Pgm. CBRT

$\Rightarrow$ Pgm. E′G′QB = $\triangle$ DCB

Ebenso zeigt man: Pgm. AOG′E′ = $\triangle$ ACE. Da Pgm. AA′ZB = Pgm. AOQB = Pgm. E′G′QB + Pgm. AOG′E′ = $\triangle$ AHB folgt:

$$\triangle \text{ AHB} = \triangle \text{ DCB} + \triangle \text{ ACE}$$

Da $\triangle$ AHB : $\triangle$ DCB : $\triangle$ EAC = c^2 : a^2 : b^2 folgt: $\triangle$ AHB : ($\triangle$ DCB + $\triangle$ EAC) = c^2 : $(a^2 + b^2)$, und wegen $\triangle$ AHB = $\triangle$ DCB + $\triangle$ EAC gilt schließlich:

$$\Rightarrow c^2 = a^2 + b^2$$

qed.

Beweis 242

Konstruiere über den Seiten AC, BC und AB regelmäßige Fünfecke (Abb. 1), verwandle diese in die flächengleichen, gleichschenkligen Dreiecke WUM, TRG und ODQ (Abb. 2)[6] und diese anschließend in die flächengleichen, gleichschenkligen Dreiecke ACV, CBS und APB (Abb. 3). ◀

---

[6]Verfahre dazu für das Fünfeck ACLMN wie folgt (das Vorgehen für die Fünfecke CBFGK und AHDEB ist analog): Ergänze MA und MC und zeichne NW und LU parallel zu MA bzw. MC, wobei W und U die Schnittpunkte mit der Verlängerung von AB seien. Ergänze MW und MU.

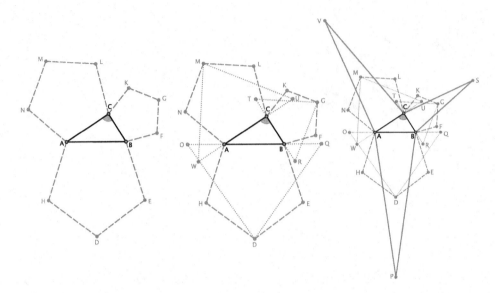

Wie in Beweis 240 gezeigt gilt:

△ APB = △ CBS + △ ACV

Da △ APB : △ CBS : △ ACV = $c^2 : a^2 : b^2$ folgt △ APB : (△ CBS + △ ACV) = c^2 : $(a^2 + b^2)$, und wegen △ APB = △ CBS + △ ACV gilt:

$$\Rightarrow c^2 = a^2 + b^2$$

qed.

Beweis 243

Verlängere AC zu E mit CE = CB und BC zu F mit CF = AC. Zeichne BK senkrecht zu AB mit BK = AB und zeichne KD parallel zu AC. Ergänze AF, BE, KC, KA, KE und DA. ◄

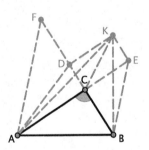

$$\triangle \, ABK = \triangle \, KCB + \triangle \, ACK + \triangle \, ABC = \triangle \, ECB + \triangle \, ACD + \triangle \, ADF$$
$$\Rightarrow \triangle \, ABK = \triangle \, ECB + \triangle \, ACF$$
$$\Rightarrow AB^2 = BC^2 + AC^2$$
$$\Rightarrow c^2 = a^2 + b^2$$

qed.

Beweis 244

Zeichne DE senkrecht zu AB mit AD $=$ AC. Ergänze AE. ◀

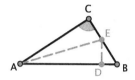

$\triangle \, ABC$ und $\triangle \, BED$ sind ähnlich, daher gilt:

$$\frac{DE}{AC} = \frac{DB}{BC} \Rightarrow DE = AC \cdot \frac{DB}{BC}, \text{ aber } DB = AB - AC \,.$$

Also:

$$\triangle \, ABC = \frac{1}{2} \cdot AC \cdot BC = 2 \cdot \frac{AD \cdot ED}{2} + \frac{1}{2} \cdot ED \cdot DB = AD \cdot ED + \frac{1}{2} \cdot ED \cdot DB$$
$$= AC \cdot AC \cdot \frac{DB}{BC} + \frac{1}{2} \cdot AC \cdot \frac{DB}{BC}(AB - AC)$$
$$= AC^2 \cdot \frac{AB - AC}{BC} + \frac{1}{2} \cdot \frac{AC \cdot (AB - AC)^2}{BC}$$

Und damit:

$$\frac{1}{2} \cdot AC \cdot BC = AC^2 \cdot \frac{AB - AC}{BC} + \frac{1}{2} \cdot \frac{AC \cdot (AB - AC)^2}{BC}$$
$$\Rightarrow BC = 2 \cdot \frac{AC \cdot AB - AC^2}{BC} + \frac{AB^2 - 2 \cdot AB \cdot AC + AC^2}{BC}$$
$$\Rightarrow BC^2 = 2 \cdot AC \cdot AB - 2 \cdot AC^2 + AB^2 - 2 \cdot AB \cdot AC + AC^2$$
$$\Rightarrow AC^2 + BC^2 = AB^2$$
$$\Rightarrow c^2 = a^2 + b^2$$

qed.

Beweis 245

Verlängere BA zu L mit AL = AC. Die Verlängerung von BC und die in L errichtete Senkrechte schneiden sich in E. ◄

$\triangle$ ABC und $\triangle$ BEL sind ähnlich, daher gilt: $\frac{LE}{AC} = \frac{LB}{BC} \Rightarrow LE = \frac{LB \cdot AC}{BC}$, außerdem ist
$LB = LA + AB = AC + AB$.

   Also:

$$\triangle\,ABC = \frac{1}{2} \cdot AC \cdot BC = \frac{1}{2} \cdot LE \cdot LB - LE \cdot LA = \frac{1}{2} \cdot \frac{LB \cdot AC}{BC} \cdot LB - \frac{LB \cdot AC}{BC} \cdot AC$$

$$= \frac{1}{2} \cdot \frac{AC \cdot (AC + AB)^2}{BC} - \frac{AC^2 \cdot (AC + AB)}{BC}$$

Es folgt:

$$\frac{1}{2} \cdot AC \cdot BC = \frac{1}{2} \cdot \frac{AC \cdot (AC + AB)^2}{BC} - \frac{AC^2 \cdot (AC + AB)}{BC}$$

$$\Rightarrow BC^2 = (AC + AB)^2 - 2 \cdot AC \cdot (AC + AB)$$

$$\Rightarrow BC^2 = AC^2 + 2 \cdot AC \cdot AB + AB^2 - 2 \cdot AC^2 + 2 \cdot AC \cdot AB$$

$$\Rightarrow AB^2 = AC^2 + BC^2$$

$$\Rightarrow c^2 = a^2 + b^2$$

qed.

Beweis 246

Verlängere CA und CB bis zu einem beliebigen Punkt und konstruiere einen Kreis mit dem Mittelpunkt O, der die Verlängerungen von CA und CB sowie AB tangential berührt. Die Berührungspunkte seien D, E und G. Ergänze OD, OE, OG und OC. Der Schnittpunkt von OC und AB sei F. ◄

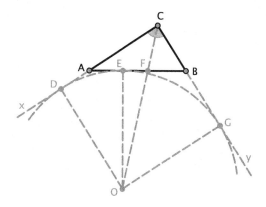

$\square$ $DG = r^2 = \triangle\, ABC + 4\text{-Eck } OGBE + 4\text{-Eck } OEAD$

$$= \frac{1}{2}ab + 2 \cdot \frac{BE \cdot r}{2} + 2 \cdot \frac{AE \cdot r}{2} = \frac{1}{2}ab + (AE + BE) \cdot r = \frac{1}{2}ab + cr$$

Da aber $2r = a + b + c$, folgt:

$$r = \frac{1}{2} \cdot (a + b + c) \text{ und } r^2 = \frac{1}{4} \cdot (a + b + c)^2$$

$$\Rightarrow \frac{1}{2}ab + cr = \frac{1}{4} \cdot (a + b + c)^2$$

$$\Rightarrow \frac{1}{2}ab + c \cdot \frac{1}{2} \cdot (a + b + c) = \frac{1}{4} \cdot (a + b + c)^2$$

$$\Rightarrow 2ab + 2ac + 2bc + 2c^2 = a^2 + ab + ac + ab + b^2 + bc + ac + bc + c^2$$

$$\Rightarrow c^2 = a^2 + b^2$$

qed.

Beweis 247

A sei gemeinsamer Mittelpunkt der Kreise mit den Radien $AD = \frac{1}{2} \cdot BC = r$, $AE = BC$, AC und $AB = AF = AG$. k sei der Kreis um A mit dem Radius $AK = AC + \frac{1}{2}CF = \frac{AF + AC}{2} = \frac{c+b}{2} = m \cdot r$. Es gilt außerdem: $CK = KF = \frac{c-b}{2}$. ◄

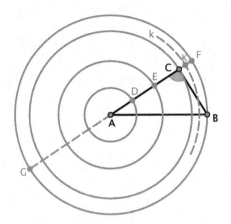

Die Fläche A eines Kreises mit dem Radius r beträgt $\pi \cdot r^2$. Es ist daher zu zeigen, dass die Fläche des Kreises mit dem Radius AB $\left(\pi \cdot c^2\right)$ der Summe der Flächen der Kreise mit den Radien AC $\left(\pi \cdot b^2\right)$ und BC $\left(\pi \cdot a^2\right)$ entspricht.

Es ist offensichtlich, dass die Fläche des Kreises, der durch AB erzeugt wird, wenn das Dreieck ABC einmal um A gedreht wird, der Fläche des Kreises mit dem Radius AC addiert mit der Fläche des Kreisrings CF entspricht. Da CB $=$ AE muss also gezeigt werden, dass der Kreisring CF und der Kreis mit dem Radius AE denselben Flächeninhalt haben.

Es gilt:

$$\frac{GC}{BC} = \frac{BC}{CF} \Rightarrow \frac{c+b}{2r} = \frac{2r}{c-b}$$

$$\Rightarrow c^2 - b^2 = 4r^2$$

$$\Rightarrow c = \sqrt{b^2 + 4r^2} \text{ und } b = \sqrt{c^2 - 4r^2}$$

$$\Rightarrow (1)\frac{c+b}{2} = \frac{\sqrt{b^2 + 4r^2} + b}{2} = m \cdot r \text{ und } (2)\frac{c+b}{2} = \frac{c + \sqrt{c^2 - 4r^2}}{2} = m \cdot r$$

Aus (1) folgt: $b^2 + 4r^2 = (2mr - b)^2$

$$\Rightarrow b^2 + 4r^2 = 4m^2r^2 - 4mrb + b^2$$

$$\Rightarrow r = m^2r - mb$$

$$\Rightarrow b = -\frac{r - m^2r}{m} = r\left(m - \frac{1}{m}\right)$$

Aus (2) folgt analog: $c = r\left(m + \frac{1}{m}\right)$.

Insgesamt gilt daher:

$$\frac{c-b}{2} = \frac{r\left(m+\frac{1}{m}\right) - r\left(m-\frac{1}{m}\right)}{2} = \frac{rm + \frac{r}{m} - rm + \frac{r}{m}}{2}$$

$$= \frac{r}{m} = CK, \text{ da } CK = \frac{c-b}{2}$$

Da $\frac{AD}{AK} = \frac{CK}{AD} = \frac{CF}{AE}$ folgt: $\frac{2\pi \cdot AD}{2\pi \cdot AK} = \frac{CF}{AE}$

$$\Rightarrow 2\pi \cdot AK \cdot CF = 2\pi \cdot AD \cdot AE, \text{ also } 2\pi \cdot \frac{c+b}{2} \cdot CF = \pi \cdot AE \cdot AE$$

$$\Rightarrow 2\pi \cdot \frac{c+b}{2} \cdot (c-b) = \pi \cdot AE^2$$

$$\Rightarrow \pi \cdot \left(c^2 - b^2\right) = \pi \cdot AE^2$$

$\Rightarrow$ Fläche des Kreisrings CF = Fläche des Kreises mit dem Radius AE = Fläche des Kreises mit dem Radius BC

$\Rightarrow$ Fläche des Kreisrings AB = Fläche des Kreises mit dem Radius AC + Fläche des Kreises mit dem Radius AE

$$\Rightarrow \pi \cdot c^2 = \pi \cdot a^2 + \pi \cdot b^2$$

$$\Rightarrow c^2 = a^2 + b^2$$

qed.

Eine Unterrichtseinheit zum Beweisen mit Pythagoras

4

4.1 Einleitung: Idee, Herausforderung, Erfahrungen

Bei dem *Satz des Pythagoras* handelt es sich, wie in Kap. 1 bereits ausgeführt, um einen der fundamentalen Sätze der euklidischen Geometrie und vielleicht sogar um den bekanntesten Satz der (Schul-)Mathematik überhaupt. Im Mathematikunterricht begegnet man diesem Satz und seinen vielfältigen Anwendungen gleich mehrfach: in der Geometrie, Trigonometrie, Vektorgeometrie, Stereometrie, bei Flächenberechnungen und Proportionen, aber auch in zahlreichen Beweisen oder bei den komplexen Zahlen. Und tatsächlich kann wohl fast jeder Erwachsene, wenn er sich an die Schulmathematik erinnert, mindestens „aquadratplusbequadrat" murmeln, auch wenn er oder sie über die Anfangsgründe der Mathematik vielleicht nie hinausgekommen ist, denn der Satz des Pythagoras wird unabhängig von der Schulform in ausnahmslos *jeder* 8. oder 9. Klasse unterrichtet. Weniger bekannt ist den meisten hingegen, was wirklich hinter diesem Satz steckt, bspw. dass er eine Aussage über die Flächengleichheit von Quadraten macht, dass er schon lange vor Pythagoras' Lebzeiten bekannt war und u. a. zur Landvermessung bei den Ägyptern und als Proportionengrundlage zahlreicher Bauwerke (Pyramiden von Gizeh, Parthenon auf der Athener Akropolis) genutzt wurde. Und die Tatsache, dass für den Satz des Pythagoras hunderte unterschiedliche Beweise existieren, kann im Schulunterricht das Tor in das wichtige Gebiet des Begründens, Argumentierens und Beweisens öffnen und einen Eindruck dessen vermitteln, was mathematisches Denken im Kern ausmacht.

Fachlich handelt es sich bei „dem Pythagoras", wenn man ihn loslöst von seiner geometrischen Bedeutung und reduziert auf die reine Rechenoperation, eigentlich nur um eine Erweiterung des in der Primarstufe erlernten Multiplizierens: Drei mal drei plus vier mal vier ist gleich fünf mal fünf. Und doch handelt es sich insgesamt um eine Herausforderung der Didaktik, denn interessant wird der Satz im und für den Unterricht

© Springer-Verlag GmbH Deutschland, ein Teil von Springer Nature 2021
M. Gerwig, *Der Satz des Pythagoras in 365 Beweisen*,
https://doi.org/10.1007/978-3-662-62886-7_4

eigentlich erst dann, wenn man ihn als Muster für die Entdeckungen der antiken Mathematik versteht, an welchem demonstriert werden kann, wie die mathematischen Wahrheiten aufeinander ruhen, wie also ein auf Axiomen aufgebautes System des mathematischen Beweisens entstanden und begründet worden ist, kurzum: wenn mit dem Satz und unter Rückgriff auf die Jahrhunderte nach Pythagoras im Unterricht auch die im ägyptischen Alexandria entstandene euklidische Geometrie betrachtet wird.

Ein Blick in einige Lehrpläne

Sämtliche Kerncurricula und Lehrpläne in Deutschland, Österreich und der Schweiz beinhalten den Satz des Pythagoras, wenngleich der Zusammenhang, in dem er erwähnt wird, unterschiedlich ist. Ein paar Beispiele: In *Hessen* heißt es: „Dieser Satz ist so wichtig, dass die Schülerinnen und Schüler seine Aussage kennen, sie inner- und außermathematisch anwenden und seine kulturhistorische Bedeutung beschreiben können müssen" und es wird empfohlen, die Lernenden „mit überschaubaren Informationsrecherchen oder ‚Forschungsaufträgen' (z. B. zu möglichen Beweisen für den Satz des Pythagoras oder zu dessen Anwendungen)" zu beauftragen.[1] In *Niedersachsen* sollen die Schülerinnen und Schüler die Satzgruppe des Pythagoras begründen und bei Konstruktionen und Berechnungen nutzen[2], in *Thüringen* sollen sie ihn „ohne Hilfsmittel angeben, an Beispielen erläutern, anwenden"[3] und in *Bayern* begegnen die Lernenden „mit der Satzgruppe des Pythagoras einer mathematisch und kulturhistorisch bedeutsamen Erkenntnis. [...] (Sie) stellt nicht zuletzt wegen ihrer reichhaltigen Bezüge zu anderen Inhalten für die Schüler [und Schülerinnen; MG] ein zentrales Thema dieser Jahrgangsstufe dar. [...] Beim Beweis der Satzgruppe machen sie sich wiederum die generelle Struktur mathematischer Sätze bewusst und üben erneut folgerichtiges Argumentieren."[4]

Im *österreichischen Lehrplan* für die AHS-Unterstufe heißt es, dass die Schülerinnen und Schüler „den Lehrsatz des Pythagoras für Berechnungen in ebenen Figuren nutzen können", diesen auf „Berechnungen [...] in Körpern" anwenden und zudem „eine Begründung des Lehrsatzes des Pythagoras verstehen."[5] Im *Schweizer Lehrplan 21* für die Sekundarstufe I schließlich werden sowohl das Durchführen von Berechnungen mithilfe des Satzes als auch der Nachvollzug einer Begründung für den Satz selbst explizit genannt: „Die Schülerinnen und Schüler können Längen, Flächen und Volumen bestimmen und berechnen", „Aussagen und Formeln zu geometrischen Beziehungen

---

[1]Hessisches Kultusministerium (o. J., S. 28, 33)

[2]Niedersächsisches Kultusministerium (2015, S. 28, 29, 53)

[3]Thüringer Ministerium für Bildung, Jugend und Sport (2018, S. 24)

[4]Staatsministerium für Unterricht und Kultus (2009, S. 41 f.)

[5]Bundesministerium für Bildung, Wissenschaft und Forschung (2000, S. 84 f.). Bei der AHS-Unterstufe handelt es sich um die allgemeinbildende höhere Schule, dem österreichischen Äquivalent zum deutschen Gymnasium für die Jahrgangsstufen 6–9.

überprüfen, mit Beispielen belegen und begründen" sowie „Sätze zur ebenen Geometrie mit Beispielen belegen und die Begründungen nachvollziehen (z. B. Satz von
Pythagoras)."[6]

Eine didaktische Herausforderung

Die zentrale Stellung und Bedeutung des Satzes für den schulischen Mathematikunterricht
sind daher unbestritten. Und obwohl der Satz zweifelsfrei zu den am häufigsten unterrichteten Themen sämtlicher schulischer Inhalte gehört, handelt es sich bei ihm um eine
Herausforderung. Dabei lässt sich dessen Aussage schnell formulieren: In einem rechtwinkligen Dreieck entspricht der Flächeninhalt der beiden über den Katheten errichteten
Quadraten zusammen genau dem Flächeninhalt des über der Hypotenuse errichteten
Quadrats. Für den mathematisch Geübten ist das leicht verständlich, etwaige Zweifel
können mit einem schnellen Beweis – es gibt ja genügend – beseitigt, Anwendungsfragen
mithilfe einiger Übungsaufgaben beantwortet werden. Worin also genau besteht diese
Herausforderung?

Es gilt auch hier, was Martin Wagenschein (1896–1988) für den Beweis über das
Nicht-Abbrechen der Primzahlfolge formulierte: „Es dem Anfänger einfach zu erzählen,
hieße, das Kind auf den Berg hinauftragen, statt es ihn ersteigen zu lassen" (Wagenschein 2009, S. 220). Den Satz zu kennen, ihn auswendig aufsagen und anwenden zu
können ist das eine (*lokale Kenntnis*), zu verstehen woher er kommt (Historie), warum
er gilt (Beweise) und welche überfachliche Bedeutung er hat (kategoriale Betrachtung)
etwas ganz anderes (*exemplarische Kenntnis*). Des Weiteren scheint doch dem Satz
selbst eine gewisse Anziehungskraft inne zu wohnen, die zahlreiche mathematisch
interessierte Personen praktisch aller Kulturen und Kontinente über Jahrhunderte hinweg
dazu veranlasste, eigene Beweise vorzulegen. Erstaunlich, wo doch ein einziger Beweis
ausreichte, um die Richtigkeit des Satzes für alle Zeiten festzustellen. Warum diese
Vielfalt? „Man sucht oft nach neuen Beweisen für mathematische Sätze, die bereits als
richtig erkannt wurden, einfach weil den vorhandenen Beweisen die Schönheit fehlt. Es
gibt mathematische Beweise, die lediglich zeigen, dass etwas richtig ist. Es gibt andere
Beweise, die unseren Verstand begeistern und verzaubern. Sie wecken ein Entzücken und
den übermächtigen Wunsch, einfach nur ‚Amen, Amen!' zu sagen."[7]

Beweise müssen nicht nur korrekt, sie sollten auch schön, knapp und elegant, einsichtig, vielleicht sogar genial sein. Der ungarische Mathematiker Paul Erdős (1913–
1996) behauptete gerne, Gott besäße ein Buch, das für alle mathematischen Sätze die
jeweils besten, d. h. insb. die elegantesten und vollkommensten Beweise enthalte und
das größte Kompliment, dass er einem Kollegen machen konnte, war die Aussage:

---

[6]D-EDK (2016, S. 228–230)

[7]Morris Kline in Alsina und Nelsen (2013, S. XVII).

„Das stammt direkt aus dem BUCH.“[8] Ob auch ein Beweis aus der Loomis-Sammlung in dem BUCH enthalten ist, und wenn ja, welcher, darüber lässt sich gewiss streiten. Für den Mathematikunterricht ist dies jedoch gar nicht entscheidend. Zentral ist, *dass* es eine große, in Jahrhunderten und quer durch alle Kontinente und Kulturen entstandene Vielfalt an Beweisen gibt. Es ist gerade diese enorme Beweisdichte, die wohl bei keinem anderen Satz existiert, die dessen didaktischen Kern ausmacht und die gleichzeitig eine große Herausforderung darstellt. Die didaktische Kernfrage sollte also lauten:

> *Wie kann es gelingen, den Satz des Pythagoras so zu unterrichten, dass die Schülerinnen und Schüler ihn als ein Muster für die Entdeckungen der antiken Mathematik verstehen, an ihm exemplarisch erkennen, wie die mathematischen Wahrheiten der euklidischen Geometrie aufeinander ruhen und damit auch begreifen, was es mit dem Beweisen in der Mathematik auf sich hat?*

An dieser Stelle kommt die vorliegende Beweissammlung ins Spiel. Sie ist ein Glücksfall, da sie es ermöglicht, die *Methode* des Beweisens genauer zu beleuchten. Damit das gelingen kann, muss – nachdem der Satz entdeckt, formuliert und begründet worden ist – die eigentliche Aussage des Satzes zunächst in den Hintergrund rücken und eben die Methode selbst zum Gegenstand der Reflexion werden. Im Unterricht gelingt dies durch die arbeitsteilige Erarbeitung und Präsentation einer größeren Auswahl von Beweisen.

Beweisen und Beweisvielfalt

Die große Bedeutung der oben formulierten Kernfrage wird bei einem Blick in die *Bildungsstandards im Fach Mathematik für die Allgemeine Hochschulreife* noch deutlicher. Diese beschreiben innerhalb der Kompetenz *Mathematisch argumentieren* ein Spektrum an Argumentationen „von einfachen Plausibilitätsargumenten über inhaltlich-anschauliche Begründungen bis zu formalen Beweisen“ (KMK 2015, S. 14), dessen Ausprägungen u. a. das Wiedergeben und Anwenden von Routineargumentationen (Anforderungsbereich I), das Nachvollziehen von mehrschrittigen Argumentationen und logischen Schlüssen (Anforderungsbereich II) sowie das Nutzen, Erläutern und Entwickeln von Beweisen und anspruchsvollen Argumentationen (Anforderungsbereich III) umfassen. Dennoch ist es eine vielfach diagnostizierte Begebenheit, dass Beweise und vor allem die Tätigkeit des Beweisens in der Schule meist völlig unterrepräsentiert sind.[9] Sie werden häufig als ein Tätigkeitsfeld für begabtere Schülerinnen und Schüler angesehen, wodurch der Aufbau der Kompetenz, die ja für alle Schülerinnen und Schüler

---

[8]Der 1998 erstmals unternommene Versuch von Martin Aigner und Günter M. Ziegler, mit ihrem Werk *Das BUCH der Beweise* eine Sammlung von Beweisen anzugeben, die das BUCH enthalten könnte, liegt inzwischen in der fünften Auflage vor (Aigner und Ziegler [5]2018).

[9]bspw. Malle (2002, S. 4): Beweise führen „Schattendasein“; Brunner (2014, S. 2): Beweisthematik wird tendenziell „kaum bearbeitet“

gleichermaßen gelten sollte, erschwert bzw. verunmöglicht wird. Zahlreiche empirische Befunde belegen nun jedoch, dass auch starke Schülerinnen und Schüler (vgl. Ufer/ Heinze 2008) sowie viele Studienanfängerinnen und -anfänger (vgl. Nagel/Reiss 2016, S. 299) teils erhebliche Schwierigkeiten beim mathematischen Begründen haben. Und auch vielen Lehrpersonen fällt es schwer, dieses Thema zu unterrichten, da es sich auch für sie um eine hochanspruchsvolle Tätigkeit handelt, bei der Argumente der Lernenden häufig erst noch ergänzt und ggf. in die symbolische Sprache der Mathematik transformiert werden müssen. „Es kann deshalb davon ausgegangen werden, dass beim Thema ‚Beweisen' eine größere Diskrepanz herrscht zwischen dem Anspruch, wie er sich beispielsweise in Bildungsstandards manifestiert, und der Wirklichkeit, realisiert als alltägliche Praxis des Mathematikunterrichts einzelner Lehrpersonen" (Brunner 2014, S. 2). Insgesamt erscheint es daher keineswegs übertrieben, die obige didaktische Kernfrage als fachdidaktisches Zentralproblem zu markieren. Wie könnte eine Antwort aussehen?

Die umfangreiche Beweisvielfalt macht es möglich, eine individualisierte Auswahl verschiedener Beweise zu treffen, welche arbeitsteilig erarbeitet und anschließend präsentiert werden können. Ziel sollte es dabei sein, einen der bereits existierenden Beweise nachzuvollziehen und zu erläutern. Allein dies stellt je nach gewähltem Beweis eine große Herausforderung dar, denn jede Bezeichnung, jeder einzelne Schritt, jedes im Beweis verwendete Gleichheitszeichen muss verstanden und prinzipiell begründet werden. Diese Herausforderung wird dadurch erschwert, dass es sich bei einem Beweis um ein in höchstem Maße konzentriertes Produkt handelt, das den dahinterliegenden Prozess, d. h. den Weg, der zu diesem Beweisprodukt geführt hat, praktisch vollständig verschüttet. Und dennoch ist es möglich, anhand der Beweisprodukte etwas über den Beweisprozess im Allgemeinen zu erfahren, dann nämlich, wenn durch den Vergleich mehrerer Beweise zum gleichen Satz das Beweisen an sich in den Vordergrund rückt und die Methode des Beweisens losgelöst von einem speziellen Beweis diskutiert werden kann. Die im folgenden skizzierte Unterrichtseinheit versucht, dies umzusetzen. Sie ist daher als Antwortversuch zur oben formulierten, didaktischen Kernfrage zu verstehen.

Unterrichtseinheit „Beweisvielfalt entdecken – der Satz des Pythagoras"
1960 skizzierte Martin Wagenschein einige Gedanken über die Möglichkeit, den Satz des Pythagoras im Unterricht entdecken zu lassen (vgl. Wagenschein 2009, S. 241–256). Auch nutzte er dabei den Satz, um sein Verständnis vom exemplarischen Lehren zu verdeutlichen. Die Loomis-Sammlung war zu diesem Zeitpunkt in den USA bereits erschienen, Wagenschein erwähnt sie jedoch nicht – vermutlich war sie ihm unbekannt. Wagenscheins entscheidende, mit diesem Aufsatz erbrachte Leistung ist es, mit einem Missverständnis aufgeräumt zu haben: Man sei es gewohnt, den Satz des Pythagoras in einer mittleren Ebene des mathematischen Schulturmes angesiedelt zu sehen. Daraus

ziehe man den Trugschluss, die Lernenden müssten bereits alle Vorstufen und darunter
liegenden Ebenen durchlaufen, alle Vorkenntnisse erworben haben, wenn sie zu diesem
Satz kommen. Genau das sei aber eben nicht nötig, man könne einfach in den Satz
„hineinspringen" und ihn dennoch aufklären, ohne dass dabei der systematische Aufbau der Mathematik zu kurz käme. Wagenscheins Entwurf beginnt folglich nicht mit
einer theoretischen Hinführung, sondern direkt mit der Konfrontation eines praktischen
Phänomens, das sich dem Betrachter in den 1960er-Jahren allerdings sicherlich noch
mehr aufdrängte, als es heute der Fall ist: „Was steckt dahinter, dass Eisenbahner und
Zimmerleute, wenn sie im Gelände einen rechten Winkel abstecken wollen, drei Latten
mit den Maßen 3, 4, 5 zu einem Dreieck zusammenfügen?" Unserem heutigen Verständnis von gelingendem Unterricht ist die Grundidee dieses Einstiegs keineswegs fremd:
Die Lernenden sollen vom Sog eines Problems, einer rätselhaften Ausgangsfrage, eines
erstaunlichen Phänomens, das sie aufklären wollen, aber nicht aufklären können, erfasst
werden. In der aktuellen Version der Unterrichtseinheit ist dieser Grundgedanke noch
vorhanden, die Frage hat sich aber verändert: Können verschieden große Quadrate durch
Zerschneiden und Zusammenfügen zu einem einzigen Quadrat zusammengelegt werden?
Die Beantwortung dieser Frage mündet in der Entdeckung des pythagoreischen Lehrsatzes, der anschließend arbeitsteilig auf verschiedene Arten bewiesen wird – genauer:
für den arbeitsteilig unterschiedliche Beweise bearbeitet, nachvollzogen, verstanden
werden. Nach der Präsentation und Besprechung dieser unterschiedlichen Beweise kann
schließlich bei der Analyse des euklidischen Pythagorasbeweises, der jedoch nicht in der
Kurzversion von Loomis (vgl. Abschn. 3.1, Beweis Nr. 33), sondern im Original (vgl.
Thaer 2005, S. 32) betrachtet wird, deutlich werden, wie die mathematischen Wahrheiten
aufeinander ruhen und was es mit dem Beweisen in der Mathematik wirklich auf sich
hat.

In den folgenden Kapiteln wird diese Unterrichtseinheit detailliert vorgestellt. Sie
basiert auf dem Entwurf Wagenscheins und ist in den letzten Jahren vielfach an verschiedenen Schulen in Deutschland und der Schweiz sowie in diversen fachdidaktischen
und schulpädagogischen Universitätsseminaren unterrichtet bzw. präsentiert worden und
wird dabei stetig weiterentwickelt.[10] Der größte Unterschied zwischen dem Entwurf
Wagenscheins und der aktuellen Fassung ist in der Beweisvielfalt zu sehen, auf die nun
ein deutlicher Schwerpunkt gelegt wird und womit das Beweisen *an sich* mehr in den
Mittelpunkt rückt. Wagenscheins Entwurf basiert vor allem auf dem Klappbeweis des
indischen Mathematikers an-Nairizi (vgl. Abschn. 2.1, Beweis Nr. 37).

Eine letzte Vorbemerkung: Die Unterrichtseinheit orientiert sich an den Prinzipien
der Lehrkunstdidaktik, welche tief in der deutschen Didaktiktradition verwurzelt ist und
sich mit wissenschaftlich oder kulturell bedeutenden Ereignissen befasst, welche die
Sicht auf Kultur, Kunst und Wissenschaft maßgeblich verändert und beeinflusst haben

---

[10]insb. die Weiterentwicklungen von Nölle (1997, 2007), Brüngger (2005) und Gerwig (2015) sind
hier wichtig.

und die bis heute gelten (vgl. Wildhirt et al., 2016). Dazu entwickelt sie mit großer Sorgfalt sogenannte Lehrstücke, in denen die Schülerinnen und Schüler in die Ausgangslage früherer Entdecker, Urheber oder Autoren versetzt werden und von welcher aus sie „nach-entdeckend" die Wege zu einer Entdeckung, einer Erfindung oder einem geschaffenen Werk im eigenen Lern- und Bildungsprozess erleben – das Lehrstück zum Satz des Pythagoras ist eines von rund 50 Lehrstücken. Entscheidende Orientierungspunkte sind vor allem die *Exemplarische Methode* und das *Genetische Prinzip,* wie es Martin Wagenschein verfolgt und in seinen zahlreichen Unterrichtsskizzen beispielhaft ausgelegt hat, sowie die *Theorie der Kategorialen Bildung* (1959) Wolfgang Klafkis (vgl. Abschn. 4.4).

Augenscheinlich werden diese didaktischen und bildungstheoretischen Schwerpunktsetzungen insb. in den ersten drei Unterrichtsstunden *(Ouvertüre),* in denen sich das authentische Problem der Quadratvereinigung stellt und so den Lernenden als ein innermathematisches, reizvolles *Phänomen* begegnet, entstehende *Sogfragen* (Wie muss geschnitten werden? Was, wenn die Quadrate eine andere Größe hätten? Resultiert bei der gefundenen Vereinigung tatsächlich ein Quadrat? Gelingt das immer?) in einer möglichst ausgewogenen *Ich-Wir-Balance* untersucht werden, die Begegnung mit der *originären Vorlage* (Euklids Beweis aus den Elementen) in der Erstellung des *Denkbilds* (resultierende Vereinigung aller Quadrate) und der Bearbeitung unterschiedlicher Beweise aus der Loomis-Sammlung angebahnt und der *kategoriale Aufschluss* (Mathematik ist nicht autoritär; mathematische Wahrheiten sind begründbar und ruhen aufeinander) durch die eingenommene Fragehaltung und das Wechselspiel aus individuellem Nachdenken, kritischem Nachvollziehen, Diskutieren und Präsentieren vorbereitet wird.[11]

4.2 Überblick: 14 Unterrichtsstunden

Jahrgangsstufe: 8-9
  Gliederung:

Ouvertüre	Quadrate vereinen und entzweien	2-3 Stunden
I. Akt	Pythagoras und „sein" Satz	1 Stunde
II. Akt	Beweisvielfalt	4 Stunden
III. Akt	Beweisen in den Elementen Euklids	1 Stunde
IV. Akt	Übungsphase	ca. 4 Stunden
Finale	Rück- und Ausblick	1-2 Stunden

---

[11]Für eine genauere Erläuterung der kursiv gesetzten Lehrstückkomponenten vgl. Wildhirt (2008, S. 51–64). Für eine Analyse des Pythagoras-Lehrstücks anhand dieser Komponenten vgl. Gerwig (2015, S. 253–256).

Zeitumfang: je nach Inszenierung ca. 13-15 Unterrichtsstunden

Ouvertüre: Quadrate vereinen und entzweien (2–3 Stunden)
Zu Beginn der Ouvertüre finden alle Lernenden ein farbiges Quadrat auf ihren Plätzen. Insgesamt sind es 24 in zwei verschiedenen Größen: 16 größere und 8 kleinere. Wenn nun alle ihr Quadrat zur Verfügung stellen, kann man dann all diese Quadrate durch Zerschneiden und neu Zusammenlegen zu einem einzigen Quadrat vereinen? Die Quadrate werden in der Mitte des Raumes auf den Boden gelegt, verschoben, sortiert, neu angeordnet. Eine Idee könnte sich als hilfreiche Zwischenlösung erweisen: Alle Quadrate können ohne Zerschneiden zu drei Quadraten zusammengelegt werden, denn die 16 größeren Quadrate ergeben ein 4×4-Quadrat, die 8 kleineren zwei 2×2-Quadrate. Nun liegt zunächst eine Fokussierung auf die beiden kleineren und gleich großen Quadrate nahe: Wie können diese zu einem einzigen Quadrat vereinigt werden? Durch das Zerschneiden über die Diagonale und neues Zusammensetzen der entstandenen Dreiecke wird aus beiden Quadraten ein einziges Quadrat, insgesamt liegen jetzt also nur noch zwei unterschiedlich große Quadrate auf dem Boden.

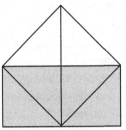

Dieses Diagonal-Verfahren aber versagt, wenn die Quadrate nicht gleich groß sind. Ein Wechsel der Blickrichtung kann weiterhelfen: Wie lässt sich ein Quadrat in zwei unterschiedlich große Quadrate entzweien? Es wird deutlich, dass man beim Zerschneiden in geeigneter Weise von der Diagonalen abweichen muss. Und tatsächlich können auch zwei unterschiedlich große Quadrate zu einem Quadrat vereinigt werden, so dass nun also das ursprüngliche 4×4-Quadrat und das neue, aus den beiden 2×2-Quadraten entstandene Quadrat zu einem einzigen Klassenquadrat vereinigt werden können.

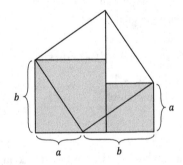

I. Akt: Pythagoras und „sein" Satz (1 Stunde)

Dass bei der gefundenen Vereinigung zweier unterschiedlich großer Quadrate tatsächlich ein Quadrat entsteht, ist nicht selbstverständlich – es ist kein Axiom – und soll daher bewiesen werden. Durch den Nachweis, dass die beiden abgeschnittenen Dreiecke kongruent und rechtwinklig sind, gelingt dies sehr schnell. Der gefundene Zusammenhang lässt sich algebraisch mithilfe der Formel $a^2 + b^2 = c^2$ beschreiben und auch geometrisch visualisieren. Nun bekommt der Satz auch „seinen" Namen, verbunden mit einigen Informationen zur Person Pythagoras sowie dem von ihm gegründeten Bund der Pythagoreer.

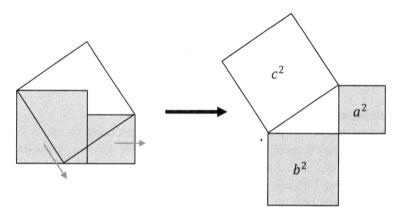

II. Akt: Beweisvielfalt (4 Stunden)

Mit der Loomis-Sammlung liegen über 360 verschiedene Beweise zum Satz des Pythagoras vor. Mathematiker, Philosophen, Künstler: Sie alle haben eigene Begründungen formuliert. Einige Beweise werden nun ausgewählt und in Kleingruppen bearbeitet. Dabei geht es primär nicht um das selbständige Formulieren eines Beweises, sondern um ein verstehendes Nachvollziehen jedes einzelnen Schritts. Nachdem die Beweise ausreichend studiert und vertieft wurden, werden sie dem Plenum präsentiert bzw. in „Expertengruppen" diskutiert.

III. Akt: Beweisen in den *Elementen* Euklids (1 Stunde)

Alle Lernenden haben im II. Akt einen Beweis gründlich selbst erarbeitet und (mit-) präsentiert. Bei der Besprechung der übrigen Beweise konnten Zusammenhänge, Gemeinsamkeiten und Unterschiede deutlich werden, so dass nun der Satz selbst in den Hintergrund und die Tätigkeit des Beweisens in den Fokus rücken kann. Die Geburtsstunde des Beweisens liegt im antiken Griechenland: In seinen *Elementen* hat Euklid im 3. Jh. v. Chr. das gesamte mathematische Wissen der damaligen Zeit zusammen gefasst und erstmals bewiesen. Sie wurden 2000 Jahre lang als akademisches Lehrbuch genutzt und gelten bis heute als das nach der Bibel meistverbreitete Werk der Weltliteratur. Der Beweis zum Satz des Pythagoras bildet den Abschluss des ersten Kapitels (Buch I, § 47). An ihm wird deutlich, *wie* Euklid bewiesen hat: Er stützt seine Begründung auf Sätze, die er zuvor bereits bewies, die wiederum auf schon bewiesenen Sätzen ruhen usw.; am Anfang dieser Kette stehen Definitionen, Postulate und Axiome.

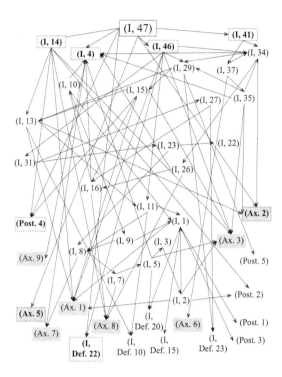

Nun kann am Beispiel der euklidischen Geometrie deutlich werden, wie die mathematischen Wahrheiten aufeinander ruhen. Besonders erstaunlich ist, dass es gerade einmal zehn Axiome sind, auf denen Euklid seine gesamte Geometrie aufbaut. Eine Visualisierung der Axiome mithilfe gleichseitiger Dreiecke zeigt, dass es sich dabei um völlig evidente, nicht beweisbedürftige Aussagen handelt.

IV. Akt: Übungsphase (ca. 4 Stunden)

Die Umkehrung des Satzes sowie der Höhen- und Kathetensatz werden nun formuliert und notiert. Sie vervollständigen die Satzgruppe des Pythagoras, die nun auf unterschiedliche Probleme angewendet wird: Flächenverwandlungen, Konstruktionen, Wurzelgesetze, Berechnungen, Abstände und Kreise im Koordinatensystem – die Möglichkeiten zur Anwendung sind vielfältig.

Finale: Rück- und Ausblick (1–2 Stunden)

Die Frage, ob der Satz des Pythagoras auch für andere über den Dreiecksseiten errichtete Figuren gilt, führt zur Verallgemeinerung des Satzes auf beliebige ähnliche Figuren. Der zugehörige Beweis findet sich wiederum bei Euklid (Buch VI, § 31). Die Diskussion klassischer Probleme der antiken Mathematik, insbesondere der Vergleich zwischen dem lösbaren Problem der Möndchen des Hippokrates und dem unlösbaren Problem der Quadratur des Kreises, fasziniert und verwirrt zugleich. Schließlich verdeutlicht der Blick ins antike Griechenland und ins alte Ägypten, wo der Satz bei Konstruktionen und als Proportionengrundlage genutzt wurde, dessen kulturhistorische Bedeutung.

4.3 Konkret: Mit der Beweissammlung unterrichten

Überblick über die gesamte Unterrichtseinheit:

Ouvertüre	I. Akt	II. Akt	III. Akt	IV. Akt	Finale
Quadrate vereinen und entzweien	Pythagoras und „sein" Satz	Beweisvielfalt	Beweisen in den *Elementen* Euklids	Übungsphase	Rück- und Ausblick
2–3 h	*1 h*	*4 h*	*1 h*	*ca. 4 h*	*1–2 h*
Aus 24 mach 1: 24 Quadrate werden zu einem Quadrat vereinigt. Zwischenschritte: Vereinigung zweier gleich bzw. unterschiedlich großer Quadrate und Entzweiung eines Quadrats in zwei gleich bzw. unterschiedlich große Quadrate. Optional: Lesen des Menon-Dialogs bei der Vereinigung zweier gleich großer Quadrate.	Dass bei der gefundenen Vereinigung zweier unterschiedlich großer Quadrate (a^2, b^2) zu einem flächengleichen Quadrat (c^2) tatsächlich ein Quadrat entsteht, wird im erarbeitenden Unterrichtsgespräch bewiesen. Der Satz erhält seinen Namen und wird in der „klassischen" Version formuliert.	In Gruppen werden verschiedene Beweise aus der Loomis-Sammlung erarbeitet und präsentiert bzw. in Expertengruppen diskutiert, so dass sich alle Lernenden in einen Beweis einarbeiten und mehrere Beweise kennen lernen. Der Satz selbst rückt dabei in den Hintergrund, die Beweis*tätigkeit* steht nun im Zentrum.	In den *Elementen* Euklids beschließt der Satz des Pythagoras das erste Kapitel. Die Analyse des Beweises gewährt einen Einblick in den deduktiven Aufbau der Mathematik: mathematische Wahrheiten ruhen aufeinander und gehen auseinander hervor. Basis sind Definitionen, Postulate und Axiome.	Das Gelernte soll gefestigt werden: Höhen- und Kathetensatz, Umkehrung des Satzes, Verwandlungen von Flächen, verschiedene Anwendungen, Abstände und Kreise im Koordinatensystem, Wurzelgesetze u. a.	Überraschend: Der Satz des Pythagoras lässt sich auf beliebige (ähnliche) Figuren, die über den Dreiecksseiten errichtet werden, verallgemeinern – der Beweis findet sich ebenfalls in den *Elementen*. Zudem wird die Historie des Satzes, insb. dessen Anwendungen im alten Ägypten und antiken Griechenland, beleuchtet.

Ouvertüre

Der wahrscheinlich berühmteste Satz der (Schul-)Mathematik wird in der Ouvertüre fast *en passant* bei der Suche nach einer Antwort auf die schlichte Frage nach der Vereinigung zweier bzw. mehrerer Quadrate entdeckt. Zu Beginn liegen insgesamt 24 farbige Papierquadrate in zwei unterschiedlichen Größen – 16 größere, 8 kleinere – auf den Stühlen der Schülerinnen und Schüler, die zum Kreis in der Mitte des Raumes zusammengestellt sind. Die Tische sind am Rand des Raumes zu Gruppentischen formiert.

Alle Quadrate werden in die Mitte gelegt und die Lehrperson eröffnet die Ouvertüre mit der Frage, wie es gelingen könnte, diese 24 Quadrate zu einem einzigen Quadrat zu vereinen. Diese Frage und der hohe Aufforderungscharakter des Materials motivieren die Lernenden, die Quadrate zu verschieben, zu sortieren, verschiedene Anordnungen auszuprobieren, unterschiedliche Ansätze und Ideen miteinander zu diskutieren. Größe und Anzahl der Quadrate sind so gewählt, dass die Aufgabe durch ein einfaches Aneinanderlegen nicht gelöst werden kann. Eine Zwischenlösung liegt jedoch nahe: Die 16 größeren Quadrate lassen sich zu einem 4×4-Quadrat, die 8 kleineren Quadrate zu zwei je 2×2-Quadraten zusammenlegen bzw. -kleben.

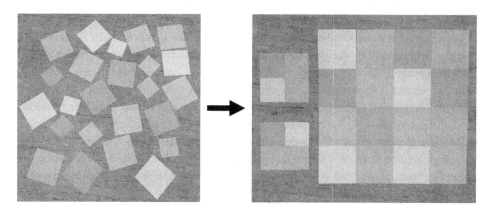

Die Anzahl der Quadrate hat sich nun bereits deutlich reduziert: Von 24 auf 3. Damit hat sich auch das Ausgangsproblem geändert, es muss umformuliert werden: Wie können die drei verbliebenen Quadrate vereint werden? Es liegt nahe, sich zunächst auf die zwei gleich großen Quadrate zu konzentrieren. Denn wenn es gelingt, diese zwei zu einem Quadrat zu vereinen, dann hätte sich erstens die Anzahl der Quadrate insgesamt auf zwei reduziert und zweitens müssten dann im letzten Schritt zwei unterschiedlich große Quadrate vereint werden, was ein sehr ähnliches Problem zu sein scheint, so dass die vorhergehende Vereinigung der zwei gleich großen Quadrate dabei helfen könnte.

Die Vereinigung der beiden gleich großen Quadrate bereitet keine größeren Mühen: Wenn die beiden nebeneinanderliegenden Quadrate jeweils über eine Diagonale zerschnitten werden, dann können die dabei abgeschnittenen Dreiecke (unten rechts und unten links) gedreht und oben an die verbliebenen Ausgangsdreiecke wieder angelegt werden, so dass insgesamt ein neues Quadrat entsteht.[12]

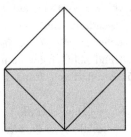

In der Mitte des Stuhlkreises liegen nun zwei unterschiedlich große Quadrate und das neu formulierte Problem lautet nun: Wie lassen sich zwei unterschiedlich große Quadrate vereinen? Obwohl das Problem sich nur leicht geändert hat, erweist sich das Finden einer Lösung als ausgesprochen schwierig. Zwar ist klar, dass ein Zerschneiden über die Diagonale nicht erfolgreich sein kann, doch rückt allein diese Erkenntnis eine Lösung noch nicht in erreichbare Nähe. Die lange Suche nach einer Lösung kann hier auf Seiten der Lernenden schnell in Frustration umschlagen. Umso wichtiger ist es, die Suche mit geeigneten Ufer-Hilfen zu unterstützen, so dass eine Lösung – es gibt mehrere[13] – in Reichweite rückt.

Die Grundidee einer möglichen Lösung lautet (vgl. den geometrischen Beweis 183): Die abgeschnittenen Dreiecke können nicht, wie bei der Vereinigung zweier gleich großer Quadrate, gleichschenklig sein, da die Ausgangsquadrate nicht gleich groß sind. Aber sie müssen kongruent sein, um die Figur durch Umlegen zu einem Quadrat zu ergänzen. Wenn also nun wieder von den oberen Ecken rechts und links der Quadrate geschnitten werden soll, dann definieren die beiden (!) Quadratseiten a und b beide Kathetenlängen der abzuschneidenden Dreiecke – damit sind die Schnittlinien nun aber festgelegt. Und tatsächlich: Die abgeschnittenen, kongruenten, rechtwinkligen Dreiecke können so oben an die beiden verbliebenen Ausgangsdreiecke angelegt werden, dass ein neues, flächeninhaltsgleiches Quadrat entsteht.

---

[12]Der bekannte Menon-Dialog Platons, der an dieser Stelle ausschnittsweise in verteilten Rollen gelesen werden kann, zeigt, dass die Quadratverdopplung ein sehr altes mathematisch-philosophisches Problem ist.

[13]Eine sehr einsichtige und verständliche Zerlegung enthält der geometrische Beweis 183, auf welche auch der nächste Abschnitt genauer eingeht. Auch die im geometrischen Beweis 189 genutzte Zerlegung ist möglich. Ebenfalls möglich, aber schwieriger zu entwickeln sind die Zerlegungen der geometrischen Beweise 9 und 205. Diese sind jedoch insofern besonders, als dass das kleinere Quadrat gar nicht zerschnitten werden muss.

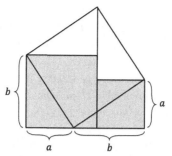

Insgesamt ist das Ausgangsproblem damit gelöst und die 24 Quadrate können nun zu einem einzigen Quadrat vereinigt werden. Das Resultat ist eindrücklich: Es sind sowohl alle Ausgangsquadrate als auch die drei Quadrate der Zwischenlösung und die finalen Schnittlinien zu erkennen. Der gesamte Suchprozess in einem Bild: ein Denkbild.

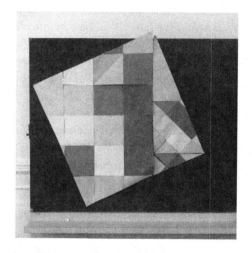

Ausschnitt aus einem von einer Lehrperson verfassten Unterrichtsbericht

Ich verweise zunächst auf die Quadrate, die auf den Stühlen lagen und die alle bereits in den Händen halten und bitte darum, diese in die Mitte auf den Boden zu legen. „Meint Ihr wir könnten es schaffen, aus den 24 Quadraten ein einziges Quadrat zu machen", frage ich und kläre weiter, dass die Quadrate dabei zwar zerschnitten, aber nur neben-, nicht übereinander gelegt werden sollen.

Meine Aussage verstehen Matthias und Robert als Aufforderung, so dass sich beide sofort auf den Boden knien, um die Quadrate zu ordnen. Sie wollen sich anscheinend erst einmal einen Überblick verschaffen und trennen große und kleine Quadrate voneinander. Auch Juna, Miriam, Hannah und Nele helfen mit, schieben Quadrate hin und her, diskutieren miteinander. Nach nicht einmal zwei Minuten haben sie eine Anordnung erstellt, mit der sie vorläufig zufrieden scheinen. Alle

*setzen sich wieder. In dieser Version sind die 16 größeren Quadrate zu einem
großen 4 × 4-Quadrat zusammengelegt, die kleinen Quadrate liegen allerdings
etwas unbeachtet in einer Reihe daneben. Meine Frage, ob alle mit diesem
Resultat zufrieden sind, wird allerdings verneint. Da niemand eine weitere Idee zu
haben scheint, schiebe ich stumm zwei kleine Quadrate um, so dass aus den insgesamt acht kleinen Quadraten nun zwei 2 × 2-Quadrate entstehen. Das also ist
schon das Zwischenergebnis, von dem ich gehofft hatte, dass es schnell gefunden
wird. Aber ich hebe dessen Bedeutung noch nicht heraus. Es scheint mir noch zu
früh zu sein, alles ging sehr schnell und ich habe nicht den Eindruck, dass sich
bereits alle ausreichend eigene Gedanken machen konnten.*

 *Robert stellt fest, dass nun zwar nur noch drei Quadrate vor uns liegen, dass
das aber nicht die anfängliche Aufgabe gewesen sei. Ich stimme ihm zu und frage,
wie wir von diesem Zwischenstand ausgehend weiter machen könnten? Es ist
wieder Robert, der eine neue Idee hat. Er möchte bestimmte Quadrate umlegen
und die sich ergebenden Lücken füllen, indem er andere Quadrate zerschneidet.
Obwohl diese Idee von dem so wertvollen Zwischenergebnis etwas weggeht, bin
ich froh um diese weitere Variante und bitte Robert, seine Idee weiter zu verfolgen. Gemeinsam mit Matthias kniet er in der Mitte und schiebt Quadrate hin
und her. Sie erläutern ihre Idee den Mitschülerinnen und -schülern und überlegen
gemeinsam, welche Teile man von welchen Quadraten nun abschneiden müsste.
Als sie nach einigem Überlegen jedoch keine befriedigende Antwort finden und
mit ihrer Arbeit nicht zufrieden sind – es scheinen zu viele Lücken zu entstehen,
die offenbar nicht alle gefüllt werden könnten –, schlage ich vor, wieder zum vor-
herigen Ergebnis zurück zu gehen.*

 *Trotz des erfolglosen Ausgangs halte ich dieses kurze Zwischenspiel für sehr
wichtig. Alle haben weiter über die Problematik nachdenken können, Gedanken
und Lösungsideen konnten reifen, und es war die Sache selbst, die schließlich
den eingeschlagenen Weg als wenig erfolgreich erscheinen ließ. Nicht zuletzt ver-
leiht dieser Irrweg der ersten Zwischenlösung, die nun wieder vor uns liegt, eine
größere Bedeutung.*

 *Als das ursprüngliche Zwischenergebnis wieder hergestellt ist, ist es m. E. an
der Zeit für eine Idee: „Angenommen, wir wären in der Lage, zwei zerschnittene
Quadrate zu einem neuen Quadrat zusammen zu legen – würde uns das weiter-
bringen?" Ich ernte zustimmendes Nicken. Also schlage ich vor, zunächst die
beiden kleinen Quadrate zu betrachten. Gleich prescht Anja mit einer Lösung
vor: „Beide Quadrate müssten entlang der Diagonalen zerschnitten werden",
sagt sie. Aus den vier entstehenden Dreiecken könne man dann ein neues Quadrat
zusammenlegen. Das konkrete Vorgehen, d. h. die genaue Beschreibung, welches
Dreieck anschließend in welche Position verschoben werden muss, erwähnt sie
jedoch noch nicht.*

I. Akt

Dass bei der gefundenen Zerlegung tatsächlich wieder ein Quadrat entsteht, ist nicht selbstverständlich und kann bezweifelt werden – warum etwa soll die neue Figur tatsächlich vier rechte Winkel enthalten? Dass dies tatsächlich so ist, ist zu begründen. Also: Da die zwei abgeschnittenen Dreiecke in zwei Seiten *(a* und *b)* und dem eingeschlossenen (rechten) Winkel übereinstimmen, sind sie kongruent (Kongruenzsatz SWS). Daher sind alle Seiten des neu entstandenen Vierecks gleich lang. Da außerdem in allen vier Ecken jeweils die beiden verschiedenen spitzen Winkel der abgeschnittenen Dreiecke zusammentreffen und diese zusammen 90° groß sind (Satz über die Winkelsumme im Dreieck), handelt es sich tatsächlich um ein Quadrat.

Nun kann aus der gefundenen Zerlegungsfigur durch eine Verschiebung der beiden Ausgangsquadrate sehr schnell die „klassische" Pythagoras-Figur hergeleitet werden, wobei das zentrale, rechtwinklige Dreieck, Voraussetzung für den Satz des Pythagoras, ganz natürlich und automatisch entsteht.

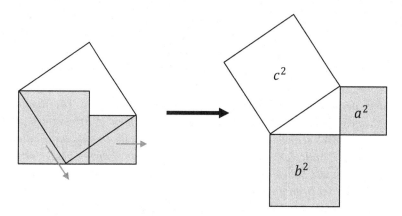

Die Entdeckung lässt sich nun bspw. wie folgt formulieren:

▷ **Satz des Pythagoras** Das rechtwinklige Dreieck hat die Kraft, zwei Quadrate zu einem flächeninhaltsgleichen Quadrat zu vereinen. Errichtet man über dessen Katheten a und b sowie über der Hypotenuse c die Quadrate a^2, b^2 und c^2, so ist die Summe der Flächen beider Kathetenquadrate a^2 und b^2 der Fläche des Hypotenusenquadrats c^2 gleich.

Kurz: $a^2 + b^2 = c^2$

Ausschnitt aus einem von einer Lehrperson verfassten Unterrichtsbericht
Das große, zum Ende der letzten Stunde fertig gestellte Klassenquadrat hängt an der Tafel. Es dient zur Repetition und zum Einstieg in diese Stunde. Gian, Uwe, Charlie und Ariane geben einen Rückblick auf die geleistete Arbeit der letzten vier Lektionen. Selbstverständlich haben sie bei ihren Ausführungen niemals infrage

gestellt, ob das, was da vor uns an der Tafel hängt, tatsächlich ein Quadrat ist, denn die gesamte Zeit war von „zu einem Quadrat vereinen" die Rede. Nun aber stelle ich genau das infrage: „Seid Ihr sicher, dass es sich hierbei um ein Quadrat handelt?" Ariane und Caro scheinen sich an die erste Lektion der Ouvertüre zu erinnern. Damals hatten sie die Vereinigung zweier gleich großer Quadrate unheimlich schnell entdeckt, woraufhin wir gemeinsam überlegten, warum das Resultat tatsächlich wieder ein Quadrat sein muss. „Wir müssten zeigen, dass alle Winkel gleich groß und alle Seiten gleich lang sind", sagt Caro. Ariane präzisiert, dass die Winkel 90 Grad groß sein müssen. Ich stimme beiden zu und notiere das Gesagte sowie eine Skizze der entsprechenden Figur an der Tafel. „Wir behaupten also, dass bei der gezeigten Zerlegung tatsächlich wieder ein Quadrat entsteht. Wie können wir das nun begründen?" Ich markiere zunächst die beiden recht-winkligen Dreiecke und sage, dass diese etwas gemeinsam haben. Robert erkennt, dass der eingeschlossene Winkel bei beiden ein rechter ist. Und Anne, die in der letzten Stunde die Position des Punktes an der Unterseite der beiden Quadrate, an dem sich die beiden von oben kommenden Schnittlinien schneiden, so treffend beschrieben hat, greift nun darauf zurück und sagt mit einer angenehmen Selbst-verständlichkeit, dass auch die beiden am rechten Winkel anliegenden Seiten gleich seien, denn „so haben wir den Punkt ja auch konstruiert." Dass die beiden Drei-ecke damit deckungsgleich, „kongruent" sind, erkennt niemand. Die Kongruenz-sätze scheinen viel zu weit zurück zu liegen. Nach meiner Erinnerung an den Kongruenzsatz SWS scheint dies aber wieder klar zu sein. Und da das große Vier-eck durch eine Parallelverschiebung (oder eine Drehung) dieser beiden Dreiecke entsteht, müssen alle Seiten des großen Vierecks gleich lang sein. Bleibt zu zeigen, dass alle Winkel 90 Grad groß sind.

Juna bringt eine entscheidende Idee. Sie sagt, dass die beiden spitzen Winkel des Dreiecks zusammen ebenfalls 90 Grad groß sein müssen. Auf meine Nachfrage hin begründet sie dies richtig durch Rückgriff auf die Winkelsumme im Dreieck. Ein guter Ansatz. Ich schlage vor, die beiden Winkel mit α und β zu bezeichnen und lenke die Aufmerksamkeit zunächst auf den Winkel am unteren Punkt P. Dunja bemerkt als erste, dass dieser 90 Grad groß sein muss. Denn hier treffen drei Winkel an einer Geraden aufeinander. Zwei von ihnen, α und β, sind zusammen 90 Grad groß, also muss der dritte Winkel ebenfalls ein rechter sein. Und damit sind wir fertig, denn auch die übrigen drei Winkel müssen aufgrund der zuvor bereits bewiesenen Gleichseitigkeit des Vierecks ebenfalls rechte Winkel sein.

Der Beweis ist fertig, unsere Behauptung ist begründet. Und damit haben wir den Satz des Pythagoras nicht nur selbst entdeckt, wir haben ihn nun auch bewiesen. Bisher hat er allerdings noch keinen Namen. Dies soll sich nun ändern. Auf der rechten Tafel leite ich durch einfache Verschiebung des kleinen Katheten-quadrats nach rechts und des großen Kathetenquadrats schräg nach unten aus *unserer Zerlegungsfigur die typische Pythagoras-Figur her. Ergänzt wird die Zeichnung durch die von uns entdeckte Aussage, dass die zwei kleinen Quadrate (die Kathetenquadrate) zusammen so groß sind wie das große Quadrat (das Hypotenusenquadrat). Die Kurzform: $a^2 + b^2 = c^2$. Ich berichte über Pythagoras von Samos, dass er die Auffassung vertrat, die Natur sei im Innersten mathematisch und dass daher seine berühmte Aussage „Alles ist Zahl" stammt. Ich erzähle von der pythagoreischen Stimmung eines Saiteninstruments, berichte, dass die Anhänger Pythagoras' den geheimen Bund der Pythagoräer bildeten und den Körper als Gefängnis der Seele betrachteten. Ein kurzes Arbeitsblattfasst die wichtigsten Punkte zusammen.*

II. Akt

Nun kommt die Loomis-Beweissammlung ins Spiel. Die Schülerinnen und Schüler treffen aus einer Vorauswahl ihren persönlichen Beweis, den sie nun arbeitsteilig erarbeiten und anschließend dem Plenum oder in einer Expertenrunde präsentieren werden.[14] Dabei soll keineswegs ein eigener Beweis formuliert werden, vielmehr geht es „nur" darum, einen bereits existierenden Beweis nachzuvollziehen und zu präsentieren. Allein dies stellt eine große Herausforderung dar, immerhin muss jede Bezeichnung, jeder Schritt, jedes Gleichheitszeichen verstanden werden. Bei einem Beweis handelt es sich um ein in höchstem Maße konzentriertes Produkt, der dahinterliegende Beweisprozess ist nicht mehr sichtbar. Und dennoch ist es möglich, anhand der Beweisprodukte etwas über den Beweisprozess *im Allgemeinen* zu erfahren, dann nämlich, wenn durch den Vergleich mehrerer Beweise zum gleichen Satz dieser allmählich in den Hintergrund tritt und das Beweisen *an sich* in den Vordergrund rückt, so dass also die Methode des Beweisens losgelöst von einem speziellen Beweis diskutiert werden kann. Auf diese Weise kann auch deutlich werden, dass ein Beweis nicht einzig und allein die Funktion haben soll, die Richtigkeit eines entdeckten Zusammenhangs zu zeigen. Er soll mehr leisten, darf nicht „nur" Überzeugung bringen, bestätigen, was intuitiv ohnehin schon klar war. Er sollte am besten unseren Blick auf Mathematik verändern.

Ausschnitt aus einem von einer Lehrperson verfassten Unterrichtsbericht
Die Lektion beginne ich mit dem Geständnis, dass man gar nicht weiß, warum der von uns entdeckte und bewiesene Satz nach Pythagoras benannt ist. Man ver-

---

[14]Gute Erfahrungen wurden mit den algebraischen Beweisen 36, 37, 38, 57 und 94 sowie den geometrischen Beweisen 46, 68, 96, 121, 132 und 234 gemacht. Aber natürlich hängt die konkrete Auswahl immer von der Situation vor Ort sowie dem Interesse, den Bedürfnissen und dem Leistungsniveau der Schülerinnen und Schüler ab.

mutet, Pythagoras könnte der erste gewesen sein, der ihn bewiesen hat – sicher ist das allerdings nicht. Sicher ist hingegen, dass man den Satz schon lange vor Pythagoras kannte und angewendet hat, bspw. von den Harpedonapten, den ägyptischen Seilspannern. Ich berichte auch, dass es sich bei diesem Satz möglicherweise um den bekanntesten Satz der Mathematik handelt und dass die Formel (nicht unbedingt dessen Aussage) $a^2 + b^2 = c^2$ für viele Erwachsene oftmals eine der wenige Sachen ist, an die sie sich noch erinnern, wenn sie an ihren schulischen Mathematik-Unterricht zurück denken. „Die Berühmtheit des Satzes zeigt sich auch darin, dass seit Jahrhunderten zahlreiche Mathematiker und Nicht-Mathematiker versucht haben, neue, eigene Beweise für den Satz zu formulieren." Während ich die Loomis-Beweissammlung in der Ausgabe von 1968 präsentiere, berichte ich, dass es weit über 350 verschiedene Beweise für diesen Satz gibt, darunter Beweise von Mathematikern, Künstlern, Philosophen. „Damit werden wir uns in den nächsten Stunden näher auseinandersetzen." Ich erläutere dazu das Arrangement und erkläre, dass die Klasse in Gruppen aufgeteilt werde und dass jede Gruppe die Aufgabe hat, einen Beweis zu erarbeiten und diesen später der Klasse zu präsentieren. Die Gruppen müssen nun, wenn sie den Beweis genau nachvollziehen und verstehen wollen, zunächst die Voraussetzungen identifizieren (Wie ist die Skizze entstanden, was ist gegeben?), dann die Behauptung lokalisieren (Was genau soll gezeigt werden?) und anschließend die Begründung erarbeiten, d. h. für jede Folgerung, für jedes Gleichheitszeichen eine Erklärung finden.

Die nächste Stunde: Wie angekündigt sollen die Beweise nun präsentiert werden. Die Mitglieder der ersten Gruppe stellen den geometrischen Beweis von Thabit ibn Qurra vor. Dazu zeichnen sie zunächst die Beweisfigur an die Tafel und erläutern dabei, wie diese konstruiert wird. Die Kongruenz der sechs auftretenden Dreiecke zeigen sie für zwei Beispiele. Die Flächenberechnungen tragen sie sehr ausführlich, vollständig und gut nachvollziehbar vor. Bis auf kleinere Abstimmungsschwierigkeiten innerhalb der Gruppe hätte der Einstieg in die Beweispräsentationen wohl nicht besser sein können.

Es folgt ein Verschiebebeweis. Zur Präsentation hat die Gruppe aus DIN-A3-Papier rechtwinklige Dreiecke ausgeschnitten, welche sie an der Tafel befestigt. Nach der Begründung, warum es sich bei der Anordnung um ein Quadrat handeln muss, hängt sie die Dreiecke um, so dass die zweite Figur entsteht. Die Begründung für den pythagoreischen Zusammenhang leitet sie algebraisch aus der Flächengleichheit der beiden Quadrate an der Tafel her. Insgesamt eine sehr ansprechende Präsentation.

Es folgen vier weitere Präsentationen.

III. Akt

In den *Elementen* Euklids stellt der Beweis zum Satz des Pythagoras den Abschluss des ersten Kapitels dar.[15] Der Beweis ist allerdings komplex, nutzt zahlreiche zuvor bereits bewiesenen Sätze, beruft sich auf diverse Definitionen, Axiome und Postulate. Dies alles macht den Nachvollzug des Beweises kompliziert und ist wohl auch der Grund, warum ihn Arthur Schopenhauer 1813 als „Mausefallenbeweis" bezeichnete. Doch die genaue Betrachtung des Beweises ermöglicht, das Vorgehen Euklids genau zu analysieren – und da dieses Vorgehen hier exemplarisch für alle Beweise in den *Elementen* steht, gewährt es einen tiefen Einblick in den Aufbau der euklidischen Geometrie.

32   Erstes Buch.

§ 47 (L. 33).

Am rechtwinkligen Dreieck ist das Quadrat über der dem rechten Winkel gegenüberliegenden Seite den Quadraten über den den rechten Winkel umfassenden Seiten zusammen gleich.

ABC sei ein rechtwinkliges Dreieck mit dem rechten Winkel BAC. Ich behaupte, daß $BC^2 = BA^2 + AC^2$. Man zeichne nämlich über BC das Quadrat $BDEC$ (I, 46) und über BA, AC die Quadrate GB, HC; ferner ziehe man durch A $AL \parallel BD$ oder CE und ziehe AD, FC.

Da hier die Winkel BAC, BAG beide Rechte sind, so bilden an der geraden Linie BA im Punkte A auf ihr die zwei nicht auf derselben Seite liegenden geraden Linien AC, AG Nebenwinkel, die zusammen = 2 R. sind; also setzt CA AG gerade fort (I, 14). Aus demselben Grunde setzt auch BA AH gerade fort. Ferner ist $\angle DBC = FBA$; denn beide sind Rechte (Post. 4); daher füge man ABC beiderseits hinzu; dann ist der ganze Winkel DBA dem ganzen FBC gleich (Ax. 2). Da ferner DB = BC und $FB = BA$ (I, Def. 22), so sind zwei Seiten DB, BA zwei Seiten FB, BC (überkreuz) entsprechend gleich; und $\angle DBA$ = $\angle FBC$; also ist Grdl. AD = Grdl. FC und $\triangle ABD = \triangle FBC$ (I, 4). Ferner ist Pgm. $BL = 2 \triangle ABD$; denn sie haben dieselbe Grundlinie BD und liegen zwischen denselben Parallelen BD, AL (I, 41); auch ist das Quadrat $GB = 2 \triangle FBC$; denn sie haben wieder dieselbe Grundlinie, nämlich FB, und liegen zwischen denselben Parallelen FB, GC. [Von Gleichem die Doppelten sind aber einander gleich (Ax. 5).] Also ist Pgm. BL = Quadrat GB. Ähnlich läßt sich, wenn man AE, BK zieht, zeigen, daß auch Pgm. CL = Quadrat HC; also ist das ganze Quadrat $BDEC$ den zwei Quadraten $GB + HC$ gleich (Ax. 2). Dabei ist das Quadrat $BDEC$ über BC gezeichnet und GB, HC über BA, AC. Also ist das Quadrat über der Seite BC den Quadraten über den Seiten BA, AC zusamme ¬¹eich — S.

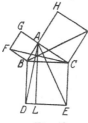

Fig. 46.

---

[15]vgl. den geometrischen Beweis 33 für eine modernisierte, etwas verkürzte Version.

Im Unterricht wird der Beweis im Unterrichtsgespräch gemeinsam mit den Lernenden erarbeitet. Euklid beginnt den Beweis zunächst mit dem zu beweisenden Satz: „Am rechtwinkligen Dreieck ist das Quadrat über der dem rechten Winkel gegenüberliegenden Seite den Quadraten über den den rechten Winkel umfassenden Seiten zusammen gleich.“ Es folgen eine *Voraussetzung* – „ABC sei ein rechtwinkliges Dreieck mit dem rechten Winkel BAC“ – und eine *Behauptung* – „Ich behaupte, daß $BC^2 = BA^2 + AC^2$“. Anschließend wird die Behauptung Schritt für Schritt *bewiesen*. Innerhalb dieses Beweises tauchen immer wieder Klammerbemerkungen auf, bspw. (I, 46), (I, Def. 22), (Post. 4) oder (Ax. 5). Dies sind Verweise auf zuvor bereits bewiesene Sätze (I, 46 bedeutet Buch I, §46: *Wie man über einer gegebenen Strecke ein Quadrat errichten kann*), auf Definitionen (Def. 22: Definition eines Quadrats), Postulate (Post. 4: *alle rechten Winkel sollen einander gleich sein*) und Axiome (Ax. 4: *Wenn Ungleichem Gleiches hinzugefügt wird, sind die Ganzen ungleich*). Es lässt sich an diesem Beweis, den man als Muster für die Entdeckungen der antiken Mathematik verstehen kann, eindrücklich demonstrieren, wie die mathematischen Wahrheiten aufeinander ruhen. Besonders eindrücklich ist, dass die euklidische Geometrie und damit praktisch die gesamte antike Mathematik, auf nur zehn Axiomen, d. h. zehn selbstverständlichen, nicht beweisbaren und nicht beweisbedürftigen Aussagen ruht, deren einfache und klare Visualisierung mithilfe gleichseitiger Dreiecke die jeweilige Unbestreitbarkeit - vielleicht abgesehen vom zehnten Axiom, dem über Jahrhunderte diskutierten Parallelenaxiom (das ein eigenes Lehrstück wert wäre) - noch weiter hervorhebt.

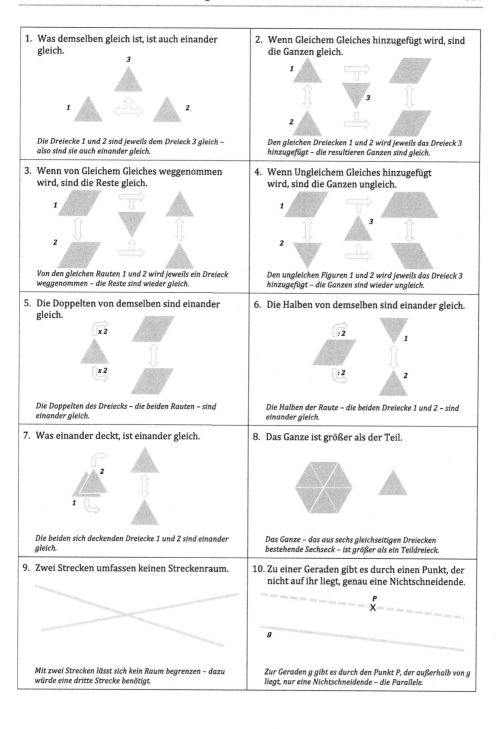

1. Was demselben gleich ist, ist auch einander gleich.

   3

   1   *2*

   Die Dreiecke 1 und 2 sind jeweils dem Dreieck 3 gleich – also sind sie auch einander gleich.

2. Wenn Gleichem Gleiches hinzugefügt wird, sind die Ganzen gleich.

   1

   3

   2

   Den gleichen Dreiecken 1 und 2 wird jeweils das Dreieck 3 hinzugefügt – die resultieren Ganzen sind gleich.

3. Wenn von Gleichem Gleiches weggenommen wird, sind die Reste gleich.

   1

   2

   Von den gleichen Rauten 1 und 2 wird jeweils ein Dreieck weggenommen – die Reste sind wieder gleich.

4. Wenn Ungleichem Gleiches hinzugefügt wird, sind die Ganzen ungleich.

   1

   3

   2

   Den ungleichen Figuren 1 und 2 wird jeweils das Dreieck 3 hinzugefügt – die Ganzen sind wieder ungleich.

5. Die Doppelten von demselben sind einander gleich.

   x 2

   x 2

   Die Doppelten des Dreiecks – die beiden Rauten – sind einander gleich.

6. Die Halben von demselben sind einander gleich.

   : 2   *1*

   : 2   *2*

   Die Halben der Raute – die beiden Dreiecke 1 und 2 – sind einander gleich.

7. Was einander deckt, ist einander gleich.

   2

   1

   Die beiden sich deckenden Dreiecke 1 und 2 sind einander gleich.

8. Das Ganze ist größer als der Teil.

   Das Ganze – das aus sechs gleichseitigen Dreiecken bestehende Sechseck – ist größer als ein Teildreieck.

9. Zwei Strecken umfassen keinen Streckenraum.

   Mit zwei Strecken lässt sich kein Raum begrenzen – dazu würde eine dritte Strecke benötigt.

10. Zu einer Geraden gibt es durch einen Punkt, der nicht auf ihr liegt, genau eine Nichtschneidende.

    P
    X

    g

    Zur Geraden g gibt es durch den Punkt P, der außerhalb von g liegt, nur eine Nichtschneidende – die Parallele.

Ausschnitt aus einem von einer Lehrperson verfassten Unterrichtsbericht

Ich beginne die Präsentation des euklidischen Beweises mit einer Erinnerung an Euklid und die Elemente und zitiere anschließend den britischen Mathematiker du Sautoy: „Selbst wenn man nur den Spuren eines ersten Pioniers folgt, erlebt man noch etwas von dieser geistigen Erhebung, die den ersten Augenblick der Erleuchtung bei der Entdeckung eines neuen Beweises begleitet." Ich führe fort: „Euklid hat am Ende des ersten Buches, §47, den Satz des Pythagoras bewiesen. Diesen Beweis möchte ich nun gerne mit Euch erarbeiten." Dazu projiziere ich den Beweis und erläutere diesen Schritt für Schritt. Dass es sich dabei um alles andere als eine leicht nachzuvollziehende Begründung handelt, merken alle schnell. Vor allem die aus heutiger Sicht merkwürdigen Bezeichnungen machen zu schaffen. Die Querverweise überspringen wir zunächst, auf sie gehen wir später ein. Als ich bei der Abkürzung „Pgm. BL" ankomme und erläutere, dass damit das Parallelogramm mit den gegenüberliegenden Eckpunkten B und L gemeint sei, wendet Anne erstaunt ein, dass es sich dabei doch um ein Rechteck handele. Ich stimme ihr zu und konkretisiere, dass jedes Rechteck ein Parallelogramm ist, dass es für den Beweis an dieser Stelle aber ausreicht zu wissen, dass es sich um ein Parallelogramm handelt. Euklid nutzt wirklich nur das für seinen Weg Nötigste, kein bisschen mehr.

Nach der Vorstellung des Beweises frage ich nach der Meinung der Schülerinnen und Schüler. Das Bild ist eindeutig: irgendwie nachvollziehbar, aber ziemlich kompliziert. „Ich möchte den Aufbau des Beweises mit Euch noch genauer anschauen", kündige ich an. Zunächst bemerke ich, dass die ersten Zeilen des Beweises kursiv gedruckt seien. „Das ist der Satz, der anschließend bewiesen wird", erkennt Robert richtig. Die Querverweise innerhalb des Beweises, die wir zuvor übersprungen hatten, nehmen wir als nächstes unter die Lupe. Ich erläutere, dass es sich dabei um Sätze handelt, die Euklid zuvor bereits bewiesen hat, sowie um Axiome, Definitionen und Postulate. Gerade diese letzten drei Begriffe erkläre ich etwas genauer, bevor wir durchzählen: Euklid stützt seinen Pythagoras-Beweis insgesamt auf drei Sätze (I, 4; I, 14; I, 41), zwei Axiome (Ax. 2, Ax. 5), ein Postulat (Post. 4) und eine Definition (I, Def. 22). Besonders die Aussage des Postulats und der Definition werden nicht unmittelbar aus dem Beweis heraus deutlich, also schlagen wir in den Elementen nach. Danach sind uns diese Beweisschritte klarer. „In wie viele Sinnabschnitte lässt sich der Beweis unterteilen?", frage ich abschließend. Die gröbste Unterteilung kommt von Robert: „Satz und Beweis." Ich konkretisiere: „Das ist korrekt, aber der von Dir als Beweis bezeichnete Teil lässt sich noch weiter unterteilen." Dunja bemerkt korrekt, dass die eigentliche Begründung erst in der dritten Zeile startet. Ariane stellt fest, dass es sich bei dem Satz davor ja genau um die Aussage vom Satz des Pythagoras handelt. „Und der erste Satz? Was ist damit?" – „Damit fängt man an", vermutet Dunja. „Korrekt,

> *das ist die sogenannte Voraussetzung", erläutere ich. „Alles hängt an der Recht-*
> *winkligkeit des Dreiecks. Auf diese Voraussetzung kann man nicht verzichten,*
> *denn dann würde alles, was danach folgt, nicht mehr gelten." Den zweiten Satz*
> *bezeichnet man als Behauptung – nachvollziehbar, er fängt mit den Wörtern „ich*
> *behaupte" an. Ich ergänze, dass das dann Folgende der eigentliche Beweis ist, die*
> *Begründung für die Richtigkeit der Behauptung. Damit haben wir den euklidischen*
> *Dreischritt herauspräpariert: Voraussetzung – Behauptung – Beweis.*

IV. Akt

Nachdem der Satz des Pythagoras entdeckt (I. Akt) und (mehrfach) bewiesen worden ist (II. und III. Akt), soll das Gelernte nun gefestigt und angewendet werden. Die Satz-gruppe des Pythagoras wird durch den Höhen- und Kathetensatz sowie die zugehörigen, nachzuvollziehenden Beweise vervollständigt und auch die Umkehrung des Satzes des Pythagoras wird betrachtet. In zahlreichen Übungen werden die unterschiedlichen Sätze bei Berechnungen eingesetzt, ebenso geht es um das Verwandeln von Flächen, um die Berechnung von Abständen und die Darstellung von Kreisen im Koordinatensystem, um Wurzelgesetze usw. Durch das Üben soll das Gelernte konsolidiert, die Anwendung des Satzes automatisiert werden, mit den Beweisen zum Höhen- und Kathetensatz sowie zur Umkehrung des Satzes des Pythagoras soll das aufgebaute Beweiswissen flexibilisiert, vertieft und für den Transfer bereitgestellt werden. Das Material zu dieser Übungsphase wird gängigen Schulbüchern entnommen.

Finale

Im Finale wartet eine überraschende Verallgemeinerung: Warum eigentlich soll der Satz des Pythagoras nur für Quadrate gelten? Tatsächlich handelt es sich um einen Spezial-fall, denn die identische Aussage gilt für alle ähnlichen Figuren, die über den Dreiecks-seiten errichtet werden. Auch hierzu findet sich der zugehörige Beweis in den *Elementen* (Buch VI, §31)[16]. Zum vorerst letzten Mal wird, wiederum im erarbeitenden Unterrichts-gespräch, ein euklidischer Beweis analysiert, womit noch einmal das deduktive Gebäude der Mathematik sichtbar wird. Darüber hinaus ist nun die Gelegenheit gekommen, die Person Pythagoras (ca. 570–510 v. Chr.) selbst noch etwas genauer zu betrachten. Pythagoras' Schaffen kulminiert in der berühmten Aussage „Alles ist Zahl". Er soll diesen Satz ausgerufen haben, als er die Bedeutung eines schon bei den Ägyptern und Babyloniern bekannten Verfahrens erkannte, mit dem auch nicht-zählbare Größen – d. h. Längen, Abstände, Volumina, Gewichte – mithilfe von Zahlen ausgedrückt werden können, aus welchen Bereichen auch immer sie stammen: Geometrie, Astronomie,

---

[16]vgl. dazu auch den geometrischen Beweis 230.

Mechanik, Wirtschaft, sogar Musik. Neben das Zählen tritt das Messen, beliebige Verhältnisse können also als Zahlenverhältnisse genau beschrieben werden. Pythagoras hat dies vielleicht auf seinen Reisen nach Ägypten und Mesopotamien kennen gelernt. Später stürzte es Pythagoras und seine Anhänger in eine Krise, als Hippasos (ca. 550–470 v. Chr.), ein Schüler Pythagoras', eine der folgenreichsten mathematischen Entdeckungen der Antike machte und erkannte, dass das Verfahren nicht immer abbricht, dass es also Strecken gibt, die in einem nicht durch die bekannten Zahlen auszudrückenden Verhältnis stehen – eine Krise, welche die Tür zur ersten bewusst durchgeführten Zahlbereichserweiterung der Mathematikgeschichte und zur Entdeckung der reellen Zahlen weit aufstieß (auf das handwerkliche Rüstzeug dieser Erweiterung musste man allerdings noch einige Jahrhunderte warten).

Ein Blick in die Historie des Satzes selbst schließt das Lehrstück ab: Bis heute ist nicht klar, warum der Satz überhaupt nach Pythagoras benannt ist. Sicher ist, dass der Zusammenhang schon lange vor dessen Geburt in Babylonien, Ägypten und Griechenland angewendet wurde. Belege dafür existieren zuhauf: babylonische Steintafeln (um 1800 v. Chr.) mit mehrstelligen pythagoreischen Tripeln, ein altbabylonischer Text (BM 85.196, um 1700 v. Chr.), der eine Aufgabe enthält, die mit dem pythagoreischen Zusammenhang gelöst wird, altägyptische Abhandlungen (Papyrus Rhind, um 1550 v. Chr.; Papyrus Moskau, um 1850 v. Chr.; Berliner Papyrus, 1900 v. Chr.), die Aufgabenstellungen beschreiben, welche mithilfe pythagoreischer Zahlentripel gelöst werden. Und nicht zuletzt zeigen bspw. die ägyptischen und griechischen Großbauten, dass der Satz des Pythagoras schon früh als Konstruktions- und Proportionengrundlage genutzt wurde. So sind etwa die Abweichungen bei den großen Pyramiden in Giseh derart marginal, dass bessere Resultate nur mit modernen Instrumenten erreicht werden können. Solche Präzision und das wiederholte Auftreten des Dreiecks mit den Seitenverhältnissen 3:4:5 lassen den Schluss zu, dass auch die ägyptischen Seilspanner, die Harpedonapten, dieses Dreieck zur Anlegung der Grundrisse ihrer Bauten und zur Neuvermessung der Felder nach Nilüberschwemmungen verwendet haben.

Ausschnitt aus einem von einer Lehrperson verfassten Unterrichtsbericht
Nach der intensiven Übungsphase steht im Finale eine erstaunliche und überraschende Entdeckung an: Die Verallgemeinerung des Satzes des Pythagoras. Zum Einstieg bitte ich die Schülerinnen und Schüler, ein beliebiges rechtwinkliges Dreieck zu zeichnen und mit dem Zirkel über jeder Seite ein gleichseitiges Dreieck zu konstruieren. Anschließend sollen die Flächen der Dreiecke (durch Messen) bestimmt werden. Die ersten sind sehr schnell fertig, und so bitte ich sie, das gleiche noch einmal zu machen, jetzt allerdings für rechtwinklige, gleichschenklige Dreiecke über den Seiten des Ausgangsdreiecks.

Nach rund 15 min habe ich bereits einige gute und richtige Lösungen gesehen, Nina ist über ihr Ergebnis recht erstaunt: „Gilt der Satz immer?" fragt sie ungläubig, meint mit „immer" vermutlich „für alle Figuren". Ich sage nur, dass es eine Voraussetzung gibt, die erfüllt sein muss. Um diese Voraussetzung zu erarbeiten, stelle ich die Aufgabe, erneut ein rechtwinkliges Dreieck zu zeichnen und nun Rechtecke über den Dreiecksseiten zu konstruieren. Schnell kommt die Rückfrage, welche zweite Seitenlänge das Rechteck denn haben soll. Ich antworte, dass die Aufgabe nun darin besteht, herauszufinden, wie die Längen gewählt werden müssen, damit der Flächeninhalt des Hypotenusenrechtecks gleich der Summe der beiden Kathetenrechtecke ist. Juna und Anne haben schon nach wenigen Minuten ein Ergebnis: Sie haben beide für die zweite Rechtecks-seite jeweils die halbe Länge der anderen Seite, d. h. der Dreiecksseite, gewählt. Ich bitte sie, ihre Entdeckung zu verallgemeinern, damit haben sie allerdings Schwierigkeiten. Mittlerweile sind auch andere zu einer Lösung gelangt. Dunja und Jessica haben nicht die halbe, sondern die doppelte Länge der anderen, durch das Ausgangsdreieck vorgegebenen Seite gewählt. Auch sie bitte ich um eine Ver-allgemeinerung. Andere Versuche, bei denen für jedes der drei Rechtecke die gleiche Seitenlänge (etwa 2 cm) gewählt wurde, scheitern.

Im anschließenden Unterrichtsgespräch einigen wir uns darauf, dass beim Rechteck die Seitenverhältnisse jeweils gleich sein müssen, und Robert bringt den Begriff der „Formengleichheit" ein. Die Figuren müssen also formengleich sein, „in der Mathematik wird diese Eigenschaft mit dem Begriff ‚Ähnlichkeit' bezeichnet", erläutere ich. Mathematisch sind zwei Figuren genau dann ähnlich, wenn sie in entsprechenden Winkel- und Seitenverhältnissen übereinstimmen, wenn es sich also bei der einen Figur um eine exakte Vergrößerung (oder Verkleinerung) der anderen Figur handelt.

Diese Definition wird samt der Verallgemeinerung des Satzes des Pythagoras an der Tafel notiert. Als ich anschließend die Elemente Euklids aus der Schultasche ziehe, ahnen alle, dass es nun um den Beweis dieses Satzes gehen wird. Sie haben recht: Ich projiziere den Beweis an die Wand, gemeinsam analysieren wir ihn Schritt für Schritt und mit der Identifikation des euklidischen Beweis-Dreischritts endet diese Stunde – und damit das Lehrstück.

4.4   Analyse: Bildung und Pythagoras?

Kurzes Plädoyer zur Rettung der Inhalte

Es gehört zu den unbestrittenen Aussagen der empirischen Unterrichtsforschung, dass professionelle Kompetenz und pädagogische Expertise auf Seiten der Lehr-kräfte entscheidend sind für gelingenden Unterricht: Wissen (fachlich, fachdidaktisch, pädagogisch), Überzeugungen, motivationale Orientierungen und selbstregulative Fähigkeiten bedingen das Unterrichtshandeln in hohem Maße. Das Zusammenspiel dieser Aspekte ist bedeutsam für die Strukturierung des Unterrichts und die Frage, ob das Unterrichten auch langfristig erfolgreich gelingen kann. Zuletzt hat John Hattie (*1950), einer der führenden Erziehungswissenschaftler unserer Zeit, diese Erkenntnisse bestätigt. Hatties Studie *Visible Learning* (2009; deutsch: *Lernen sichtbar machen*, 2013), für die inzwischen eine nur noch schwer zu überblickende Anzahl an Begleit- und Folgepublikationen vorliegt und die ihre Bedeutung insbesondere aus der einmaligen empirischen Breite schöpft – die Studie läuft fortwährend weiter, inzwischen konnte Hattie aus rund 1.500 synthetisierten Metastudien, die insgesamt rund 85.000 Einzelstudien umfassen an denen wiederum rund 300 Mio. Lernende beteiligt waren, 270 Faktoren identifizieren und deren jeweiligen Einfluss auf Unterricht quantitativ beschreiben (Stand: Juni 2020) – hat sich zu einer der wichtigsten Grundlagen in der (schul-)pädagogischen und didaktischen Diskussion entwickelt. Selbst in der Öffentlichkeit finden Hattie und die Resultate seiner Studie große Beachtung: Hattie wird als „Rockstar der Pädagogik" (F.A.Z., 21.11.2013) bezeichnet, ein „Superheld" (DIE ZEIT, 3.1.2013) mit „strohblondierten Haaren (und) knallblauen Augen" (taz, 14.8.2013), der mit seiner Studie den „Stein der Weisen" (Die Welt, 6.4.2013) oder den „Heiligen Gral" (DIE ZEIT, 3.1.2013) gefunden habe. Die Quintessenz seiner Untersuchung, bei der es sich um die bis heute größte Sammlung und Interpretation empirischer Daten über Gelingensbedingungen von Unterricht handelt, fasst Hattie in acht *mindframes* zusammen, die in der deutschen Übersetzung *Kenne Deinen Einfluss!* (2016/⁴2019) in zehn Haltungen übersetzt worden sind:

1. Rede über Lernen, nicht über Lehren!
2. Setze die Herausforderung!
3. Betrachte Lernen als harte Arbeit!
4. Entwickle positive Beziehungen!
5. Verwende Dialog anstelle von Monolog!
6. Informiere alle über die Sprache der Bildung!
7. Sieh dich als Veränderungsagent!
8. Gib und fordere Rückmeldung!
9. Erachte Schülerleistungen als eine Rückmeldung für dich über dich!
10. Kooperiere mit anderen Lehrpersonen!

Der entscheidende Faktor für schulischen Bildungserfolg ist nach Hattie also in den Haltungen der Lehrpersonen zu sehen, d. h. nicht nur in dem, was sie tun, sondern insb. in dem, warum und wie sie das, was sie machen, tun – dies sei der Kern pädagogischer Expertise.

Was aber heißt das für die konkreten Themen und Inhalte, die unterrichtet werden? Welche Anforderungen müssen sie erfüllen, damit Unterricht gelingen kann? Diese Frage kann Hattie nicht klären, einerseits, weil sie nie im Zentrum seiner Untersuchung stand, andererseits, weil er durch die Konzentration auf quantitativ beschreibbare Wirkfaktoren die Frage nach der konkreten Unterrichtsgestaltung von vorne herein ausschließen musste. Dies gilt für weite Teile der empirischen Unterrichtsforschung. Die kognitive Aktivierung bspw. ist in den verschiedenen Modellierungen besonders dann hoch, wenn das dargebotene Material ein hohes Potential zur aktiven Auseinandersetzung der Lernenden mit eben diesem aufweist. Dieses Verständnis ist jedoch unabhängig vom konkreten Inhalt des Dargestellten. Es geht nur um eine wie auch immer geartete Auseinandersetzung mit diesem. Ob das Material es aber überhaupt wert ist, sich mit ihm auseinanderzusetzen, ja nicht einmal, ob das Dargestellte fachlich korrekt ist, wird dabei ernsthaft untersucht.[17] Der Wert der gewonnenen Erkenntnisse wird durch diese Vernachlässigung der Inhalte keinesfalls nullifiziert. Es macht aber deutlich, dass dies nicht alles sein kann. Denn dass auch das, *was* unterrichtet wird, entscheidend ist für gelingenden Unterricht, ist wohl ebenso unbestreitbar.

Dieses Desiderat der empirischen Unterrichtsforschung ließe sich durch eine Renaissance der deutschen Didaktik-Tradition beheben. Dieser Gedanke kann am „klassischen" didaktischen Dreieck, dessen Ecken für die Schülerschaft, die Lehrperson und den Unterrichtsinhalt stehen, erläutert werden. Unbenommen ist, dass das didaktische Dreieck ein starkes Modell ist, an dem viele Verhältnisse das Unterrichtsgeschehen und dessen Vorbereitung betreffend verdeutlicht werden können. Bedauerlicherweise aber kann mit dieser weitverbreiteten Version des didaktischen Dreiecks das Ziel eines jeden Unterrichts, nämlich die Bildung, gerade *nicht* modelliert werden.[18] Diese war zwar einmal im Dreieck enthalten, doch im Laufe der Jahrzehnte hat sich dieses zur jetzt verwendeten Form weiterentwickelt, wobei dieser zentrale Aspekt herausgefallen ist. Mit einer einfachen Modellerweiterung lässt sich diese Fehlentwicklung jedoch beheben.

Erweiterung des didaktischen Dreiecks zum didaktischen Tetraeder
Ausgangslage für das als klassisch zitierte didaktische Dreieck ist das ursprüngliche Vermittlungsproblem zwischen Subjekt und Objekt, d. h. die objektive Erkennbarkeit von Welt überhaupt, das subjektive Vermögen bzgl. dieses Erkennens, der Einfluss der Welt auf das sie erkennende Subjekt sowie die Rückwirkung des Subjekts auf die nun (in Teilen) erkannte Welt. Dieser Vermittlungsprozess findet nach Klafki, an dem wir uns hier als Vertreter der deutschen Didaktik-Tradition orientieren (vgl. dazu auch Arnold/Zierer 2015), doppelseitig, d. h. in beide Richtungen statt: „Bildung ist Erschlossensein einer dinglichen und geistigen Wirklichkeit für einen Menschen (objektiver Aspekt),

---

[17]Fast alle Studien rund um die sogenannte „Pythagoras-Studie" (vgl. Klieme et al. 2005) können hier als Beleg herangeführt werden, wodurch keinesfalls Durchführung und Bedeutung der einzelnen Studien in Gänze in Zweifel stehen.

[18]Ähnliches gilt auch für das *Angebot-Nutzungsmodell* (Fend und Helmke) und den *Zehn Kriterien guten Unterrichts* (Meyer).

aber das heißt zugleich: Erschlossensein dieses Menschen für diese seine Wirklichkeit (subjektiver Aspekt)" (Klafki 1959, S. 297). Didaktik legitimiert sich nun dort, wo innerhalb einer gewissen Sozialität eine direkte Vermittlung zwischen Subjekt und Objekt problematisch oder gar unmöglich ist. Didaktik ist daher immer Mittel zum Zweck der Bildung.

In dem in der Literatur auftretenden didaktischen Dreieck ist nun das Subjekt durch die Schüler(schaft) und das Objekt durch einen Gegenstand ersetzt, zudem tritt die Lehrperson an die Stelle der Didaktik. Für diesen Austausch fehlt im pädagogischen Schrifttum allerdings eine überzeugende Begründung. Meist wird die Nomenklatur der Eckpunkte mit einem Verweis auf Herbarts erziehenden Unterricht übernommen, in dem sich Erziehung nicht, wie in anderen Erziehungsformen, direkt zwischen Lehrperson und Schüler, sondern in einem mittelbaren Verhältnis mit den Unterrichtsgegenständen als drittem Moment vollzieht. Gravierender aber ist, dass die Folgen dieses Austausches nicht problematisiert werden, denn das Dreieck verliert dadurch zwei wesentliche und zentrale Merkmale: Sowohl die Bildung als auch die Didaktik sind in dem als klassisch zitierten didaktischen Dreieck nicht mehr vorhanden. Gerade die Ersetzung von Objekt durch Gegenstand ist folgenreich, wie sich im Folgenden zeigen wird.

Durch das Ersetzen des Objekts durch den Unterrichtsgegenstand ist im didaktischen Dreieck das Ziel, auf welches jeder Aneignungs- und Vermittlungsprozess gerichtet ist, eliminiert worden, nämlich die doppelseitige Auseinandersetzung zwischen Subjekt bzw. Schüler, Schülerin und Objekt. Stattdessen wird nun der Unterrichtsgegenstand als Repräsentant des ursprünglichen Objekts behandelt. Der Unterrichtsgegenstand unterscheidet sich jedoch vom Objekt nicht nur in seiner Darstellungsform, der Unterrichtsgegenstand ist nicht einfach nur Stellvertreter des Wissens. Unterrichtsgegenstände können durchaus zu pädagogisch verselbständigten Objekten eigener Art werden, wie bspw. Wagenschein an der Verformung der Schulphysik gegenüber der Physik als Gegenstand intensiv dokumentiert hat. Es gehört zu den zentralen Aufgaben einer Lehrperson, die Gegenstände der objektiven Welt so zu transformieren, dass sie rasch, angenehm und gründlich (Comenius) gelernt werden können. Doch in vielen Fällen wird diese Transformation von Objekten in Unterrichtsgegenstände der Lehrperson abgenommen: von Lehrbüchern, Musteraufgaben, Arbeitsblättern, Filmen oder sonstigen Anschauungsmaterialen. Schon ein Messgerät wie bspw. das Barometer ist ein didaktisiertes Objekt, keinesfalls nur Stellvertreter des Phänomens Luftdruck – man kann den Luftdruck an einem Barometer ablesen, ohne je ein Grundverständnis über das Phänomen Luftdruck entwickelt zu haben, welches bspw. in der folgenden Aussage Torricellis (1644) kulminiert: „Noi viviamo sommersi nel fondo d'un pelago d'aria", zu deutsch: „Wir leben untergetaucht am Grunde eines Meeres aus Luft". Das Studium einer Sternenkarte ist nicht dasselbe wie die aufmerksame Betrachtung des realen Sternenhimmels, die Erfahrung des Wunders der friedlichen Politik in der Demokratie wird nicht durch die Analyse eines Schemas zum politischen System eines Staates ersetzt. Bisweilen kann das Objekt gar von seinem vermeintlich didaktisierten Stellvertreter verdeckt werden, bspw. wenn durch das Studium einer Vielzahl einzelner Beweise zu unterschiedlichen Sätzen im Mathematikunterricht der Beweisprozess selbst und damit ein wesentlicher Teil dessen, was es mit dem Beweisen eigentlich auf sich hat, überdeckt wird – Wagenschein (1976, S. 102–107) bezeichnet dies als *Korruptionsgefahr im Schulunterricht*. Eindrücklich appelliert er dafür, den fundamentalen Unterschied zwischen Objekt und Unterrichtsgegenstand zu beachten: „Apparaturen, Fachsprache, Mathematisierung, Modellvorstellungen sollten nicht eher auftreten, als bis sie von einem beunruhigend problematischen Phänomen gefordert werden. […] Ein verführender und übereilter, meist sogar vorwegnehmender Einmarsch in das Reich der quantitativ belehrenden Apparate, der nur nachgeahmten Fachsprache, der nur bedienten Formeln, der handgreiflich missverständlichen Modelvorstellungen, ein solcher Unterricht zerreißt für viele schon in frühen Schuljahren unwiederbringlich die Verbindung zu den Naturphänomenen und stört ihre Wahrnehmung, statt sie zu steigern."

Den Unterrichtsgegenstand mit seinem Urbild aus der realen Welt gleichzusetzen kann schnell dazu führen, dass dieses eigentlich gemeinte Objekt im unterrichtlichen Alltag keine große Rolle mehr spielt. Das ist mindestens in den Fällen, in denen die Lehrkraft selbst nie das Objekt, sondern nur dessen didaktische Version kennengelernt hat, offensichtlich. Dabei kann nur die Ermöglichung einer doppelseitigen Erschließung zwischen Lernenden und dem *vor* der didaktischen Bearbeitung liegenden Objekt die Chance auf Bildung bewahren. Das als klassisch zitierte didaktische Dreieck erinnert daran nicht. Es schließt die Bildung aus. Nimmt man den Unterschied zwischen Objekt und Unterrichtsgegenstand ernst, so zeigt sich, dass sich der Unterrichtsbetrieb eigentlich nicht mit alleinigem Bezug auf das klassische didaktische Dreieck angemessen modellieren lässt. Durch das Hinzufügen des Objekts und die Wiedereinführung der Bildung entstehen weitere Dreiecke, die für eine angemessene Modellierung der Unterrichtspraxis beachtet werden müssten. Fügt man diese Dreiecke nun zu einem neuen Modell zusammen, so entsteht ein Tetraeder.

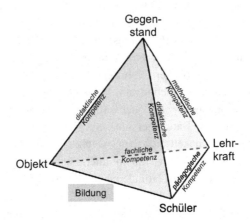

Die Ecken des Tetraeders stehen für die vier zentralen Bestandteile des Unterrichts – Lehrperson, Schülerschaft, Objekt und Gegenstand – zwei seiner Seitenflächen entsprechen den beiden oben beschriebenen Dreiecken, die beiden anderen Seiten entsprechen zwei weiteren Dreiecken, die ihrerseits bestimmte Aspekte des Unterrichtsgeschehens modellieren.[19]

Natürlich ist auch dieses Modell naturgemäß in seinen Möglichkeiten beschränkt und kann bspw. nur schwerlich die Qualität der Beziehungen zwischen den einzelnen Eckpunkten berücksichtigen. Das Tetraeder wird hier daher vereinfacht als ein gleichseitiges dargestellt, ohne die dadurch suggerierte und wundersame Ausgeglichenheit zwischen den vier Beteiligten überinterpretieren zu wollen. Den Kanten des Tetraeders lassen sich nun – analog zum klassischen didaktischen Dreieck – die jeweils auf die Lehrperson bezogenen bestimmenden Größen zuordnen, die notwendig sind, um einen erfolgreichen Unterricht aufzuspannen: Der Dialog zwischen Lehrkraft und Schülerschaft wird maßgeblich davon bestimmt, wie gut es der Lehrperson gelingt, eine Atmosphäre des Vertrauens aufzubauen und mit den Schülerinnen und Schülern in ein Gespräch zu kommen (*pädagogische Kompetenz*). Für den Dialog zwischen Lehrkraft und Objekt ist das fachliche Können und Wissen der Lehrkraft entscheidend (*fachliche Kompetenz*). Für den Dialog zwischen Objekt und Gegenstand steht die Lehrkraft vor der Herausforderung, die zu erschließende Sache ohne entscheidende Verkürzungen und Verfälschungen in einen Unterrichtsgegenstand zu transformieren

---

[19]Ausführlich in: Gerwig (2017).

(didaktische Kompetenz) und diesen schließlich so im Unterricht zu inszenieren, dass möglichst viele Schülerinnen und Schüler in ihrer Bildungsbewegung getroffen werden *(methodische Kompetenz),* dass also die Erschließung der Sache für die Lernenden und der Lernenden für die Sache gelingt – auf die Ermöglichung dieses doppelseitigen Erschließungsprozesses, der mit Klafki gemeinhin als Bildung bezeichnet wird, sollte jeder Unterricht abzielen.

Bildungsdidaktische Analyse des Lehrstücks
Es ist deutlich geworden, dass sowohl in zahlreichen aktuellen Untersuchungen der empirischen Unterrichtsforschung als auch in häufig verwendeten Modellierungen des Unterrichtsgeschehens wie dem didaktischen Dreieck das eigentliche Ziel, auf welches jeder Aneignungs- und Vermittlungsprozess gerichtet ist, nämlich die doppelseitige Auseinandersetzung zwischen Subjekt bzw. Schülerschaft und Objekt, nahezu unbeachtet bleibt. Die folgende Analyse des entworfenen Pythagoras-Unterrichts konzentriert sich daher genau auf dieses Desiderat. Sie zielt auf eine *Ermöglichung* dessen, was oben beschrieben worden ist: Kann mit dem beschriebenen Unterrichtsinhalt und der vorgeschlagenen Inszenierung förderliches Lernen gelingen und ist eine aktive Auseinandersetzung, in welcher die Lernenden in ihrer Bildungsbewegung getroffen werden und einen Kompetenzzuwachs erfahren, möglich? Das alles ist nicht nur eine Frage der konkreten Inszenierung, d. h. des tatsächlich erteilten Unterrichts, sondern eben auch eine Frage des Inhalts und dessen Strukturierung. Selbstverständlich kann dies nur eine Ergänzung zu einer empirischen Untersuchung sein, die einen nach dem hier analysierten Entwurf erteilten, realen Unterricht ins Zentrum stellt. Es sei jedoch nochmals darauf hingewiesen, dass es solchen Untersuchungen bisher an eben gerade diesen bildungstheoretischen Analysen fehlt.

Der folgenden Analyse liegt das Bildungsverständnis Wolfgang Klafkis (1927–2016) zugrunde, wie er es in seiner *Theorie der Kategorialen Bildung* (1959) formuliert hat. Später ist diese Theorie zwar weiter modifiziert worden, etwa in der Weiterentwicklung zur kritisch-konstruktiven Didaktik (1985), bei welcher der frühere historisch-hermeneutische Ansatz mit erfahrungswissenschaftlichen (empirischen) und gesellschaftskritisch-ideologischen Ansätzen verbunden wird und „epochaltypische Schlüsselprobleme" ins Zentrum gelangen, oder durch die letzte Weiterentwicklung zu einem noch umfassenderen Allgemeinbildungskonzept (2003), bei welcher sich kategoriale Bildung schließlich in sechs Sinn-Dimensionen konkretisiert. Doch da Klafki insb. in dieser letzten Erweiterung die Theorie der kategorialen Bildung explizit als einen Grundpfeiler eingebaut hat – „das Fundament allgemeiner Bildung (…) ist die Aneignung von Kategorien des Welt- und des Selbstverständnisses, genauer: Kategorien der Erkenntnis (einschließlich der Selbsterkenntnis), der Beurteilung, der Gestaltung und des Handelns. ‚Bildung' ist in diesem Sinne ‚kategoriale Bildung'" (Klafki 2003, S. 13) – ist und bleibt sie unverzichtbar für sein didaktisches Gesamtwerk.

Als Klafki Ende der 1950er Jahre seine Theorie formuliert, stehen sich in der bildungsdidaktischen Diskussion zwei große Gruppen in ihrem bildungstheoretischen

Grundverständnis (scheinbar) unvereinbar gegenüber: In der damals neueren Literatur zur Didaktik sind dies die Vertreter der *materialen Bildungstheorien*, in der sog. Erziehungslehre, verstanden als die Lehre von den Werten und Formen sittlich-sozialer Erziehung, sind es die Anhänger der *formalen Bildungstheorien*. Erstere sind überzeugt, dass das Objekt, d. h. der jeweilige Lernstoff, ins Zentrum gestellt werden müsse, da es eben diese Inhalte seien, welche der jungen Generation zugänglich gemacht werden sollten. Dazu müsse man sich entweder am *bildungstheoretischen Objektivismus* – d. h. an Kulturgütern' wie bspw. sittlichen Werten, ästhetischen Gehalten oder wissenschaftlichen Erkenntnissen – oder an der *Bildungstheorie des Klassischen* – d. h. an „klassischen" Idealen, Leitbildern und Werten des jeweiligen Volkes oder Kulturkreises – orientieren. Die Anhänger der zweiten Gruppe hingegen stellen das Subjekt, also die Lernenden, ins Zentrum. Bildung lasse sich nur *funktional* – d. h. in der Formung, Entwicklung und Reifung von dem Menschen innewohnenden körperlichen, geistigen und seelischen Kräften – oder *methodisch* – d. h. mit der Aneignung und Beherrschung verschiedener Methoden, mit Hilfe derer die Fülle der Inhalte erschlossen werden kann – erreichen.

Klafki prüft diese vier bildungstheoretischen Ansätze eingehend und kommt zu dem Ergebnis, dass zwar in allen ein gewisses Wahrheitsmoment liege, dass es jedoch keinem wirklich gelinge, die Frage nach dem Wesen der Bildung und dem Kern des Bildungsvorgangs zu beantworten. Er erkannte, dass es mit einem einfachen „Sowohl, als auch" nicht getan sei, da die Begriffe formale und materiale Bildung zwei Aspekte des in sich einheitlichen Phänomens der Bildung seien. Daher müsse das Beste aus den verschiedenen Ansätzen ausgewählt und in eine neue Theorie integriert werden, so dass die Theorien formaler und die materialer Bildung in einer höheren Einheit aufgehoben werden:

> *„Jeder erkannte oder erlebte Sachverhalt auf der objektiven Seite löst nicht eine subjektive, ‚formale' Kraft aus oder ist Übungsmaterial solcher subjektiven Kräfte, sondern ist selbst ‚Kraft' (in einem übertragenen Sinne), insofern – und nur insofern – er ein Stück Welt erschließt und verfügbar macht (...). Mit dieser Einsicht entfällt das Recht, weiter an dem üblichen Dualismus der Theorien ‚formaler' und ‚materialer' Bildung festzuhalten oder ihr Verständnis im Sinne einer äußerlichen Verknüpfung oder Ergänzung (‚sowohl formale als auch materiale Bildung') zu bestimmen." (Klafki 1959, S. 298)*

Mit der *Theorie der kategorialen Bildung* gelingt Klafki die Überwindung des bis anhin vorherrschenden Dualismus von formaler und materialer Bildung nicht im Sinne eines Sowohl-als-auch, sondern durch eine echte Synthese dieser Zweiheit. Seine vielfach zitierte und grundlegende Definition der kategorialen Bildung ist für die folgenden Ausführungen zentral:

> *„Bildung nennen wir jenes Phänomen, an dem wir – im eigenen Erleben oder im Verstehen anderer Menschen – unmittelbar die Einheit eines subjektiven (formalen) und eines objektiven (materialen) Momentes innewerden. Der Versuch, die erlebte Einheit der Bildung sprachlich auszudrücken, kann nur mit Hilfe verschränkender Formulierungen gelingen: Bildung ist Erschlossensein einer dinglichen und geistigen Wirklichkeit für einen Menschen (objektiver Aspekt), aber das heißt zugleich: Erschlossensein dieses Menschen für diese seine Wirklichkeit (subjektiver Aspekt)." (Klafki 1959, S. 297)*

Im Folgenden soll nun der (kategoriale) Bildungsgehalt des Lehrstücks zum Satz des Pythagoras ermittelt werden. Dazu werden zunächst Aspekte der vier historischen Bildungstheorien vor allem in Bezug auf das Beweisen im Mathematikunterricht insgesamt betrachtet, so dass in der anschließenden Synthese das kategoriale Bildungspotential des Lehrstücks deutlich werden kann.

(Kategorialer) Bildungsgehalt des Lehrstücks zum Satz des Pythagoras
(1) Szientifische Aspekte des Beweisens (Bildungstheoretischer Objektivismus)
   Eine Aussage mathematisch zu beweisen heißt, sie logisch auf andere, bereits bewiesene Aussagen bzw. auf Axiome, Definitionen und Postulate zurückzuführen. *Wie* dieses „Zurückführen" aber geschieht, ist nicht methodisiert, und schon gar nicht ist der Weg zu einem Beweis eindeutig. Oft geht es beim Beweisen darum, die Richtigkeit einer Aussage nachzuweisen. Dazu reicht dann ein einziger (korrekter) Beweis aus. Im Unterricht wird ein solcher häufig formal-abstrakt von der Lehrperson präsentiert, der Weg zum Beweis wird dabei, kann dabei allerdings nicht sichtbar werden. Meist sind allerdings das Hin und Her des Beweisprozesses, das Abwägen von Argumenten, etwaige Irrwege und Fehlschlüsse ohnehin verschüttet. Damit stellen Beweise eine Art personifizierte Eleganz der Mathematik dar, was jedoch wesentliche Merkmale der Mathematik verschleiert. Sie führen eine logische Zwangslage herbei, aber eine wirkliche Einsicht in das „Warum" des bewiesenen Satzes ermöglichen sie meist nicht, im schlimmsten Fall werden sie gar wahrgenommen als „sinn- oder belanglose Spielereien, (…) Spitzfindigkeiten, (…) logische Überrumpelungen (‚Mausefallen') oder aber konventionelle geistige Manipulationen, gegen die man sich nicht wehren kann und die doch keine Überzeugung schaffen", wie es Wittenberg in seinem Werk *Bildung und Mathematik* (1963) formulierte. Doch das Fokussieren auf den Beweisprozess selbst und eine reflexive Betrachtung desselben wären auch vor allem deshalb wichtig, weil dieser eine Aufbauleistung darstellt und prinzipiell fehleranfällig ist. Es wäre außerdem naiv zu glauben, dass durch die Behandlung ausgewählter Beweisprodukte zentrale Kenntnisse über den Beweisprozess praktisch automatisch mitvermittelt würden. Mit Wagenschein: „Ein Aspekt kann nur dann durchschaut werden, wenn man tätig dabei ist, wie er wird."
   Oft ist die Verifikation einer Aussage aber nicht das einzige Ziel eines Beweises, weder im Unterricht noch in der Mathematik selbst. In der Mathematikdidaktik werden neben der Verifikation noch fünf weitere Funktionen des Beweisens für den Unterricht unterschieden: Erklärung, Systematisierung, Entdeckung, Kommunikation, Exploration.
   Durch die intensive Beschäftigung nicht nur mit dem Beweisprodukt zum Satz des Pythagoras, sondern insbesondere mit verschiedenen Beweisen und damit mit dem Beweisen als Prozess kann also die *Methode des Beweisens* selbst genauer studiert werden, wodurch schließlich erkennbar wird, was es genau heißt, etwas zu „beweisen" und sich einer Sache „gewiss" zu sein. Darüber hinaus gewinnt man einen Einblick in das deduktive Gebäude der Mathematik und erfährt, wie ein auf Axiomen aufgebautes System des mathematischen Beweisens entstanden und begründet worden ist. Der Satz des Pythagoras selbst, genauer: die Satzgruppe des Pythagoras, stellt ebenfalls einen

objektiven Bildungsgehalt dar: An ihr werden wichtige Zusammenhänge zwischen den Seiten bzw. den Seiten und der Höhe eines rechtwinkligen Dreiecks deutlich, was bereits den Ägyptern und Griechen bekannt war und bis heute (und bis in alle Ewigkeit) sowohl in alltäglichen (bspw. Berechnung der Länge der Diagonalen eines Bildschirms, Überprüfung der Rechtwinkligkeit einer Raumecke) als auch in innermathematischen Situationen (bspw. bei der Berechnung von Abständen im Koordinatensystem oder bei Körperberechnungen in der Stereometrie) von Bedeutung ist.

(2) Das „Klassische" des Beweisens (Bildungstheorie des Klassischen)

Die griechische Entdeckung des Beweisens hat wohl eine für die gesamte Entwicklung der Wissenschaften – nicht nur der Mathematik – nicht zu überschätzende Bedeutung. In ihr zeigt sich der Wechsel vom babylonischen Auge und der ägyptischen Hand zum griechischen Geist, sie stellt den entscheidenden Übergang von der babylonischen und ägyptischen Rechen- und Messkunst zu einer auf Axiomen und Definitionen ruhenden Mathematik dar, was gleichzeitig den über die Mathematik hinausgehenden Blickwechsel weg von den anschaulich korrekten Tatsachen und hin zur Untersuchung bzw. Hinterfragung der jeweiligen Ursachen markiert. Personifiziert wird dieser Übergang durch Euklid von Alexandria (um 300 v. Chr.), der in seinem Jahrtausendwerk „Die Elemente", das immerhin 2000 Jahre lang als akademisches Lehrbuch genutzt worden ist und als das nach der Bibel meistverbreitete Werk der Weltliteratur zählt, das gesamte mathematische Wissen seiner Zeit zusammentrug und erstmals systematisch bewies. Es handelt sich dabei um nicht weniger als die Geburtsstunde der Wissenschaften!

Der Satz des Pythagoras markiert in den *Elementen* das Ende des ersten Kapitels (Buch I, §47), der Beweis ist als der „klassische" Pythagoras-Beweis in die mathematische Literatur eingegangen, obwohl es sich bei ihm weder um den kürzesten, noch um den schönsten und elegantesten Beweis handelt. Über die Jahrhunderte hinweg hat der pythagoreische Lehrsatz auf zahlreiche Mathematiker, Philosophen, Künstler und Wissenschaftler eine solche Anziehungskraft ausgeübt, dass hunderte unterschiedliche Beweise entstanden sind. Elisha Scott Loomis (1852–1940) hat schließlich über 350 von ihnen systematisch zusammengetragen und 1927 erstmals publiziert. Für den Unterricht jedoch ermöglicht die Loomis-Sammlung eine Theoretisierung und Reflexion des Beweis-Prozesses, da es mit ihr gelingt, aus einer Vielzahl unterschiedlicher Beweise zum immer gleichen Satz einige auszuwählen (oder von den Lernenden auswählen zu lassen), mit denen der Satz selbst schließlich in den Hintergrund und die Tätigkeit des Beweisens in das Zentrum der Betrachtung rücken kann.

Warum Pythagoras von Samos Namensgeber für den bekannten Lehrsatz ist, kann nicht abschließend geklärt werden. Sicher ist, dass der Satz selbst schon über 1000 Jahre vor Pythagoras' Geburt in Babylonien, Ägypten und Griechenland angewandt wurde. Belege dafür existieren in großer Zahl (vgl. Kap. 1). Und schließlich zeigen ägyptische und griechische Großbauten, dass es sich bei dem Lehrsatz um einen auch außerhalb der Mathematik sehr relevanten und praktisch anwendbaren Zusammenhang handelt.

Insgesamt handelt es sich um ein Muster für die Entdeckungen der antiken Mathematik, mit dem sich unter Rückgriff auf die Jahrhunderte nach Pythagoras die im ägyptischen Alexandria entstandene euklidische Geometrie erschließen lässt. Diese Historie des als Satz des Pythagoras bekannten Zusammenhangs kann in den Lernenden den Sinn für geistesgeschichtliche Kontinuität wecken.

(3) Funktionale Aspekte des Beweisens (Theorie der funktionalen Bildung)

Beim Satz des Pythagoras handelt es sich um einen neuralgischen Punkt, sowohl vom fachlichen als auch vom fachdidaktischen Standpunkt aus betrachtet. Es ist der Punkt, an dem sich Algebra und Geometrie sehr deutlich verknüpfen: Geometrische Entdeckungen lassen sich algebraisch begründen und algebraische Zusammenhänge können geometrisch veranschaulicht werden, weshalb an dieser Stelle der Schulmathematik auf Seiten der Lernenden sowohl algebraische als auch geometrische Voraussetzungen benötigt werden. Die entsprechen Vorkenntnisse gilt es zu aktivieren, insb. weil sie nun in einem anderen Kontext bzw. einem anderen Fachgebiet benötigt werden. Die Beschäftigung mit unterschiedlichen Beweisen desselben Satzes fordert den Nachvollzug und das kritische Prüfen der jeweiligen Begründungen und Argumentationswege: Diskutieren, als Teil einer Gruppe etwas gemeinsam erarbeiten, dabei das eigene Denken verbalisieren und das Vorgehen reflektieren, Begründungen geben und diese auch von anderen Personen einfordern ist insgesamt eine Haltung, die im Sinne der Moral- und Demokratiefähigkeit unbedingt zu fördern ist. Und schließlich werden bei dem Vorhaben, verschiedene Pythagoras-Beweise zu erarbeiten und zu verstehen, auch das hartnäckige Verfolgen von Zielen, das erfolgreiche Bewältigen von Rückschlägen, Durchhaltevermögen und Entschlossenheit trainiert – Eigenschaften, die in der psychologischen Forschung mit dem aus dem Englischen übernommenen Begriff „Grit" bezeichnet werden und dessen Zusammenhang mit schulischer Leistung bereits nachgewiesen werden konnte.

(4) Methodische Aspekte des Beweisens (Theorie der methodischen Bildung)

Dass Beweise eine große Bedeutung für die Mathematik und den Mathematikunterricht haben, ist unumstritten. Umso erstaunlicher ist es jedoch, dass die zugehörige Beweis*tätigkeit* ein Schattendasein führt. Dies erscheint zunächst paradox: Soll es im Unterricht nur um die Produkte gehen? Kann man denn anhand des Weges, *wie* man zu diesen Produkten kommt, nichts Wesentliches erfahren, nichts Bedeutsames lernen? Andererseits wiederum ist nachvollziehbar, dass die Tätigkeit des Beweisens eine Geringschätzung erfährt, denn es lässt sich nicht methodisieren, auch wenn sich bestimmte Heuristiken durchaus als zielführend erwiesen haben. Insgesamt aber ist es doch erstaunlich, dass im Mathematikunterricht bei der Beweis-Thematik vor allem Produkte ohne Prozesse im Zentrum stehen. Denn erst wenn auch die Prozesse angemessen reflektiert werden – so, wie es das Lehrstück zu realisieren versucht –, können die zugehörigen Produkte besser verstanden werden. Ziel des Lehrstücks kann es nun aber nicht sein, dass Schülerinnen und Schüler „das Beweisen" lernen.

Durchaus aber kann der Satz des Pythagoras als Muster für die Entdeckungen der antiken Mathematik verstanden werden, er kann einen Einblick in das Aufeinander-ruhen mathematischer Wahrheiten vermitteln, womit sich die Lernenden insgesamt im Begründen, Nachvollziehen, Argumentieren, Konkretisieren, Diskutieren und Präsentieren schulen – Bildungsziele, die das Lehrstück intensiv verfolgt. Und nicht zuletzt geht es natürlich auch um das Anwenden des erlernten Zusammenhangs auf neue Situationen, auf Alltagsprobleme und innermathematische Herausforderungen.

(5) Zusammenfassung: Kategoriale Bildung durch Beweisen

Dem Beweisen wohnt, das ist deutlich geworden, ein kategorial bildender Gehalt inne. Doch oftmals handelt es sich für Schülerinnen und Schüler dabei um etwas, das in der Mathematik wichtig zu sein scheint und dessen tieferer Sinn und Zweck vor allem in der Begründung bestimmter (oft auch offensichtlich richtiger) Sachverhalte zu suchen ist. Einen weiteren Nutzen können sie kaum abschätzen, weshalb es auch nicht verwundert, dass das Beweisen als Prozess hinter den Beweisprodukten – die ja die Begründungen bestimmter Zusammenhänge liefern – nur eine deutlich untergeordnete Rolle spielt. Empirische Studien belegen diese Einschätzung: Auf Seiten der Lernenden konnten in zahlreichen Untersuchungen bspw. immer wieder große Probleme bei der Konstruktion von Beweisen festgestellt werden. Meist sind dafür Mängel im Bereich des Methodenwissens (d. h. im Wissen über die Natur und Funktion von Beweisen), im mathematischen Basiswissen, im mathematisch-strategischen Wissen sowie in der Kenntnis bzw. Anwendung von Problemlösestrategien verantwortlich. Immerhin besteht in der Fachdidaktik ein weitgehender Konsens darüber, dass auch der Prozess, den Schülerinnen und Schüler bei der Entwicklung ihrer mathematischen Argumentations-kompetenz durchlaufen, als Enkulturation zu verstehen ist.

Beweisen in der Schule hat ein großes Potential: Es kann Lernende bilden, ihre Welt-sicht verändern und sie zu einem anderen Menschen machen. Damit ändert sich aber die Perspektive auf das Beweisen in der Schule und es wird zu einem anderen Unter-richtsgegenstand, mit dem verstehend nachvollzogen und erfahren werden kann, dass es sich bei der Mathematik zwar um eine deduktive und strenge, aber keineswegs autoritäre Wissenschaft handelt. Mathematische Aussagen sind belegbar, begründ-bar, verstehbar, denn sie sind logisch, einsichtig und nachvollziehbar – Eigenschaften, die auch für Aussagen außerhalb der Mathematik gelten sollten. So verstanden kann das Beweisen eine neue Welt eröffnen, so dass man möglicherweise tatsächlich hinter-her ein anderer ist. Das Lehrstück zum Satz des Pythagoras, in dem, ausgehend von der Vereinigung und Entzweiung von Quadraten und der daran erfahrenen Einsicht, dass zwei gegebene Quadrate (a^2 und b^2) beliebiger Größe immer zu einem einzigen, flächengleichen Quadrat (c^2) vereint werden können, neben verschiedenen Beweisen auch die Methode des Beweisens ins Zentrum rückt, wodurch schließlich erkennbar wird, wie mathematische Wahrheiten aufeinander ruhen und was es heißt, sich einer Sache „gewiss" zu sein, hat das Potential – mit Klafki gesprochen – eine „doppelseitige Erschließung" zu realisieren.

(6) Tabellarischer Überblick

Elementare, fundamentale, exemplarische Bildung	**Überfachliche Erweiterung: Grundfragen und Grundlagen von Mensch und Welt** • Das axiomatische System der euklidischen Geometrie war richtungsweisend für die Entwicklung der Wissenschaften insgesamt und ist (in seinen Grundzügen) noch immer grundlegend für die heutige Mathematik (bspw. euklidischer Dreischritt) • Der Satz des Pythagoras wird bereits seit der Antike zur Konstruktion rechter Winkel und als Proportionengrundlage genutzt, was sich in zahlreichen antiken (und auch modernen) Bauten zeigt • Was heißt „beweisen" in der Mathematik, den Rechtswissenschaften, der Philosophie? Was bedeutet es, sich einer Sache „gewiss" zu sein?
Kategoriale Bildung in sechs Sinn-Dimensionen allgemeiner Bildung	**Bildung in sechs Sinn-Dimensionen:** *(i) pragmatisch – (ii) schlüsselproblematisch – (iii) ästhetisch – (iv) kulturgenetisch – (v) ethisch – (vi) motorisch* (i) In einem rechtwinkligen Dreieck ist der Flächeninhalt der beiden über den Katheten errichteten Quadrate dem Inhalt der Fläche des Quadrats über der Hypotenuse gleich (Satz des Pythagoras); Sind in einem Dreieck die beiden Kathetenquadrate und das Hypotenusenquadrat flächengleich, so ist das Dreieck rechtwinklig (Umkehrung des Satzes des Pythagoras) (ii) Die Berechnung unmessbarer oder nur ungenau messbarer Längen (bspw. die Länge einer Diagonalen in einem Rechteck) stellt ein innermathematisches Schlüsselproblem dar (iii) Geometrische Phänomene lassen sich algebraisch beschreiben und algebraische Aussagen lassen sich geometrisch visualisieren (iv) Euklids Entdeckung des mathematischen Beweises ist bis heute grundlegend für die gesamte Mathematik, stellt sogar die Geburtsstunde der Wissenschaften insgesamt dar: Neben die Anschauung konkreter Tatsachen tritt die Suche nach den jeweiligen Ursachen. Euklids Pythagoras-Beweis ist ein Musterbeispiel für die Entdeckungen der antiken Mathematik, an dem das Aufeinanderruhen mathematischer Wahrheiten deutlich wird.
	Bildung ist doppelseitige Erschließung von Mensch und Welt • Der Satz des Pythagoras ist ein Muster für die Entdeckungen der antiken Mathematik, an dem (mit Euklid) erkennbar wird, wie die mathematischen Wahrheiten aufeinander ruhen und auseinander hervorgehen • Außerhalb der Mathematik gibt es keine ähnliche Sicherheit bzgl. der Richtigkeit von Aussagen • Mathematik ist nicht autoritär, ihre Begründungen sind stets logisch, einsichtig und nachvollziehbar • Mit dem Beweisen (Prozess und Produkt) bzw. der Beweisvielfalt wird eine zentrale mathematische Kategorie erschlossen, die auch außerhalb der Mathematik von Bedeutung ist

Den vier historischen Bildungstheorien zugeordnete Teilaspekte	**Bildungstheoretischer Objektivismus**	**Bildungstheorie des „Klassischen"**	**Theorie der funktionalen Bildung**	**Theorie der methodischen Bildung**
	• Satz des Pythagoras entdecken, beweisen, anwenden und auf ähnliche, über den Dreiecksseiten errichtete Figuren verallgemeinern • Umkehrung des Satzes entdecken und beweisen, Höhen- und Kathetensatz anwenden • verschiedene Beweise zum pythagoreischen Lehrsatz erarbeiten • euklidischen Beweis-Dreischritt entdecken und in anderen Beweisen identifizieren • Mathematik als deduktive Wissenschaft erfahren	• Den „klassischen" Pythagoras-Beweis nachvollziehen • Bedeutung des Satzes für die antike Kultur und Architektur erfahren • Einfluss der *Elemente* auf die Entwicklung der antiken Mathematik erkennen • Beweise aus der Loomis-Sammlung verstehend nachvollziehen • Evtl.: Platons „Menon-Dialog" lesen und auf das eigene Problem der Quadratvereinigung und -entzweiung übertragen	• Staunen über geometrisch-algebraische Phänomene • Zusammenhänge erkennen • Unterschiedliche Argumentationswege nachvollziehen und einsehen • Frustrationstoleranz entwickeln, Grit schulen • In verschiedenen Sozialformen arbeiten (Plenum, Einzel-, Partner-, Gruppenarbeit; Expertenrunden)	• In eigenen Worten beschreiben, referieren, argumentieren, konkretisieren, erläutern, diskutieren, präsentieren • Das eigene Denken verbalisieren • Begründungen geben, einfordern und kritisch prüfen • Alltags- und innermathematische Probleme mithilfe der Satzgruppe des Pythagoras lösen
	Materiale Bildungstheorien		Formale Bildungstheorien	

Beweise verwendeter Hilfssätze

5

(1) Kathetensatz

(2) Höhensatz

(3) Sekanten-Tangenten-Satz

(4) Flächenformel von Pappus

(5) Satz des Heron

(6) Satz des Apollonius

(1) Kathetensatz

ABC sei ein rechtwinkliges Dreieck. Fälle das Lot von C auf AB mit dem Lotfußpunkt S. Es sei AS = q und BS = p. Dann gilt : $a^2 = pc$ und $b^2 = qc$. ◀

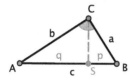

$\triangle$ ABC, $\triangle$ ASC und $\triangle$ BCS sind ähnlich, da sie in allen drei Winkeln übereinstimmen.
Daher gilt:v

$$\frac{b}{c} = \frac{q}{b} \Rightarrow b^2 = qc \text{ und } \frac{a}{p} = \frac{c}{a} \Rightarrow a^2 = pc$$

qed.

© Springer-Verlag GmbH Deutschland, ein Teil von Springer Nature 2021
M. Gerwig, *Der Satz des Pythagoras in 365 Beweisen,*
https://doi.org/10.1007/978-3-662-62886-7_5

(2) Höhensatz

Beweis

ABC sei ein rechtwinkliges Dreieck. Fälle das Lot von C auf AB mit dem Lotfußpunkt S. Es sei AS = q und BS = p. Dann gilt: $h^2 = pq$. ◀

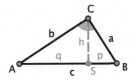

△ ABC, △ ASC und △ BCS sind ähnlich, da sie in allen drei Winkeln übereinstimmen. Daher gilt:

$$\frac{h}{q} = \frac{p}{h} \Rightarrow h^2 = pq$$

qed.

(3) Sekanten-Tangenten-Satz

Beweis

Gegeben ist ein Kreis mit den Kreispunkten A, B und T. Die Sekante durch A und B schneide die Tangente, die den Kreis in T berührt, in P. Ergänze AT, BT, AM, BM und TM. ◀

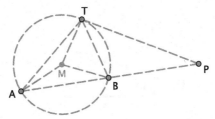

△ PAT und △ PBT sind ähnlich, da nach dem *Sehnen-Tangentenwinkelsatz* (Beweis unten) ∠ PAT = ∠ BTP gilt und sie somit in allen Winkeln übereinstimmen.

$$\Rightarrow \frac{PA}{PT} = \frac{PT}{PB}$$
$$\Rightarrow PT^2 = PA \cdot PB$$

qed.

Ergänzung: *Beweis des Sehnen-Tangentenwinkelsatzes*

Zu zeigen: $\angle$ PAT $= \angle$ BTP.

Da PT Tangente ist gilt:

$\angle$ MTP $= 90° \Rightarrow \angle$ BTP $= 90° - \angle$MTB   und $\angle$MTB $= \frac{1}{2}(180° - \angle$BMT),

da $\triangle$ MBT gleichschenklig ist.

Nach dem *Zentriwinkelsatz* (Beweis unten) gilt:

$$\angle \text{BMT} = 2 \cdot \angle \text{BAT}$$

Also folgt:

$$\angle \text{BTP} = 90° - \angle\text{MTB} = 90° - \frac{1}{2}(180° - \angle\text{BMT}) = 90° - \frac{1}{2}(180° - 2 \cdot \angle \text{BAT}) = \angle \text{BAT} =$$

$\angle$ PAT

Insgesamt gilt also: $\angle$ PAT $= \angle$ BTP.

qed.

Ergänzung 2: *Beweis des Zentriwinkelsatzes*

Zu zeigen: $\angle$ BMT $= 2 \cdot \angle$ BAT.

Es gilt: $\triangle$ ABM ist gleichschenklig

$\Rightarrow \angle$ BAM $= \angle$ MBA $\Rightarrow \angle$ AMB $= 180° - 2 \cdot \angle$ BAM

Außerdem: $\triangle$ AMT ist gleichschenklig

$\Rightarrow \angle$ MAT $= \angle$ ATM $\Rightarrow \angle$ TMA $= 180° - 2 \cdot \angle$ MAT

Es   folgt: $\angle$ BMT $= 360° - \angle$ AMB $- \angle$ TMA $= 360° -$

$(180° - 2 \cdot \angle$ BAM$) - (180° - 2 \cdot \angle$ MAT$) = 2 \cdot \angle$ BAM$+ 2 \cdot \angle$ MAT $= 2 \cdot \angle$ BAT.

Insgesamt gilt also: $\angle$ BMT $= 2 \cdot \angle$ BAT.

qed.

(4) Flächenformel von Pappus[1]

Beweis

ABC sei ein beliebiges Dreieck und es seien ACGD und BEFC beliebige Parallelogramme über den Seiten AC und BC. Der Schnittpunkt der Verlängerungen von DG und EF sei H. Zeichne AL und BM parallel zu HC mit AL=BM=HC, verlängere LA zu P, MB zu Q, ergänze PQ sowie LM und verlängere HC zu S, der Schnittpunkt mit AB sei R.

---

[1]Bei der Flächenformel von Pappus handelt es sich um eine Verallgemeinerung des Satzes von Pythagoras, die auf den spätantiken Mathematiker Pappus Alexandrinus (um 300 n. Chr.) zurückgeht.

Dann gilt: Pgm. ALMB = Pgm. ACGD + Pgm. BEFC. ◀

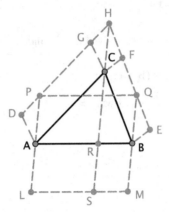

Da $\triangle$ APD und $\triangle$ CHG gleichwinklig sind und AD = CG ist, gilt PA = HC = AL .
Ebenso gilt BQ = CH = BM = RS .

Es folgt : Pgm. ACGD + Pgm. BEFC = Pgm. ACHP + Pgm. BQHC

= Pgm. ALSR + Pgm. BRSM = Pgm. ALMB

Also: Pgm. ALMB = Pgm. ACGD + Pgm. BEFC
    qed.

(5) Satz des Heron[2]

Für den „klassischen" Beweis wird der *Satz des Pythagoras* genutzt. Da der Satz des Heron aber (im algebraischen Beweis 107) gebraucht wird, um eben diesen zu beweisen, ergäbe dies einen Zirkelschluss. Deshalb soll an dieser Stelle ein besonders schöner, modernerer Beweis mittels Cosinus-Satz gezeigt werden (wohlwissend, dass sich ein Zirkelschluss damit nur vermeiden lässt, wenn man annimmt, dass der Cosinus-Satz selbst *ohne* den Satz des Pythagoras bewiesen wurde). Den Originalbeweis von Heron, der auf einfachen Proportionen sowie dem Höhensatz beruht, findet man bspw. bei Herrmann (2014, S. 274 ff.).

---

[2]Der Satz des Heron geht auf den griechischen Mathematiker Heron von Alexandria (1. Jahrhundert n. Chr.) zurück.

In jedem beliebigen Dreieck mit den Seitenlängen a, b und c gilt für den Flächeninhalt A des Dreiecks:

◄

$$A = \sqrt{s(s-a)(s-b)(s-c)}, \text{ wobei } s = \frac{1}{2}(a+b+c)$$

Aus dem Cosinussatz folgt:

$$\cos(\gamma) = \frac{a^2 + b^2 - c^2}{2ab}$$

Für den Sinus des Winkels γ erhält man durch mehrmaliges umformen:

$$\sin(\gamma) = \sqrt{1 - \cos^2(\gamma)} = \sqrt{(1 + \cos(\gamma)) \cdot (1 - \cos(\gamma))}$$

$$= \sqrt{\left(1 + \frac{a^2 + b^2 - c^2}{2ab}\right) \cdot \left(1 - \frac{a^2 + b^2 - c^2}{2ab}\right)}$$

$$= \sqrt{\frac{(2ab + a^2 + b^2 - c^2) \cdot (2ab - a^2 - b^2 + c^2)}{4a^2b^2}}$$

$$= \sqrt{\frac{((a+b)^2 - c^2) \cdot (c^2 - (a-b)^2)}{4a^2b^2}}$$

$$= \frac{1}{2ab}\sqrt{(a+b+c)(a+b-c)(c+a-b)(c-a+b)}$$

Mit $s = \frac{1}{2}(a+b+c)$ folgt:

$$s - a = \frac{-a+b+c}{2}, s - b = \frac{a-b+c}{2}, s - c = \frac{a+b-c}{2}$$

Also ergibt sich für den Sinus des Winkels γ:

$$\sin(\gamma) = \frac{2}{ab} \cdot \sqrt{s(s-a)(s-b)(s-c)}$$

Und wegen $A = \frac{1}{2}ab \cdot \sin(\gamma)$ folgt schließlich:

$$A = \sqrt{s(s-a)(s-b)(s-c)}$$

qed.

▶ **Anmerkung** Im algebraischen Beweis 107 wird der Satz in einer anderen Darstellung genutzt, die sich aus der obigen jedoch sehr schnell herleiten lässt, wobei c die Grundseite und h die Höhe des Dreiecks bezeichnen sollen:

$$A = \sqrt{s(s-a)(s-b)(s-c)} \text{ und } s = \tfrac{1}{2}(a+b+c), \text{ daraus folgt:}$$

$$A = \frac{\sqrt{(b-a+c)(b+a-c)(a+c-b)(a+b+c)}}{4}$$

$$\Rightarrow \frac{1}{2}c \cdot h = \frac{\sqrt{(b-a+c)(b+a-c)(a+c-b)(a+b+c)}}{4}$$

$$\Rightarrow h = \frac{\sqrt{(b-a+c)(b+a-c)(a+c-b)(a+b+c)}}{2c}$$

$$\Rightarrow h^2 = \frac{(b-a+c)(b+a-c)(a+c-b)(a+b+c)}{4c^2}$$

(6) Satz des Apollonius[3]

Da sich der übliche, folgende Beweis des Satzes auf den Satz des Pythagoras stützt, handelt es sich bei dem Beweis 232, welcher auf den Satz des Apollonius rekuriert, um einen Zirkelschluss. Dieser ließe sich nur vermeiden durch einen Beweis für den Satz des Apollonius, der ohne den Satz des Pythagoras auskommt. Ein solcher Beweis ist mir aber leider nicht bekannt.

Beweis

In einem beliebigen Dreieck ABC gilt:

$$a^2 + b^2 = 2 \cdot \left(\frac{c}{2}\right)^2 + 2s^2$$

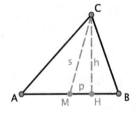

---

[3]Der Satz des Apollonius geht auf den griechischen Mathematiker Apollonius von Perge (ca. 265–190 v. Chr.) zurück.

Es gilt:

$$(1) \quad b^2 = \left(\frac{c}{2} + p\right)^2 + h^2 = \frac{c^2}{4} + cp + p^2 + s^2 - p^2 = \frac{c^2}{4} + cp + s^2$$

$$(2) \quad a^2 = \left(\frac{c}{2} - p\right)^2 + h^2 = \frac{c^2}{4} - cp + p^2 + s^2 - p^2 = \frac{c^2}{4} - cp + s^2$$

Addition von (1) und (2) führt zu:

$$a^2 + b^2 = \frac{c^2}{4} + cp + s^2 + \frac{c^2}{4} - cp + s^2 = 2 \cdot \left(\frac{c}{2}\right)^2 + 2s^2$$

qed.

Verzeichnis verwendeter Abkürzungen und Symbole

Um eine möglichst kompakte Schreibweise zu realisieren, wurde in der Symbolik auf eine Unterscheidung zwischen dem geometrischen Objekt und dessen Flächeninhalt sowie zwischen einer Strecke und deren Länge verzichtet. Diese mangelnde Differenzierung mag zunächst etwas unsauber anmuten. In jedem Fall ist sie pragmatisch, da sie der Lesbarkeit der Beweise äußerst dienlich ist und aus dem Kontext heraus ohnehin jeweils klar wird, was an der jeweiligen Stelle mit der entsprechenden Schreibweise genau bezeichnet wird.

Hoffentlich sehen das die Leserin und der Leser ebenso.

Abkürzungen

o.B.d.A.	Ohne Beschränkung der Allgemeinheit, das bedeutet hier, dass der Beweis der Einfachheit halber nur für einen von mehreren möglichen und analog zu beweisenden Fällen durchgeführt wird.
Pgm. ABCD	Parallelogramm mit den Eckpunkten A, B, C und D bzw. dessen Flächeninhalt
qed.	*quod erat demonstrandum* (lat. für „was das zu Zeigende war", „was zu beweisen war"); kennzeichnet das Ende eines Beweises
Re. AB	Rechteck mit den (diagonal) gegenüberliegenden Eckpunkten A und B bzw. dessen Flächeninhalt
rechtw.	rechtwinklig
AB	Strecke AB bzw. deren Länge
Tr. ABCD	Trapez mit den Eckpunkten A, B, C und D bzw. dessen Flächeninhalt

Symbole

$\triangle$ ABC	Dreieck mit den Eckpunkten A, B und C bzw. dessen Flächeninhalt
$\square$AB	Quadrat mit den (diagonal) gegenüberliegenden Eckpunkten A und B bzw. dessen Flächeninhalt
$\Rightarrow$	daraus folgt
$\lightning$	Widerspruch
$\angle$ ABH	Winkel mit den Schenkeln BA und BH

© Springer-Verlag GmbH Deutschland, ein Teil von Springer Nature 2021
M. Gerwig, *Der Satz des Pythagoras in 365 Beweisen*,
https://doi.org/10.1007/978-3-662-62886-7

AB ∥ CD	Strecke AB ist parallel zur Strecke CD
4-Eck ABCD	Viereck mit den Eckpunkten A, B, C und D bzw. dessen Flächeninhalt
5-Eck ABCDE	Fünfeck mit den Eckpunkten A, B, C, D und E bzw. dessen Flächeninhalt
6-Eck ABCDEF	Sechseck mit den Eckpunkten A, B, C, D, E und F bzw. dessen Flächeninhalt

Literaturverzeichnis

Originalausgaben der Loomis-Sammlung

Erste Auflage:

Loomis, E. S. (1927). *The Pythagorean proposition. Its proofs analyzed and classified and bibliography of sources for data of the four kinds of proofs.* Cleveland: Masters and Wardens Association of the 22nd Masonic District of the Most Worshipful Grand Lodge of Free and Accepted Masons of Ohio.

Zweite Auflage:

Loomis, E. S. (^{2}1940, Nachdruck 1968). *The Pythagorean proposition. Its demonstrations analyzed and classified and bibliography of sources for data of the four kinds of "proofs".* Washington: The National Council of Teachers of Mathematics (NCTM).

Haupt-Beweisquellen von Loomis

The American Mathematical Monthly, 1894–1901 (Bd. I–VIII), Abingdon: Taylor & Francis (on behalf of the Mathematical Association of America) (100 Beweise). https://www.jstor.org/journal/amermathmont

Hoffman, J. J. I. (1819, ^{2}1821). *Der Pythagoräische Lehrsatz, mit 32 theils bekannten, theils neuen Beweisen.* Mainz. (32 Beweise)

Versluys, J. (1914). *Zes en negentig bewijzen voor het Theorema van Pythagoras.* Amsterdam: A Versluys. (96 Beweise)

Wipper, J. (1880, ^{2}1911). *Sechsundvierzig Beweise des Pythagoräischen Lehrsatzes.* Berlin: Barsdorf. (46 Beweise)

© Springer-Verlag GmbH Deutschland, ein Teil von Springer Nature 2021
M. Gerwig, *Der Satz des Pythagoras in 365 Beweisen,*
https://doi.org/10.1007/978-3-662-62886-7

Verwendete Literatur

Aigner, M.; Ziegler, G. M. (^{5}2018). *Das BUCH der Beweise*. Berlin: Springer.

Alsina, C.; Nelsen, R. B. (2013). *Bezaubernde Beweise. Eine Reise durch die Eleganz der Mathematik*. Heidelberg: Springer Spektrum.

Arnold, K.-H.; Zierer, K. (Hrsg.) (2015). *Die deutsche Didaktik-Tradition. Grundlagentexte zu den großen Modellen der Unterrichtsplanung*. Bad Heilbrunn: Klinkhardt.

Brüngger, H. (2005). *Von Pythagoras zu Pascal. Fünf Lehrstücke der Mathematik als Brückenpfeiler im Gymnasium*. Bern: schulverlag blmv AG.

Brunner, E. (2014). *Mathematisches Argumentieren, Begründen und Beweisen. Grundlagen, Befunde und Konzepte*. Heidelberg: Springer Spektrum.

Dilke, O. A. W. (1991). *Mathematik, Maße und Gewichte in der Antike*. Stuttgart: Reclam.

Eschenburg, J.-H. (2017). *Sternstunden der Mathematik*. Wiesbaden: Springer Spektrum.

Finkel, B. F. (1894). Biography: Elisha Scott Loomis. *The American Mathematical Monthly, 1*(7), 218–222.

Gasser, P. (2001/^{2}2003). *Lehrbuch Didaktik*. Bern: hep-Verlag.

Gerwig, M. (2015). *Beweisen verstehen im Mathematikunterricht. Axiomatik, Pythagoras und Primzahlen als Exempel der Lehrkunstdidaktik*. Wiesbaden: Springer Spektrum.

Gerwig, M. (2017). Wo ist die Bildung im didaktischen Dreieck? Eine kritisch-konstruktive Auseinandersetzung mit den Problemen impliziter Voraussetzungen. *Vierteljahresschrift für Wissenschaftliche Pädagogik, 3*, 377–389.

Gruschka, A. (2002/^{2}2011). *Didaktik. Das Kreuz mit der Vermittlung*. Wetzlar: Büchse der Pandora.

Herrmann, D. (2014). *Die antike Mathematik. Eine Geschichte der griechischen Mathematik, ihrer Probleme und Lösungen*. Heidelberg: Springer Spektrum.

Hoehn, A., & Huber, M. (2005). *Pythagoras. Erinnern Sie sich? Faszinierendes aus Geometrie, Zahlentheorie und Kulturgeschichte*. Zürich: Orell Füssli.

Klafki, W. (1985/^{6}2007). *Neue Studien zur Bildungstheorie und Didaktik. Zeitgemäße Allgemeinbildung und kritisch-konstruktive Didaktik*. Weinheim: Beltz.

Klafki, W. (2003). Allgemeinbildung heute – Sinndimensionen einer gegenwarts- und zukunftsorientierten Bildungskonzeption. In H. C. Berg (Hrsg.), *Bildung und Lehrkunst in der Unterrichtsentwicklung. Zur didaktischen Dimension von Schulentwicklung*. Schulmanagement-Handbuch 106 (S. 11–28). München: Oldenbourg Schulbuchverlag.

Klieme, E., Pauli, C., & Reusser, K. (Hrsg.). (2005). *Dokumentation der Erhebungs- und Auswertungsinstrumente zur schweizerisch-deutschen Videostudie „Unterrichtsqualität, Lernverhalten und mathematisches Verständnis". Teil 1: Befragungsinstrumente* (Bd. 13). Frankfurt a. M.: Materialien zur Bildungsforschung.

Kron, F. W., Jürgens, E., & Standop, J. (1993/^{6}2014). *Grundwissen Didaktik*. München: Ernst Reinhardt Verlag.

Loomis, E. S. (1894). Problem 2. *The American Mathematical Monthly, 1* (1), 25.

Malle, G. (2002). Begründen – eine vernachlässigte Tätigkeit im Mathematikunterricht. Basisartikel. *Mathematik lehren*, Heft 110 (S. 4–8). Seelze: Friedrich-Verlag.

Maor, E. (2007). *The Pythagorean Theorem. A 4,000-Year History*. Princeton: Princeton University Press.

Meschkowski, H. (^{2}1967/1990). *Denkweisen großer Mathematiker. Ein Weg zur Geschichte der Mathematik*. Braunschweig: Vieweg.

Neugebauer, O. (1934). *Vorlesungen über Geschichte der antiken mathematischen Wissenschaften. Erster Band: Vorgriechische Mathematik*. Berlin: Springer.

Nagel, K., & Reiss, K. (2016). Zwischen Schule und Universität: Argumentation in der Mathematik. *Zeitschrift Für Erziehungswissenschaft, 19*(2), 299–328.

Nölle, B. E. (1997). Dreiecksquadrate. Den Lehrsatz des Pythagoras beweisen. In H. C. Berg & T. Schulze (Hrsg.), *Lehrkunstwerkstatt I. Didaktik in Unterrichtsexempeln* (S. 44–80). Neuwied: Luchterhand.

Nölle, B. E. (2007). *Wagenschein und Lehrkunst in mathematischen Exempeln. Entwicklung, Erprobung und Analyse dreier Lehrstücke für den Geometrieunterricht.* Hildesheim: Franzbecker.

Peterßen, W. H. (1983/²1989). *Lehrbuch Allgemeine Didaktik.* München: Ehrenwirth.

Reidemeister, K. (1974). *Das exakte Denken der Griechen. Beiträge zur Deutung von Euklid, Plato, Aristoteles.* Darmstadt: Wissenschaftliche Buchgesellschaft.

Reusser, K. (2006). Konstruktivismus – vom epistemologischen Leitbegriff zur Erneuerung der didaktischen Kultur. In M. Baer, M. Fuchs, P. Füglister, K. Reusser, & H. Wyss (Hrsg.): *Didaktik auf psychologischer Grundlage. Von Hans Aeblis kognitionspsychologischer Didaktik zur modernen Lehr- und Lernforschung* (S. 151–168). Bern: hep.

Scriba, C. J., & Schreiber, P. (²2005). *5000 Jahre Geometrie. Geschichte, Kulturen, Menschen.* Heidelberg: Springer.

Störig, H. J. (2006): *Kleine Weltgeschichte der Philosophie.* Frankfurt a. M.: Fischer.

Thaer, C. (⁴2005). *Die Elemente von Euklid.* Ostwalds Klassiker der exakten Wissenschaften (Bd. 235). Frankfurt a. M.: Wissenschaftlicher Verlag Harri Deutsch.

Ufer, S.; Heinze, A. (2008). *Development of geometrical proof competency from grade 7 to 9: A longitudinal study.* In 11th International Congress on Mathematics Education, Topic Study Group 18, 6.

van der Waerden, B. L. (1979). *Die Pythagoreer. Religiöse Bruderschaft und Schule der Wissenschaft.* Zürich: Artemis Verlag.

von Randow, T. (1984). Euklid. Die Elemente. In F. J. Raddatz (Hrsg.), *ZEIT-Bibliothek der 100 Sachbücher* (S. 13–15). Frankfurt a. M.: Suhrkamp.

Wagenschein, M. (1976). Rettet die Phänomene! (Der Vorrang des Unmittelbaren). In M. Wagenschein (⁴2009), S. 96–108.

Wagenschein, M. (⁴2009). *Naturphänomene sehen und verstehen. Genetische Lehrgänge.* Herausgegeben von Hans Christoph Berg. Bern: hep.

Wildhirt, S. (2008). *Lehrstückunterricht gestalten. „Man müsste in die Flamme hineinschauen können".* Bern: hep.

Wildhirt, S., Jänichen, M., & Berg, H. C. (⁶2016). Lehrstückunterricht. In J. Wiechmann & S. Wildhirt (Hrsg.), *12 Unterrichtsmethoden. Vielfalt für die Praxis* (S. 111–128). Weinheim: Beltz.

Wittenberg, A. I. (1963). *Bildung und Mathematik. Mathematik als exemplarisches Gymnasialfach.* Stuttgart: Klett.

Wußing, H., & Arnold, W. (Hrsg.) (²1985). *Biographien bedeutender Mathematiker.* Köln: Aulis Verlag.

Zierer, K. (2015). Pädagogische Expertise. *Vierteljahrsschrift für Pädagogik, 1*, S. 121–132.

Lehrpläne und Bildungsstandards

Deutschland

Hessisches Kultusministerium (Hrsg.). (o. J.). *Lehrplan Mathematik. Gymnasialer Bildungsgang Jahrgangsstufen 5 bis 13.* https://kultusministerium.hessen.de/sites/default/files/media/g9-mathematik.pdf

Hessisches Kultusministerium (Hrsg.) (2010). *Lehrplan Mathematik. Gymnasialer Bildungsgang Jahrgangsstufen 5G bis 9G.* https://kultusministerium.hessen.de/sites/default/files/media/g8-mathematik.pdf

KMK. (2015). *Bildungsstandards im Fach Mathematik für die Allgemeine Hochschulreife.* Bonn: KMK. https://www.kmk.org/fileadmin/Dateien/veroeffentlichungen_beschluesse/2012/2012_10_18-Bildungsstandards-Mathe-Abi.pdf

Niedersächsisches Kultusministerium (Hrsg.). (2015). *Kerncurriculum für das Gymnasium Schuljahrgänge 5–10. Mathematik.* Hannover. https://db2.nibis.de/1db/cuvo/datei/ma_gym_si_kc_druck.pdf

Staatsministerium für Unterricht und Kultus (Hrsg.) (2009). Lehrplan für das achtjährige Gymnasium. Jahrgangsstufen-Lehrplan Jahrgangsstufe 10. Mathematik. https://www.isb-gym8-lehrplan.de/contentserv/3.1.neu/g8.de/data/media/26418/Lehrplaene/Jgst_9.pdf

Thüringer Ministerium für Bildung, Jugend und Sport (Hrsg.) (2018). Lehrplan für den Erwerb der allgemeinen Hochschulreife. Mathematik. https://www.schulportal-thueringen.de/tip/resources/medien/19980?dateiname=lp_gy_mathematik_10.04.2019_TSP.pdf

Österreich

Bundesministerium für Bildung, Wissenschaft und Forschung (Hrsg.) (2000). *Gesamte Rechtsvorschrift für Lehrpläne – allgemeinbildende höhere Schulen.* https://www.ris.bka.gv.at/GeltendeFassung/Bundesnormen/10008568/Lehrpläne%20-%20allgemeinbildende%20höhere%20Schulen%2c%20Fassung%20vom%2030.06.2019.pdf

Schweiz

Deutschschweizer Erziehungsdirektoren-Konferenz (D-EDK) (Hrsg.) (2016). *Lehrplan 21. Gesamtausgabe.* Luzern. https://v-fe.lehrplan.ch/container/V_FE_DE_Gesamtausgabe.pdf

Printed in the United States
by Baker & Taylor Publisher Services